城市景观水体富营养化特性及营养物作用机制

陈 荣 吴 鹍 李 倩 编著

"十二五"水体污染控制与治理科技重大专项
城市污水处理系统运行特性与工艺设计技术研究项目
（2012ZX07313-001）
资 助 出 版

U0284814

科学出版社

北 京

内 容 简 介

城市景观水体环境调节容量小，受到城市发展和人类活动的直接影响，发生富营养化的风险高。本书针对我国城市景观水体的富营养化问题，系统论述了城市景观水体的污染物来源和富营养化特征，研究表明了富营养化过程的氮磷及微量元素作用机制，重点揭示了再生水补充型景观水体的水环境特征与富营养化过程，综述了城市景观水体富营养化防治的主要策略和技术，并提供了典型示范案例。

本书可为城市景观水体水质改善研究领域的学生、教师和相关科研人员提供参考，也可供环境领域从事相关研究和技术应用的广大读者阅读参考。

图书在版编目(CIP)数据

城市景观水体富营养化特性及营养物作用机制/陈荣，吴鹍，李倩编著. —北京：科学出版社，2018.8

ISBN 978-7-03-058677-3

Ⅰ.①城… Ⅱ.①陈… ②吴… ③李… Ⅲ.①城市景观-富营养化 Ⅳ. ①X522

中国版本图书馆 CIP 数据核字（2018）第 197830 号

责任编辑：祝 洁 王良子 / 责任校对：郭瑞芝
责任印制：张克忠 / 封面设计：正典设计

科 学 出 版 社 出版
北京东黄城根北街 16 号
邮政编码：100717
http://www.sciencep.com

北京市文林印务有限公司 印刷
科学出版社发行 各地新华书店经销
*
2018 年 8 月第 一 版 开本：720×1000 1/16
2018 年 8 月第一次印刷 印张：14 3/4 插页：4
字数：304 000
定价：95.00 元
（如有印装质量问题，我社负责调换）

序

  水体富营养化是全球范围内的水环境问题。20 世纪 60 年代开始，日本的两大淡水湖泊——琵琶湖和霞浦湖也曾面临严重的富营养化问题。日本政府于 70 年代出台了《水质污浊防止法》，重点管控城镇和工业污染物排放，实行严格的排污标准，各地方政府也在此基础上制定了更为严格的区域排放标准。经过三十多年的治理，两大湖泊水质均有大幅好转，琵琶湖全面恢复了作为周边区域水源地的功能，霞浦湖也再次成为日本的旅游胜地。

  作为城市的重要组成部分，景观水体一方面起到了提升城市品位、调节区域微气候的作用，另一方面也受到城市发展和人类活动的直接影响，因此城市景观水体的污染类型与城市经济社会发展密切相关，往往呈现出污染物种类多样化的特点。另外，城市景观水体通常为浅水型，环境调节容量小，发生富营养化的风险高。因此，城市景观水体不同于大型流域性水体，其富营养化过程具有特殊性和复杂性。

  该书介绍了中国城市景观水体的现状，系统地论述了城市景观水体的污染物来源、富营养化特征、营养物作用规律，专门针对再生水补水型景观水体的水环境特点进行了全面分析，以此为基础，综述了城市景观水体富营养化防治的主要策略和技术，并提供了典型示范案例。该书作者陈荣于 2015 年 11 月至 2017 年 11 月在日本东北大学任日本学术振兴会（Japan Society for the Promotion of Science，JSPS）海外特别研究员，这段时间也正是该书的撰写和成稿过程，我们就书稿内容进行了卓有成效的沟通。

  该书不仅是对已有相关研究工作的系统总结，也凝聚了作者所在团队大量的研究成果。我认为，微量元素对藻类生长的影响，以及再生水补水对水环境的影响，这两部分内容很有创新意义。我相信，该书的出版将会给从事相关领域的读者带来启发和帮助。

工学博士 教授

日本东北大学工学部

建筑社会环境工学科长

土木与环境工程系主任

2017 年 6 月

前　言

城市景观水体是指在城市中天然形成或人工建造的、具有观赏性和娱乐性的水体，包括湖泊、河道和水池等。随着生活水平的提高，人们对城市建设的需求逐渐由高楼林立、立交环绕的现代化都市回归到青山绿水、湖光山色的宜居生态城市。景观水体作为城市建设的重要组成部分，能够与城市的开放空间相融合，在城市发展过程中扮演着至关重要的角色。作为城市中最活跃的调节剂，景观水体承载着改善水汽循环、调节环境温度、缓解噪声污染以及增加生物多样性等功能，也经常作为历史文化和社会发展功能的载体。不同于大型流域水体，城市景观水体通常呈现流动速度慢、环境容量小和受人为活动影响大的特点。

富营养化现象频发、景观娱乐功能下降是现阶段城市景观水体面临的普遍性问题。营养物输入和富集导致藻类过度繁殖被认为是水体营养状态升级和富营养化发生的直接原因，在此过程中，以氮磷为主的常规营养物的作用规律受到国内外研究者的普遍关注。作者所带领的团队在前期的研究工作中发现，受到人类活动的影响，城市景观水体中的微量元素，尤其是金属元素普遍高于流域性水体，这些微量元素在藻类的生长和毒素合成过程中也具有重要作用。另外，随着城市缺水问题日益严重，景观水体可获得的常规水资源补给量下降，以再生水为主的非常规水资源逐渐成为城市景观水体新的补水源。源于城市污水的再生水通常呈现低浊度、高营养的特征，氮磷营养物主要以无机的硝态氮和磷酸盐为主，并且，再生水中也含有丰富的微量元素。综上所述，城市景观水体的富营养化过程具有特殊性，深入揭示氮磷及微量元素的作用原理与机制，对城市景观水体的富营养化控制和景观娱乐功能维持具有重要的价值和意义。

国家科技重大专项"水体污染控制与治理"城市主题"十二五"期间启动了"城市污水处理系统运行特性与工艺设计技术研究"课题（2012ZX07313-001），专门设置了"城市水体中氮磷及微量元素对水环境质量的影响研究"任务，在城市景观水体水质变化特征、氮磷及微量元素分布规律、藻类繁殖过程中的营养物作用特性以及富营养化防治技术等方面开展了大量探索性的工作。本书就是在这些成果的基础上编著的。全书共9章，第1章概述了城市景观水体的基本概念和我国的发展概况；第2章分析了我国城市景观水体的水环境现状；第3章解析了城市景观水体的污染物来源与输入途径；第4章论述了城市景观水体的富营养化特征；第5章和第6章分别阐述了氮磷、微量元素对藻类生长的影响规律；第7章针对再生水补水型城市景观水体的水环境特征进行了论述；第8章综述了城市景观水体富营养化控制与水质改善技术；第 9 章介绍了三个典型示范工程。

本书由陈荣、吴鸥、李倩编著，各章节主要撰写人员为：第 1 章，张璐、李倩；第 2 章，常妮妮、李倩；第 3 章，李倩、常妮妮；第 4 章，敖冬、李倩、文雯；第 5 章，薛涛、吴鸥；第 6 章，雷振、王举、陈荣；第 7 章，敖冬、吴鸥、刘言正；第 8 章，薛涛、敖冬、郭红兵、陈静、宇文超岁；第 9 章，陈荣、王楠、宋佳、刘言正。陈静、李倩、张璐负责了全书的文字梳理工作，文雯、宇文超岁负责了图表的绘制与整理与规范，在此表示感谢。中国市政工程华北设计研究总院郑兴灿教授级高级工程师对本书的编著提出了宝贵的意见，并对全书进行了审核，在此表示衷心感谢！

由于本书作者均为青年科技工作者，学识水平和实践经验有限，书中不妥之处在所难免，恳请广大读者批评指正。

目　　录

序

前言

第1章　绪论 ………………………………………………………………… 1

  1.1　城市景观水体的基本概念 ………………………………………… 1

    1.1.1　城市景观水体的定义 ……………………………………… 1

    1.1.2　相关名词术语 ……………………………………………… 2

  1.2　城市发展与景观水体的形成 ……………………………………… 2

    1.2.1　景观水体的功能 …………………………………………… 2

    1.2.2　西方国家城市景观水体的形成 …………………………… 7

    1.2.3　我国城市景观水体的形成 ………………………………… 10

  1.3　我国城市景观水体发展概况 ……………………………………… 12

    1.3.1　城市景观水体的类型 ……………………………………… 12

    1.3.2　城市景观水体的发展方式 ………………………………… 16

    1.3.3　城市景观水体发展的特点 ………………………………… 18

    1.3.4　城市景观水体面临的问题 ………………………………… 19

  参考文献 ………………………………………………………………… 20

第2章　我国城市景观水体的水环境现状 ……………………………… 22

  2.1　我国城市景观水体主要水环境问题 ……………………………… 22

    2.1.1　景观娱乐功能下降 ………………………………………… 22

    2.1.2　地表水环境质量基本现状 ………………………………… 22

    2.1.3　富营养化 …………………………………………………… 24

    2.1.4　黑臭现象 …………………………………………………… 25

  2.2　我国城市景观水体富营养化现状 ………………………………… 26

    2.2.1　富营养化基本现状 ………………………………………… 26

    2.2.2　富营养化主要类型 ………………………………………… 28

    2.2.3　富营养化对城市景观水体功能的影响 …………………… 30

2.3 我国城市景观水体富营养化的发展趋势 ·········· 34
　　2.3.1 流域型水体的发展趋势 ·········· 34
　　2.3.2 城市景观水体的典型发展趋势 ·········· 39
参考文献 ·········· 43

第3章　城市景观水体污染物来源与输入途径 ·········· 46

3.1 集中补水水源中的污染物 ·········· 46
　　3.1.1 常规水源 ·········· 46
　　3.1.2 再生水 ·········· 46
　　3.1.3 其他水源 ·········· 51
3.2 城市景观水体面源污染物 ·········· 52
3.3 城市景观水体点源污染物 ·········· 54
　　3.3.1 城市污水 ·········· 55
　　3.3.2 工业废水 ·········· 56
参考文献 ·········· 56

第4章　城市景观水体富营养化特征 ·········· 58

4.1 城市景观水体富营养化过程与特征 ·········· 58
　　4.1.1 富营养化的主要过程 ·········· 58
　　4.1.2 城市景观水体富营养化的典型特征 ·········· 59
4.2 城市景观水体典型藻类的繁殖特征 ·········· 64
　　4.2.1 城市景观水体中的典型藻类分布 ·········· 65
　　4.2.2 影响藻类繁殖的主要因素 ·········· 74
参考文献 ·········· 79

第5章　藻类生长的氮磷营养物作用机制 ·········· 81

5.1 氮磷营养物的来源与分布 ·········· 81
　　5.1.1 氮的来源与赋存形态 ·········· 81
　　5.1.2 磷的来源与赋存形态 ·········· 85
5.2 水体中氮磷营养物的迁移转化规律 ·········· 88
　　5.2.1 水中氮磷的迁移转化 ·········· 88
　　5.2.2 沉积物中氮磷的迁移转化 ·········· 89
5.3 氮磷营养物对藻类繁殖的影响 ·········· 97
　　5.3.1 磷因子的影响规律 ·········· 97
　　5.3.2 氮因子的影响规律 ·········· 102

5.3.3　氮磷比的影响规律 ··· 104

参考文献 ··· 105

第 6 章　藻类生长的微量元素作用机制 ·· 108

6.1　微量元素的典型来源及分布 ··· 108

6.1.1　水体中微量元素的界定 ·· 108

6.1.2　微量元素的典型来源 ·· 109

6.1.3　微量元素的主要赋存形态 ··· 111

6.1.4　微量元素的分布特征 ·· 112

6.2　水中典型微量元素对藻类生长的影响 ·· 116

6.2.1　Fe 元素对藻类生长的影响及作用机理 ··· 116

6.2.2　Mn 元素对藻类生长的影响及作用机理 ·· 123

6.2.3　Zn 元素对藻类生长的影响及作用机理 ··· 131

6.2.4　Cu 元素对藻类生长的影响及作用机理 ··· 137

6.2.5　Mo 元素对藻类生长的影响及作用机理 ·· 142

6.3　其他微量元素对藻类生长的影响 ·· 146

参考文献 ··· 149

第 7 章　再生水补水型景观水体水环境特征 ··· 151

7.1　再生水水质与水体水环境需求的协调 ·· 152

7.1.1　再生水作为环境景观用水的水质标准 ·· 153

7.1.2　再生水与地表水水质的典型差异 ·· 157

7.1.3　再生水作为景观水体补水的关键性指标 ··· 158

7.1.4　景观利用的再生水处理工艺 ··· 161

7.2　再生水补水对水体水环境的影响特征 ·· 163

7.2.1　对感官性状的影响 ··· 163

7.2.2　对营养物特性的影响 ·· 165

7.2.3　对藻类生长的影响 ··· 166

7.2.4　导致的生态风险 ·· 169

7.2.5　导致的健康风险 ·· 170

7.3　再生水补水对沉积物的影响特征 ·· 172

7.3.1　对底泥富营养化潜能的影响 ··· 172

7.3.2　对底泥重金属富集的影响 ··· 174

7.3.3　对底泥生态毒性的影响 ·· 175

7.3.4　对底泥健康风险的影响 ·· 176

7.4 再生水补水年限对水体水环境的影响规律 ·································· 177

参考文献 ··· 180

第8章 城市景观水体富营养化控制与水质改善技术 ························ 182

8.1 城市景观水体适用的水质标准 ····································· 182

8.1.1 国内相关水质标准 ··· 182

8.1.2 水体水质的感官效果表现 ······································ 184

8.2 城市景观水体水质变化规律 ······································· 185

8.2.1 藻类生长的季节变化特征 ······································ 185

8.2.2 城市景观水体水质特征期分析 ······························· 186

8.3 城市景观水体外源污染控制技术 ································· 188

8.3.1 水体外源污染控制技术 ··· 188

8.3.2 外源控制技术应用案例 ··· 194

8.4 城市景观水体内源污染控制技术 ································· 195

8.4.1 水体内源污染控制技术 ··· 195

8.4.2 内源污染控制技术应用 ··· 199

8.5 城市景观水体水力及工程调控技术 ····························· 200

8.5.1 水体水力及工程调控技术 ······································ 200

8.5.2 水力及工程调控技术应用 ······································ 202

8.6 城市景观水体水生态系统构建与自净能力提升技术 ········ 203

8.6.1 水生态系统构建及自净能力提升技术简介 ················· 203

8.6.2 水生态系统构建及自净能力提升技术应用 ················· 205

参考文献 ··· 206

第9章 典型案例介绍 ·· 208

9.1 临港生态公园水体富营养化防治工程 ·························· 208

9.1.1 工程背景 ··· 208

9.1.2 工程设计 ··· 210

9.1.3 工程建设 ··· 213

9.1.4 实施效果 ··· 213

9.2 杭州西湖龙泓涧水体氮磷削减工程 ····························· 215

9.2.1 工程背景 ··· 215

9.2.2 工程设计 ··· 215

9.2.3 工程建设 ··· 217

9.2.4 实施效果 ··· 218

9.3 思源学院景观水体水质保障工程 ···································· 219
    9.3.1 工程背景 ·· 219
    9.3.2 工程设计 ·· 219
    9.3.3 工程建设 ·· 221
    9.3.4 实施效果 ·· 222

彩图

第1章 绪　　论

1.1　城市景观水体的基本概念

1.1.1　城市景观水体的定义

水是人类赖以生存的生命之源，是环境中能量和物质自然循环的载体和必要条件（刘颖，2013）。人类世代依水而居，并且依托城市河流的天然航运功能，将其他地域的资源汇集到城市中来，促进了早期城市的发展，因此就有了"城有水则秀，居有水则灵"、"吉地不可无水"等说法。随着世界范围内经济的迅猛发展以及城市化进程的不断加速，人类对水的需求不再仅仅满足于其基本的生理及航运功能，而是将其与人类社会的经济、文化相融合，以城市景观作为载体凸显其美学及人文经济功能（张龙涛，2008）。

"景观"一词最早出现在希伯莱文本的《圣经》中，是一种视觉美学上的概念，与"风景""景色""景致"含义基本相同，而地理学家则将其定义为一种天然的或人为的地表现象，如城市景观和森林景观等。不同国家地区、不同文化背景、不同人文需求的差异导致景观作为一种不确定的客体，包含了繁多的内容，承载了丰富的内涵。因此，城市景观具有地域性、综合性、多样性、生活性和参与性等特征。

城市景观水体在城市发展过程中，水资源与景观建设双向作用的产物，主要是指在城市中天然形成或人工建造的、具有观赏性和娱乐性的水体，包括湖泊、河道、嬉戏水池和喷泉等（李振海，2005）。近年来，随着人民生活水平的提高，对城市建设的需求逐渐由高楼林立、立交环绕的现代化都市回归到青山绿水、湖光山色的宜居生态城市。景观水体作为城市建设的重要组成部分，能够与城市的开放空间相融合，在城市发展过程中扮演着至关重要的角色（焦健等，2013）。

Schauser 等（2009）经过对美国众多城市景观水体的调研，提出了城市景观水体的六个主要界定指标：①较小的面积，一般不超过 10 平方英里（1 平方英里＝2589988.11m²）（大型湖泊除外）；②深度一般不超过 20 英尺（1 英尺＝0.3048m）；③湖泊流域内必须至少包括 5%的不透水层；④无论是人工的还是天然的，湖泊必须应用于娱乐、供水、泄洪或其他直接的人类活动；⑤本定义不包括那些具有独特水力功能或污染周期的湖泊。

1.1.2 相关名词术语

我国景观环境用水按功能可分为观赏性和娱乐性景观环境用水两大类（张丙印，2005）。每一类又包括河道类水体、湖泊类水体及水景类水体三种类型。与景观水体相关的景观环境用水类型及关键评价指标术语如下内容。

（1）景观环境用水：指满足景观需要的环境用水，即用于营造城市景观水体和各种水景构筑物用水的总称。

（2）观赏性景观环境用水：指人体非直接接触的景观环境用水，包括不设娱乐设施的景观河道、景观湖泊以及其他观赏性景观用水。

（3）娱乐性景观环境用水：指人体非全身接触的景观环境用水，包括设有娱乐设施的景观河道、景观湖泊及其他娱乐性景观用水。

（4）河道类水体：指景观河道类连续流动水体。

（5）湖泊类水体：指景观湖泊类非连续流动水体。

（6）水景类用水：指用于人造瀑布、喷泉、娱乐和观赏等设施的用水。

（7）再生水：指城市污水或生活污水经处理后达到一定的水质标准，可在一定范围内重复使用的非饮用水。再生水是景观水体重要的补水水源之一。

（8）初级生产力：指绿色植物利用太阳光进行光合作用把无机碳固定以及转化为有机碳这一过程的能力。

（9）营养物质：指动、植物维持生长发育及各种生命活动所需的物质。其中氮和磷等是影响景观水体中藻类生长及水体水质的重要营养物。

（10）微量元素：指动植物生长必须的，且含量小于 0.1% 的元素，又称痕量元素。

（11）感官性状：指根据人的感受器官对景观水体水质进行评价的重要指标之一，包括透明度、浊度、色度和嗅味等。

（12）藻类：是原生生物界一类真核生物，是水体富营养化重要的指示生物。在景观水体中主要的藻类为蓝藻、绿藻及硅藻。藻类相关的重要指标包括优势藻种、藻密度以及藻毒素等。

1.2 城市发展与景观水体的形成

1.2.1 景观水体的功能

景观水体是城市建设与居民生活的天然调和剂，能够使城市更加灵动秀美，使人民生活更加惬意舒心。设计精美、功能完善的水体景观不仅能够提升城市形象，改善居住环境，更体现了良好的城建管理水平，对城市的社会发展和经济建设有着重要的意义。随着社会的发展以及人们对生活环境质量要求的不断提高，城市景观水体的功能逐渐由单一到多样，由简单到复杂（王超，2004）。

1. 环境美化功能

随着世界范围内城市化进程的放缓，人们开始对居住环境有了新的要求。林立的高楼和摩登的建筑已不再是人们刻意追求的城市"现代化"标志，秀美的自然景观和舒适的生活环境成为当代人对居住环境最强烈的诉求。1975 年根据对日本 402 个城市的民意调查表明，景观水体及绿色植被等自然要素居于众多城市美化因素中的首要地位，其次才是城市街道、标志建筑以及文物古迹等。

人工建造的景观水体往往具有艺术作品"可意象性"的特点，通过动态和静态元素的有机结合来增强观赏者对景观水体多维度的感官体验。蜿蜒流动的城市河流提供了清新、动感的水体环境，在幽静中隐含着灵秀；广阔的湖面池塘为市民带来开阔的视野，在烦嚣的城市氛围中体验到恬淡、安然的休闲意境。形式多样、千姿百态的水景为城市居民提供了美的享受，也给城市增加了别样的色彩（高榕等，2007）。通过合理的设计和建设，使景观水体与绿色植物相互映衬，美化区域环境，柔化城市冰冷的外壳，让城市融入自然，给居民和谐秀美的视觉享受，同时带来身心的放松。早在 18 世纪，法国国王路易十五就将大面积的水景引入到巴黎协和广场（图 1.1）的建设中，如今该广场已成为当地人们悠闲放松的场所，还吸引了全世界人们前去旅游观光。

图 1.1 巴黎协和广场

图片来源：https://pixabay.com/zh/巴黎-法国-埃菲尔铁塔-埃菲尔-查看-地方煌-地方去协和广-114323/

2. 生态圈构建功能

城市景观水体作为城市中最活跃、最富有生命力的调节剂，不仅承载着水体循环、水土保持、储水调洪、水质涵养以及维护大气成分稳定的运作功能，还可以有效改善城市生态环境,增加自然环境容重,促使城市持续健康发展。因此,景观水体的设计建造往往与陆地生态系统连通在一起,在两种系统的共同作用及相互影响下,使城市区域空间呈现出更加丰富的生态多样性。

1)增加水汽循环

景观水体多以流动的形态存在于城市景观中,水体的流动能够促进周围的水汽循环,从而提高其所处区域的空气湿度,增强该区域内环境的舒适感。此外,水汽循环能够强化水的汽化作用,使得水体中的负离子如 Cl^-、HCO_3^- 等能够通过汽化不断进入到空气中,从而利用这些负离子所具有的氧化性杀灭空气中带正电的污染离子及灰尘,起到清洁空气的作用(Ma et al.,2016)。研究表明,在水流、喷泉水雾区测定的负氧离子浓度最高可达3600个/m^3,一般也可达1500~1800个/m^3,比一般地区高出 3~4 倍,因此更加有利于人体健康。

2)调节环境温度

水不仅具有蒸发吸热效应,同时也具有热稳定性。在炎热的夏季,景观水体能够通过自身蒸发来吸收热量,降低周围环境的温度;而在寒冷的冬季,水的热稳定性可以对其所在区域起到很好的保温作用(Smith et al.,2002)。由于景观水体的面积大小不一,其对周围环境的调节作用也有一定的差异。较小面积的水体,可以改善建筑室内或局部地段的微气候;较大面积的水体则可以营造整个区段的小气候,并对周围环境的温度和大气湿度起到调节作用。

3)缓解噪声污染

景观水体还具有隔离噪声的作用,由哈普林设计的西雅图高速公路公园(Freeway Park)水景可以说是其中的典范。这个公园占地仅 2.2hm^2,但其覆盖范围长达 400m,且最低点与最高点相差 30m,哈普林充分利用了这种独特的地形,将原有的高速公路作为城市景观的一部分,利用巨大的块状混凝土构造物设计叠水瀑布,仿佛塑造了一个水流潺潺的峡谷,使得过往车辆带来的噪声隐没于这一大自然式的瀑布流水声中,有效地减弱了高速公路对城市造成的噪声污染,同时营造出一个具有当地特色的休闲娱乐空间(钟雪飞等,2010)。

4)增加生物多样性

城市水体景观往往与绿色植物景观相结合,形成水景和陆地景观相互融合的小生态圈,在美化环境的同时,也为水生动植物、鱼类、两栖动物和鸟类等生物提供了适宜的栖息生存环境,增加城市景观的生物多样性。水生动植物的存在给城市带来了无限的生机,也吸引了大量城市居民前游玩观赏,或泛舟湖上,或驻足垂钓,或与水鸟嬉戏,均是由水景构成良好环境的例证。例如,位于昆明市区五华山西麓的昆明市翠湖(图1.2),八面水翠,四季竹翠,春夏柳翠,湖体与周围植被形成的生态圈吸引了大量的红嘴鸥在此栖息,成为了一道亮丽的风景线。

图 1.2　昆明市翠湖

3. 历史文化功能

水是生命之源，也是人类文明的发源地（严黎等，2008）。以黄河流域为代表的中华文明，尼罗河流域的古埃及文明，幼发拉底河和底格里斯河为中心形成的巴比伦文明，印度河流域的哈巴拉文明，地中海的古希腊文明，还有美洲的玛雅文明等都与水域或流域紧密相连，充分体现了当时鲜明的自然文化特色。而在长期历史发展过程中，人类逐渐开始认识水，治理水，利用水，爱护水，欣赏水，从而形成了独特的"水文化"。人们对城市景观水体的认识不仅停留在单纯的物质景观，更将其作为城市历史和文化的载体。

将景观水体的设计与当地的历史文化、风土人情和自然风貌相结合，能够使其具有更为动人的"灵魂"，从而使游客在欣赏景观水体的同时，从中窥见城市自古至今漫漫历史长河的缩影。例如，西安市汉城湖（图 1.3）就是将汉代的历史文化

图 1.3　西安市汉城湖

图片来源：https://timgsa.baidu.com/timg?image&quality=80&size=b9999_10000&sec=
1529034753373&di=db20ab865d80639376b53b677b759ebb&imgtype=0&src=http%3A%2F%2Fimg.pconline.com.cn%
2Fimages%2Fupload%2Fupc%2Ftx%2Fphotoblog%2F1105%2F23%2Fc10%2F7752478_7752478_1306153818437.jpg

与景观水体相结合，在 3 公里长的湖面两岸可以游览封禅天下广场、大汉疆土地雕、汉武大帝铜像、汉城湖展厅、音乐喷泉、天汉雄风浮雕和神明台等，人们在此处游览，既得到了身心放松又领略了汉文化所带来的震撼（轩紧紧等，2017）。

4. 人文社会功能

社会的发展对城市景观水体有着深远的影响，景观水体也体现了社会的需求。不同社会时期，人们对景观水体的设计有着不同的设计理念，作为城市开放空间的重要组成部分，景观水体面向所有居民，无论富贵贫穷都能享受城市景观所带来的视觉享受和身心愉悦，在一定程度上体现了人人平等这一人类永恒的精神追求。

景观水体建设作为社会活动的重要组成部分可以对社会的发展与进步起到推动作用。在当今社会，人们每天都会面临各种各样的压力，而压力的释放与排遣是保持良好生活状态的必要途径。景观水体的成功建造能够为周边地区创造出良好的休闲交往场所，从而为居民营造了休闲娱乐释放压力的良好氛围。例如，西安市汉城湖结合节日特色举办的赛龙舟活动，使城市居民在休闲放松的同时体验人文历史带来的震撼（图 1.4）。

图 1.4   西安市汉城湖赛龙舟活动

图片来源：https://timgsa.baidu.com/timg?image&quality=80&size=b9999_10000&sec=1529035079291&di=5cf6e4026133dc29a4d4021ac8a3b0fe&imgtype=0&src=http%3A%2F%2Fsn.people.com.cn%2FNMediaFile%2F2013%2F0613%2FLOCAL201306130810000387774871463.jpg

5. 经济发展功能

在现代都市中，依山而居意味着远离都市，注定只能成为社会人不切实际的梦想，于是通过建设景观水体来实现傍水而居则成为了都市人可以实现的选择。城市居民对景观水体的需求带动了"水景经济带"的发展，无论是天然水体还是人工建造的景观水体，均已形成了城市的绿色廊道，也是打造社区形象的重要组成部分。随着水景住宅的兴起，人们对住房的需求差别也日益显现。水景目前已经成为某些高档住宅小区的主导景观元素，或者成为影响购房者最终决策的重要因素。相关调查表明，若水景与朝向只能选择其一，有一半客户情愿选择水景而放弃朝向；即使是同一住宅区内的相同房型，也会因面水或背水的差异而形成较大的差价（李琨，2009）。

1.2.2　西方国家城市景观水体的形成

城市景观水体的形成都与最初人们的生产生活实践密切相关。随着水景艺术的逐渐发展以及人们审美的不断变化，在不同时期不同国家地区，城市景观水体所呈现的艺术形式各不相同。欧洲的传统城市水景注重视觉效果，飞溅的喷泉结合装饰性的人文雕塑，给观赏者带来视觉享受和精神震撼（图 1.5）。遍布于古希腊广场和街道上的各式喷泉和浴场是当时繁华城市公共生活的主要元素。随着文化的传播，欧洲各国家相互传承创新，在不同时期不同地域形成了鲜明的景观水体风格。景观水体功能从最初蓄水、消防、灌溉以及沐浴等实用功能逐渐演变成为后来具有观赏价值的水池、鱼池或具备活动功能的游泳池等。

图 1.5　特莱维喷泉

图片来源：http://www.trevifountain.net/trevifountainhistory.jpg

人类历史上最早修建的大型人工景观水体可追溯到公元前 1417 年，埃及国王 Amenhotop 三世为皇后在其家乡 Akhmim 修建了大型的人工水景（安旭等，2010）。古希腊时期人们最初建造喷泉用来供奉诸神和英雄。而在公元前 4 世纪古罗马时期景观水体发展达到了一次高峰。古罗马人将清水从远至 60 英里（1 英里＝1609.34m）以外的地方用导水管引入城市中心水库，再分散流入喷泉、浴池和家庭，人们将水体以浴池、鱼池及喷泉等形式呈现出来，同时把趣味水景同广场、宫殿、住宅及庭院结合起来，大大丰富了建筑空间和城市面貌。在罗马古城，可以看到上千座喷泉和浴场分散在整个城市的街道交叉口以及广场中心等公共空间，工程浩大的输水管网维持着奢华的城市用水。

　　到文艺复兴时期，意大利很好地继承了古罗马景观水体的辉煌成就。意大利北部山丘地的庄园别墅利用地势条件，建造了大量的叠落瀑布从而形成新的水景风格。这个时期的水景称为理水工程，一般以动态水流为主，形成众多几何形状的花坛平面或坡道，利用地势使水流传接，与建筑、雕塑、植物及石盘结合。在形式上讲究黄金分割、规整对称，整个水景呈现出图案化和有序化（杨晓敏，2002）。

　　随着巴洛克风格在欧洲兴起，过去用来装饰庭院的喷泉、瀑布、水池等常规水景形式已不能满足人们的需要，各种各样令人耳目一新的喷泉形式开始不断涌现。意大利巴洛克时期出现了一些带有戏剧性效果的喷泉设施，如惊愕喷泉、秘密喷泉以及水风琴（图1.6）等。形态各异的喷泉是这一时期最具代表性的景观水体设计建造风格，代表着人们对景观水体形式的追求日趋多样化。

图 1.6　水风琴

图片来源：https://en.wikipedia.org/wiki/Villa_d%27Este

　　到了17世纪下半叶，法国在继承和发展意大利文艺复兴和巴洛克的基础上，形成了其古典主义风格。这时期园林空前繁荣，景观水体的设计建造往往与园林相结合。勃阿索说："水之为造园所不可缺少，不仅是因为在严重干旱时要用它来浇灌庭园及凉爽环境，而且，水尤其是流水还是一种十分行之有效的庭园装饰手段。"

　　17世纪到18世纪，受热绘画与文学以及中国园林文化的影响，英国出现了自然风景园。水仍然是自然风景园的主要构成要素，而曲折湖岸的水池及弯曲的河流成为设计师最钟爱的元素。风景式造园家的鼻祖斯威特在他的著作中写道："他们所观赏的风景就是谐调一致的或充满野趣的树丛、平缓或蜿蜒的河水、急流、瀑布以及四周的山峦、海角等。"法国以凡尔赛宫（图1.7）为代表的大园林风靡整个欧洲，使城市景观水体发展产生一次质的飞跃，水景则是营造这种大园林风格的重要元素。法国特有的开阔水池、河渠体现着宏大的气势，各式各样的雕塑与喷泉相结合的水景则是中心位置视觉焦点（安旭等，2010）。

图 1.7 凡尔赛宫

图片来源：http://en.chateauversailles.fr/discover/estate/gardens

19 世纪之后，随着科技的飞速发展，各种现代技术逐渐应用于景观水体建设。大马力水泵、大型探照灯和广场音乐等多种技术的配合使城市水体呈现出震撼的艺术表现形式。例如，在巴塞罗那东南郊蒙锥克山丘的蒙特伊克喷泉（图 1.8），是一座以色彩多变而闻名于世的音乐喷泉，在激光和音效的映衬下它的水柱喷射随着光线与音乐舞动，巧妙的变换色彩与姿态，成为城市空间中充满生命力的景观，吸引了大量的游客。当今发达国家新兴的城市景观水体早已不再以希腊众神为创作灵魂，而是着重为普通居民提供娱乐和休闲环境的价值得到充分肯定。

图 1.8 蒙特伊克喷泉

图片来源：https://commons.wikimedia.org/wiki/File:Font_Màgica_I.jpg

1.2.3 我国城市景观水体的形成

1. 中西方古典景观水体的差异

由于中西方文化及审美差异，我国城市景观水体的形成和发展与西方国家有较大不同，主要体现在以下几个方面。

1）建造理念的差异

中国最早关于世界本源的五行说，就是把水作为万物的本源。《尚书·洪范》中记载："一曰水，二曰火，三曰木，四曰金，五曰土"。水在中国历史的大部分时间中都占据重要的统治地位。因此，古代中国人对水景的利用也就是对纯自然水体形态和环境的模仿，虽然有局部的改变，但大体上中国古人还是以单纯模仿为主。而西方人则是带着照亮世界的心态对待自然，对水景的利用也和其他自然事物一样，认为是无生命的，他们希望通过人力把水体景观用自己的方式表现出来。在两种不同的倾向之下，中国传统水景侧重对自然的模仿，极尽能力去艺术地创造出泉、潭、溪涧、瀑布等自然景观，提倡和谐（图1.9）；西方水景则侧重改造，追求人能力的最大限度发挥与表现，出现了许多以雕塑为主体的景观水体（图1.10）（寿东等，2003）。

图1.9 中国古典园林风格水景观

图1.10 欧洲喷泉景观

图片来源：http://en.chateauversailles.fr/discover/
estate/gardens/fountains#fountains-of-the-fight-of-the-animals

2）表现形式的差异

由于中西方的哲学体系不同，其建造的水体景观在表现形式存在非常明显的差异。西方讲究比例尺度，体现的是人工美，不仅布局对称、规则、严谨，就连花草都修整的方方正正，从而呈现出一种几何图案美。因此，景观水体与周围景观相互融合，往往也是以对称的几何形态呈现（图1.11）；中国则讲求"虽由人作，宛自天开"，既不求轴线对称，也没有任何规则可循，相反却是山环水抱，曲折蜿蜒，师法自然作为园林景观的组成部分（图1.12）。西方园林的水景观一般呈轴线布局。方形的水池与线性的水渠结合，饰以喷泉及剪裁方正的植坛，这些几何形态元素组成的序列与建筑共同围合成对称、均衡的园林空间。东方传统建筑中水体形态则多为自由形，这是由于东方文化崇尚自然、重视意境。在中国古典园林中，水体形态要求忌平直求曲折（寿东等，2003）。

图 1.11　法国凡尔赛宫园林水景　　　　　　图 1.12　中国园林水景

图片来源：http://en.chateauversailles.fr/discover/estate/
gardens/parterres-and-paths#the-south-parterre

2. 我国景观水体的形成及发展

1）我国古代景观水体的形成

我国古代景观水体的发展与园林建造艺术的发展密不可分。早在周文王时期就开凿了由两河一渠组成的灵沼，将其作为对接天地，结合阴阳的风水宝地；秦始皇引渭水为池，并在池中堆置土石山，建造了庞大的人工水景园林；春秋战国时期，吴王夫差建造姑苏台，并将台内天池作泛舟水嬉之用，"池中作青龙舟，舟中盛陈妓乐，日与西施为水嬉"。

随后，"一池三山"的景观建造方式在汉朝得到了巩固。在此景观水体格局的基础上，后续朝代发展了其他特色水景。例如，在魏晋南北朝时期，文人雅士借水传酒作诗，被称为曲水流觞，慢慢演变成一种水景模式，被引入皇家园林；唐长安城的曲江池则是历史上第一个公共园林水景，引浐河水入池，供居民游赏（吴永江，2000）。

到明清时代，景观水体的建造方式则更加成熟及多元化。圆明园的水景建设过程中既汲取了皇家园林的雍容华贵，又揉入江南水乡的秀丽情趣，同时引入欧洲的喷水艺术，使整个园中水景更加灵动。

2）我国现代景观水体的形成

现代水体景观的出现可以追溯到产业革命以及由此引发的社会生产、社会生活的重大变革。这一时期是古典园林水体景观向现代城市水体景观发生重大转变的分水岭。一方面，人们对景观水体的营造不再一味地依赖园林建设，也将其作为独立的水体景观融入城市美化和建设中；另一方面，景观水体的建造形式也日趋多样，其影响主要来自两个方面：一个是 19 世纪下半叶诞生的现代绘画雕塑艺术带来的现代美学思潮方面的影响，抽象的思维与表现形式被设计师们从常识、建筑设计引入到景观水体的建设；另一个是科学技术的不断创新和发展带来的现代工程技术方面的影响（何奕廷，2008）。

20 世纪末期，随着我国经济的迅速发展，城市的现代化建设及人民生活水平不断提高，人们的环境意识不断加强，带来了人造水景的空前发展。现代工程技术方面的巨大进步，则为现代水体景观的塑造提供了更多的表现形式和手段。已往所用的主要材料大多是土、木、砖、瓦、灰、砂、石等天然的或手工制备的（韩吴轩，2010）。产业革命以后，各种新型材料，如玻璃、钢材、钢筋混凝土等大量运用于景观建造中。各种现代施工技术使得水体景观塑造手段更加趋于多元化，更加简单快捷，现代科技的声光电技术也大量与水体结合，塑造了更加光怪陆离的水景世界。

1.3　我国城市景观水体发展概况

1.3.1　城市景观水体的类型

随着社会和科技的不断发展，城市景观水体的设计和建造类型日趋多样化，主要包括以下几种方式。

1. 池塘、人工湖

池塘和人工湖是指自然形成的或者人工建造的具有装饰和蓄水作用的构筑物。池塘体积相对较小，多数情况下采用曲线条，构筑成边缘弯弯曲曲的不规则水池形状，与周围的树木、建造相呼应，实现视觉上的统一（图 1.13）。多用于居住小区，休闲广场或其他各种文娱设施景观中。

图 1.13　池塘

人工湖相较池塘而言体积往往较大，有着较强的蓄水功能，往往修建于大型的景区及休闲娱乐场所。例如，西安市曲江池遗址公园，园内水面南北向长达1088米，东西向最宽处达552m，通过对湖体本身及周围景观的建设形成具有曲江历史文化特色的一系列如曲江南湖、曲江流饮等历史文化景观，再现曲江池地区在历史上"青林重复，绿水弥漫"的山水人文格局，成为西安实现城市现代化和历史文化遗产保护和谐共生的成功典范，为西安市民提供一个人文、自然、休闲、和谐的城市活动区（图1.14）（胡世龙等，2016）。

图1.14 西安市曲江池遗址公园

2. 水道

水道包括自然形的溪流和规则形的河渠。现代城市的水道景观从传统园林中的线性水体演变而来，起着划分空间和造景作用。河渠的形态一般以直线形、折线形等规则型较为常见，也有少数曲线形。现代城市景观中，河渠设计趋向更自由的表现形式，可以用到广场、商业街、校园等多种城市景观中。溪流一般有自然曲线形、折线形、直线形。自然曲线形和直线形较为常见，池边常用石块堆砌，池底可用混凝土、卵石砌筑（何奕廷，2008）。

在我国古代，为维护城内安全、阻止攻城者或动物的进入，许多城市会环绕整座城、皇宫、寺院等主要建筑来人工挖建壕沟，后引水注入形成人护城河，以此作为城墙的屏障。随着社会的发展，许多城市的护城河仍被保留下来，但最初的防御功能已不再是其主要功能的体现，人们更乐意将其与其他景观相结合形成新的休闲娱乐区域。例如，西安市的护城河，从1998年开始，政府投入大量资金推动护城河三次清淤工程，将原本人们印象中的"臭水沟"改造为西安市城区一条亮丽的风景线，形成了颇具特色的环城公园（图1.15）。同时，环境的改善带动了周围经济的发展，护城河周围兴起了大量的餐饮娱乐的文化小馆，成为市民休闲娱乐的绝佳选择。

图 1.15　西安市护城河

3. 湿地

湿地是地球上三大生态系统之一，《国际湿地公约》将其定义为："天然或人工、常久或暂时之沼泽地、湿原、泥炭地或水域地带，带有或静止或流动、或为淡水、半咸水或咸水水体者，包括低潮时水深不超过 6m 的水域。"

湿地是位于陆地和水体之间的过渡性地带，包括自然湿地和人工湿地（闫敏华，2014）。人工湿地生态修复是指在水体的岸边或者附近人工修建湿地，依靠湿地系统中透水性基质、水生动植物以及微生物的物理、化学和生物作用，通过过滤、沉淀、吸附、离子交换、微生物分解和植物的吸收作用来实现对水体的净化和修复。近年来，随着人工湿地技术的不断发展，许多城市建立起了湿地公园，既能够承载一定的污水负荷，还能够与水生植物相互融合形成独特的景致（Niu et al.，2016）。天津市临港湿地公园就是一个很典型的案例，本书在第 9 章进行了详细介绍（图 1.16）。

图 1.16　天津市临港湿地公园

4. 喷泉

喷泉是通过一定压力将水以特性形态喷洒出来的独特景观形式。18 世纪，西方式的喷泉传入中国，逐渐发展为景观水体重要的体现形式（乔红，2014）。喷泉是一种将动、静完美结合的水景艺术，能够形成明朗活泼的气氛，给人以美的享受；同时，喷泉形成的细小水雾还可以增加空气湿度及负离子含量，起到净化空气、降低环境温度等作用，因此深受人们的喜爱。喷泉的种类很多，大小不一。既有经常作为公共场所调节氛围的小型普通喷泉，也有喷头等隐于地下，常与广场、游乐场等场地结合的旱地喷泉，更有以各种人物及动植物雕塑为景观主体的雕塑喷泉。

近年来，大型音乐喷泉逐渐兴起，许多城市将音乐喷泉建设为城市的亮点之一，吸引了大量市民及游客前来观赏。例如，杭州西湖音乐喷泉长约 126m，弧形部分宽约 2m，通过不同的喷头实现喷泉水流形态的变化（图 1.17）。同时与灯光和音乐相结合，增加了喷泉的观赏性和趣味性，为西湖增添了一抹亮丽的风景线。形态多姿、色彩斑斓的音乐喷泉已经成为当地居民及游客休闲观光的最佳选择之一（郭柳佳等，2017）。

图 1.17 杭州西湖音乐喷泉

5. 瀑布

与自然界形成的大型瀑布不同，城市景观水体中的瀑布主要是水体从岩石或人工构筑物表面近乎垂直流落下来的水体景观，其中垂直高度在 1m 之内的称之为跌水（图 1.18）（何奕廷，2008）。瀑布常与周围景观相结合，相互衬托，创造出多层次，多角度的空间环境效应，分别从视觉、听觉、触觉和心理感悟方面给人们以影响和体验。

图 1.18　瀑布水景

1.3.2　城市景观水体的发展方式

城市景观水体是城市人居环境中重要的组成部分，其兴起与发展和现代化进程及人们的需求密不可分，体现了人们在现代化都市生活中对自然的诉求。

1. 与休闲娱乐需求相协调的发展方式

城市景观水体作为居民生活重要的调和剂，具有观赏和休闲娱乐功能。观赏功能主要是通过景观水体本身设计或与其他景观组合而实现的。人们可以通过景观水体合理的设计享受到视觉及精神上的享受，从而减轻现代人类的各种生活压力，改善人们的精神健康状况（申玮等，2008）。

景观水体能够提供的休闲娱乐活动可以分为两类：一类是水体内的休闲娱乐活动，如划船、滑水、游泳、渔猎和漂流等，另一类是依赖水体外的休闲娱乐活动，如露营、野餐、垂钓、踏青、远足休闲和摄影等。这些活动既有强身健体的功能，又有休闲放松、愉悦身心、陶冶性情之作用，是人类娱乐生活的重要组成部分（申玮等，2008）。

2. 与人文历史相结合的发展方式

随着历史的变迁，城市的发展既承载了科技与文明的发展又完成了人文和历史的积淀。每个城市都有独特的人文历史特征，景观水体作为一种重要展现形式，其发展与人文历史相辅相成。自古以来，水对城市的发展起着重要作用。其一，水是人类文明的发源地，其存在直接影响城市诞生与发展的布局和风格；其二，人类在逐水而居的城市发展进程中积淀了大量有关水的文化，这些文化逐渐发展成为城市文化的一部分；其三，城市的水文现状在很大程度上决定着城市的环境现状。我国古代的许多城市都是依靠内河航运发展起来的，隋唐时期，横贯东西的隋唐大运河孕育了诸如洛阳和汴梁等一批古都；元代以后，联通南北的京杭大运河又沟通了北京、南京、杭州等城市的联系，在推动了经济的快速发展的同时，先后在运河沿线形成了扬州、徐州、淮安、临清、济宁、通州等一大批与之联系紧密的中小城市（林跃朝等，2003）。

现代城市景观水体的发展同样将其作为历史文化的载体，从而得到更广泛的认可（林跃朝等，2003）。我国许多依水而生的江南城市，将城市的核心历史文化融入到景观水体当中，如"上有天堂，下有苏杭"的杭州正是因西湖而闻名天下。无论是神话传说中西湖断桥凄美的爱情故事，还是著名诗人苏轼笔下的"欲把西湖比西子，浓妆淡抹总相宜"，西湖的闻名于世离不开它深厚的历史文化底蕴，同样对于西湖的建设也引得更多的游客来了解西湖、认识西湖。西湖的开发建设与其被赋予的历史文化底蕴相辅相成，已成为杭州最著名的游览胜地，为杭州带来了巨大的商机，同时也通过文化娱乐活动打造出了一系列具有西湖特色的品牌活动。

3. 以径流管理为目标的发展方式

近年来，我国城市暴雨呈现出强度大、频次高、历时短等态势，城市内涝现象愈发突出，许多城市发生了由暴雨引起的严重洪涝灾害，造成了严重的经济损失。2012 年 7 月北京市及其周边地区遭遇 61 年来最强暴雨及洪涝灾害，根据北京市政府举行的灾情通报会的数据显示，此次暴雨造成房屋倒塌 10660 间，160.2 万人受灾，多人死亡，经济损失 116.4 亿元。因此，如何管理好雨水，使大暴雨发生时不出现城市内涝，同时又能够将雨水进行科学的利用，是近年来人们所关注的热点问题之一（顾济荣，2008）。

在国外，许多城市都已将雨水的传输和储存与城市景观建设与环境改善融为一体，形成了一套有效的策略，既有效利用了雨水资源、减轻了污水处理厂对雨水处理的压力，又丰富了城市的景观效果，起到了一举而三得的作用。在德国，人们将雨水径流主要用于构造城市水景观和人工水系、灌溉绿地、补给地下水及改善生态环境等，并且制定了配套的法规和管理规定加以强化，形成了从规划、设计到应用的完善技术体系。这种以径流管理为目标的景观水体建设，一方面缓解了雨水造成的内涝，另一方面为景观水体补水提供了可靠水源（袁志彬等，2001）。

在我国，海绵城市是新一代城市雨洪管理概念，是指城市在适应环境变化和应对雨水带来的自然灾害等方面具有良好的"弹性"，也可称之为"水弹性城市"。下雨时海绵城市中的"海绵体"能够对雨水进行吸收、储存甚至净化，剩余部分径流通过管网、泵站外排，从而可有效提高城市排水系统的能力，缓减城市内涝的压力。城市"海绵体"既包括河、湖、池塘等城市景观水体，也包括绿地、花园、可渗透路面这样的城市配套设施。近年来，一些城市景观水体如湿地、人工湖等在海绵城市的建设中起到了重要的作用（俞孔坚等，2015）。

4. 以河道治理为目标的发展方式

河道治理和城市建设密切相关，两者相互制约、相互促进。随着工业的发展，我国许多河道水质急速恶化，严重破坏了河道生态环境，制约了城市的发展。当今社会，人们对生活环境的要求不断提高，对环境恶化的河道进行治理已成为迫在眉睫的要务，通过河道治理可以改善生态环境，提升城市功能，促进城市建设和发展。景观水体建设在治理河道中起着重要作用，也被认为是有效的方法，在城市景观水体中，人工湿地被认为是一种有效的水质生态修复技术。此外，构建城市景观水体的循环体系，能够将水系连通、加速水体循环流动，从而提升河道净化能力。河网密度的增加，也可提升河道的调蓄能力，从而减小城市排水系统压力（焦健等，2013；刘颖，2013）。

1.3.3 城市景观水体发展的特点

1. 现代化技术逐渐应用

随着经济与技术的不断发展，城市景观水体的建造技术及配套设施得到了极大的改善。人造景观水体常用的离心泵逐渐被高性能、密封性良好的潜水泵所取代，不再需要另外设置泵房，大大降低了建造成本。同时管道系统得以简化，能耗降低，从而使超高喷泉成为现实。

此外，水景的控制方式也由最开始的小型人工控制水景发展到程序控制、外接音乐控制、电脑音乐控制，使人造水景成为变幻的雕像、有形的音乐、壮丽的舞台、缥缈的幽静，艺术感得到极大的提升。

2. 水体功能性逐渐增强

景观水体是城市的天然调和剂，在发展初期人们更加强调其观赏性。但是随着人们生活水平要求的不断提高，以及当代人所承担的工作及社会压力不断增加，人们希望景观水体不仅仅能够观赏，还能够具有参与性、趣味性及娱乐性。因此，与景观水体相结合的各种娱乐项目应运而生，在美化环境的同时还能够给人们带来身心放松和愉悦。

3. 建筑与水景逐渐结合

景观水体不断融入人们的生活中，无论是住宅小区的建造还是城市特色建造的落成，往往成为不可或缺的元素，它能够使冰冷的钢筋水泥构筑物变得柔美而灵动。因此，现在许多建筑在设计和建造过程中往往会将水体作为彰显特色，吸引人们目光的重要元素（张丙印，2005；王超，2004）。

1.3.4 城市景观水体面临的问题

1. 可利用城市水资源短缺

随着经济发展和城市化进程的加快，全国用水总量已从 1949 年的 1000 多亿 m^3 增加到 2015 年的 6000 多亿 m^3，其中农业用水占 63.1%；工业用水占 21.9%；生活用水占 13.0%；人工生态环境补水占 2.0%。《中国可持续发展水资源战略研究综合报告》中指出，"我国水资源总量为 28000 亿 m^3，按 1997 年人口计算，人均水资源量为 2220m^3，预测到 2030 年人口增至 16 亿人时，人均水资源量将降到 1760m^3（钱正英，2011）。按国际上一般承认的标准，人均水资源量少于 1700m^3 为用水紧张的国家，我国未来水资源的形势是严峻的"。据统计，我国共 600 多个城市中，400 多个城市均存在资源型或水质型缺水，110 个城市严重缺水（赵勇等，2006）。

随着水资源总量的萎缩和城市用水供需矛盾的加剧，城市景观水体可利用的天然水资源和可分配的市政供水都在不断减少，导致大量的景观水体由于补水水量不足而无法实现其美学和景观娱乐价值。甚至在一些地区，由于补水水源的量不足出现了一系列富营养化的问题，使得水体的营养结构、代谢类型等发生了急骤变化，水生生态系统和水功能受到阻碍和破坏，透明度下降，水体浑浊，给景观、旅游观光带来的问题尤为严重，使景观水体丧失了观赏、娱乐等美学价值（杨猛，2005）。

2. 水环境质量下降

除可利用水资源短缺外，水环境质量下降也是城市景观水体发展所面临的主要问题之一。一方面，城市废水未经妥善处理排入河流、湖泊等，造成地表水体、地下水体的污染，破坏了自然水系统的良性循环；另一方面，城市水体往往流动性差，流速缓慢，水环境容量较小，易受污染，水体自净能力较差（王艳春等，2006）。因此，极易导致不同程度的水体污染，甚至是富营养化。受到污染的景观水体往往呈现出色度较高，伴有鱼腥味的特征，更严重者甚至造成水体发黑发臭，严重影响了水体景观效果及其休闲娱乐功能（王秀朵，2011；孙健，2009）。本书在第 2 章集中介绍我国城市景观水体水环境现状。

3. 设计与管理不科学

近年来我国许多城市出现了打造城市水体景观的热潮，城市景观水体的建设如同一把"双刃剑"，恰当的营造不仅能够柔和摩登时代的硬质线条，还能满足人们对自然和美的追求，但是过分追求景观水体营造往往造成水资源的浪费。目前，在设计、建造和管理景观水体方面主要存在以下问题。

1）规模不断扩大，管理有待加强

水体规模过大，会导致蒸发量增加，造成巨大的水资源浪费以及过高的维护费用。在干旱城市进行景观水体建设时，需要考虑水面面积与其蒸发量的平衡关系，虽然水景能够改善区域气候，但是由于面积过大造成的水资源浪费可谓得不偿失。大型水景除了会造成水资源的浪费之外，还需要大量的运行维护投入（李玉洁，2015）。因此，许多大型水景在建成后不久就由于运行维护费用高、难度大，出现了难以维持的局面，景观效果大打折扣。此外，大多数景观水体缺乏自净能力，如果疏于管理，会导致水质恶化，甚至出现黑臭现象，成为"鸡肋"摆设，不仅失去原有的生态娱乐价值，也影响民众的健康（王秀朵，2011）。

2）结构形式繁多，建造模式单一

景观水体的形式繁多，合理的建造能够体现每个城市所特有的自然地理条件以及人文历史背景。但是，许多人工建造的水景项目，为了施工简单易行，往往采用相同的建造模式，且依赖于混凝土浇筑的结构体系，在植物和动物选择与配置上也简单处理。单一的建造模式使得原本形式繁多的景观水体给人以大同小异的感觉，弱化了其人文历史功能。

3）景观建设受重视，水资源利用欠合理

随着城市发展和人民生活水平的提高，生态水景建设受到越来越多的重视，但是，有的城市为了追求水体景观建设不考虑实际的水资源现状，进行拦河筑坝、挖地造湖，人为"制造"城市中心区水域景观，这种不合理的水资源利用造成了大量浪费，得不偿失。因此，在缺水地区，景观建设应充分考虑非传统水资源的利用，从而实现对水资源的合理利用（钱易，2002）。

参 考 文 献

安旭, 陶联侦, 2010. 城市园林水体景观功能及其评价体系[J]. 浙江师范大学学报(自然科学版), 33(3): 336-339.

高榕, 刘翔, 王志盈, 等, 2007. 西安城市人造水面质变化及保护对策研究[J]. 西北大学学报(自然科学版), 37(6): 940-944.

顾济荣, 2008. 结合地表径流管理的人工水系营造[D]. 上海: 同济大学.

郭柳佳, 赵鑫, 陈瑛, 2017. 西湖音乐喷泉提升改造的难点与亮点剖析[J]. 浙江园林, (1): 24-27.

韩吴轩, 2010. 对建筑艺术的鉴赏[J]. 建筑设计管理, 27(4):33-36.

何奕廷, 2008. 现代城市水体景观的类型比较分析与设计[D]. 无锡: 江南大学.

胡世龙, 纪佳渊, 陈荣, 等, 2016. 西安市城市景观水体富营养化现状及成因分析[J]. 环境监测管理与技术, 28(5): 62-65.

焦健, 秦福云, 花伟军, 等, 2013. 小型城市景观水体特点分析及净化治理对策探讨[J]. 北京园林, 29(106): 36-39.

李琨, 2009. 我国城市居住小区水景研究[D]. 长沙: 中南大学.

李玉洁, 2015. 陕西关中地区水景资源观光型乡村水资源保护与水景营建优化策略[J]. 建筑工程技术与设计, (33):1854-1855.

李振海, 2005. 城市生态景观河湖的调查、研究与设计[M]. 郑州: 黄河水利出版社.

林跃朝, 李宗新, 2003. 城市功能与城市水文化[J]. 华北水利水电学院学报(社科版), 19(1): 63-66.

刘颖, 2013. 城市景观水体的现状和治理思路[J]. 城市建设理论研究(电子版), (5).

钱易, 2002. 中国城市水资源可持续开发利用[M]. 北京: 中国水利水电出版社.

钱正英, 2011. 中国可持续发展水资源战略研究综合报告[C]//中国水利学会. 中国水利学会 2001 学术年会论文集. 北京: 中国水利学会 2001 学术年会: 3-18.

乔红, 2014. 浅谈园林景观中人工喷泉的安装技术剖析[J]. 房地产导刊, (14): 204.

申玮, 周新超, 2008. 城镇水体景观休闲娱乐的功能研究[J]. 中国农村水利水电, (4): 74-76.

寿东, 杨钟浩, 高翔, 2003. 中西方园林之比较[J]. 浙江建筑, (1): 11-14.

孙健, 2009. 城市景观水体污染现状及其修复对策[J]. 鸡西大学学报, 9(5): 149-150.

王超, 2004. 城市水生态系统建设与管理[M]. 北京: 科学出版社.

王秀朵, 2011. 北方缺水城市景观水体污染控制[C]//全国给水排水技术信息网. 全国给水排水技术信息网年会暨技术交流会论文集. 乌海: 2011 年全国给水排水技术信息网年会暨技术交流会: 141-142.

王艳春, 李延明, 2006. 北京公园水体污染原因分析及治理现状调查[J]. 环境科学与技术, 29(11): 50-52.

吴永江, 2000. 唐代公共园林曲江[J]. 文博, (2): 31-35.

轩紧紧, 马腾云, 周岩, 2017. 地域文化在城市景观设计中的应用研究——以西安市汉城湖公园景观规划设计为例[J]. 绿色科技, (13): 60-62.

闫敏华, 2014. 中国湿地保护事业的发展与未来[J]. 地理教育, (7-8): 8-10.

严黎, 吴门伍, 李杰, 等, 2008. 城市与水文化浅谈[J]. 人民珠江, 29(2): 72-74.

杨猛, 2005. 城市景观水体的综合指标评价方法的研究[D]. 上海: 东华大学.

杨晓敏, 2002. 城市公共空间人工水景设计[D]. 杭州: 浙江大学.

俞孔坚, 李迪华, 袁弘, 等, 2015. "海绵城市"理论与实践[J]. 城市规划, 39(6): 26-36.

袁志彬, 王占生, 2001. 我国城市水资源现状及其对策[J]. 资源环境, (1): 48-51.

张丙印, 2005. 城市水环境工程[M]. 北京: 清华大学出版社.

张龙涛, 2008. 城市景观水体水质模拟和改善技术研究[D]. 西安: 西安建筑科技大学.

赵勇, 裴源生, 陈一鸣, 2006. 我国城市缺水研究[J]. 水科学进展, 17(3): 389-394.

钟雪飞, 钟元满, 2010. 西雅图高速公路公园的设计理念[J]. 城市问题, (5): 90-93.

MA X Y, WANG X C, WANG D, et al., 2016. Function of a landscape lake in the reduction of biotoxicity related to trace organic chemicals from reclaimed water[J]. Journal of hazardous materials, 318(15): 663-670.

NIU Z, GOU Q, WANG X, et al., 2016. Simulation of a water ecosystem in a landscape lake in Tianjin with AQUATOX: sensitivity, calibration, validation and ecosystem prognosis[J]. Ecological modelling, 335(10): 54-63.

SCHAUSER I, CHORUS I, 2009. Water and phosphorus mass balance of Lake Tegel and SChlachtensee-a modelling approach[J]. Water research, 43(6):1788-1800.

SMITH S V, RENWICK W H, BARTLEY J D, et al., 2002. Distribution and significance of small, artificial water bodies across the United States landscape[J]. Science of the total environment, 299(1-3):21.

第2章 我国城市景观水体的水环境现状

2.1 我国城市景观水体主要水环境问题

2.1.1 景观娱乐功能下降

近年来，随着我国城镇化进程的加快，城市扩张已成为许多大中城市的发展趋势，经济的增长促使人们对生活品质的要求也越来越高。为了美化绿化城市，改善城市人居环境，城市景观水体已成为城市建设必不可少的内容。因地制宜的景观水体建设不仅可以给人们带来视觉上的享受与满足，还能够缓解现代人类的各种生活压力，改善人们的精神状态。

城市景观水体数量逐年增多，且在城市生态环境中扮演着越来越重要的角色。许多人将依靠或依赖水体进行的休闲娱乐活动作为日常娱乐放松的一部分，如划船、垂钓等。但是由于城市景观水体多为静止或流动性差的封闭缓流水体，一般具有水域面积小及水环境容量小、水体自净能力低等特点，极易受到人类活动的水体污染。当进入水体的污染物超过其自净能力时，水体会呈现出悬浮物增多、浊度增大、透明度下降的状态，且这种状态会持续加剧。特别是在温度较高时，进入水中的氮磷等营养物质会导致藻类大量繁殖，水中溶解氧（dissolved oxygen，DO）下降，水体呈现出各种令人不适的颜色，散发出令人不愉快的气味，甚至发生黑臭等现象，致使水体失去观赏功能。

2.1.2 地表水环境质量基本现状

随着城市人口总量和密度的快速增加以及经济的飞速发展，城市生活与工业生产所产生的污水总量呈现几何倍数增长，部分未达标的污废水排放至受纳水体导致城市水体中的污物远远超过其自净能力，水环境质量出现明显下降，也是造成城市景观水体水质恶化的主要原因之一。

根据我国《地表水环境质量标准》（GB 3838—2002）中地表水环境功能对应的水质保护目标，国家环保部对全国水环境监测断面、十大流域及重点湖（库）的水质进行检测，数据显示 2016 年上半年全国地表水环境质量监测网 1940 个断面中，除 33 个断面因断流未进行监测外，其余断面均开展监测，监测结果如图 2.1 所示。其中，Ⅰ类水质断面 54 个，占 2.8%；Ⅱ类 679 个，占 35.6%；Ⅲ类 579 个，占 30.4%；Ⅳ类 296 个，占 15.5%；Ⅴ类 98 个，占 5.1%；劣Ⅴ类

201 个，占 10.5%。与 2015 年全年水质相比，水质优良（Ⅰ类～Ⅲ类）断面比例为 68.8%，上升 2.8 个百分点；劣Ⅴ类断面比例上升 0.8 个百分点。主要污染指标为化学需氧量（chemical oxygen demand，COD）、总磷（total phosphorus，TP）和氨氮（NH$_4$-N）。

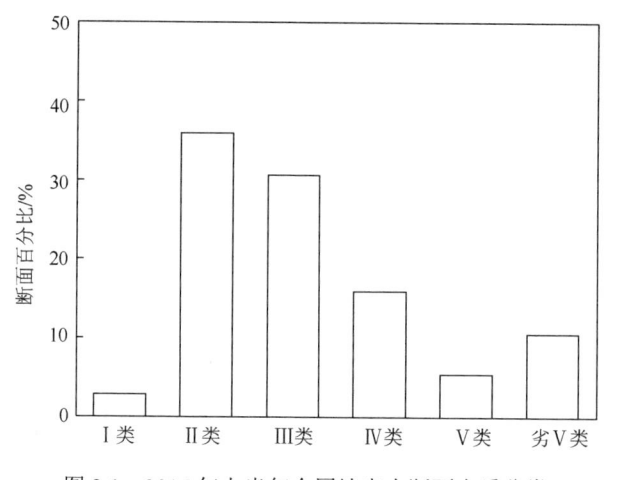

图 2.1　2016 年上半年全国地表水断面水质分类

如图 2.2 所示，2016 年上半年全国十大流域中，Ⅰ类水质断面占 2.6%，Ⅱ类占 39.2%，Ⅲ类占 30.4%，Ⅳ类占 12.1%，Ⅴ类占 4.4%，劣Ⅴ类占 11.3%。与 2015 年全年水质相比，水质优良断面比例上升 3.2 个百分点，劣Ⅴ类断面比例上升 1.4 个百分点。主要污染指标为 COD、NH$_4$-N 和 TP。十大流域中，浙闽片河流、西北诸河、西南诸河水质为优，长江、珠江流域水质良好，黄河、松花江、淮河流域为轻度污染，辽河流域为中度污染，海河流域为重度污染。

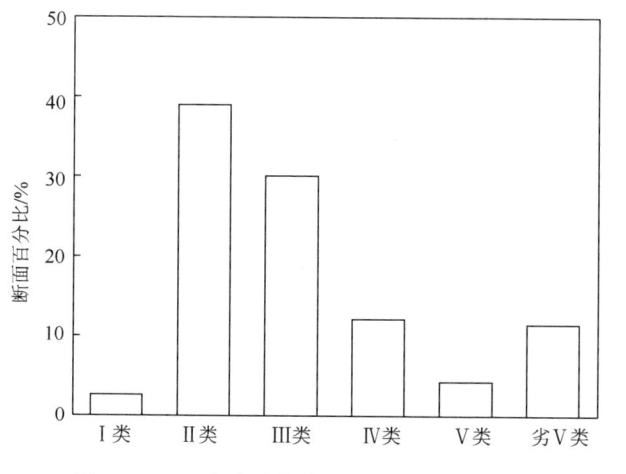

图 2.2　2016 年上半年全国十大流域水质分类

如图 2.3 所示，2016 年上半年全国 112 个重点湖（库）中，9 个湖（库）水质为Ⅰ类，占 8.0%；32 个为Ⅱ类，占 28.6%；36 个为Ⅲ类，占 32.1%；19 个为Ⅳ类，占 17.0%；5 个为Ⅴ类，占 4.5%；11 个为劣Ⅴ类，占 9.8%。主要污染指标是 TP、COD、高锰酸盐指数和氟化物。106 个开展营养状态监测湖（库）中，贫营养的 10 个，中营养的 76 个，轻度富营养的 15 个，中度富营养的 5 个。重点湖泊中，滇池湖体水质平均为Ⅴ类，同比明显改善；太湖、巢湖湖体为Ⅳ类，同比有所改善。"三湖"营养状态均为轻度富营养。

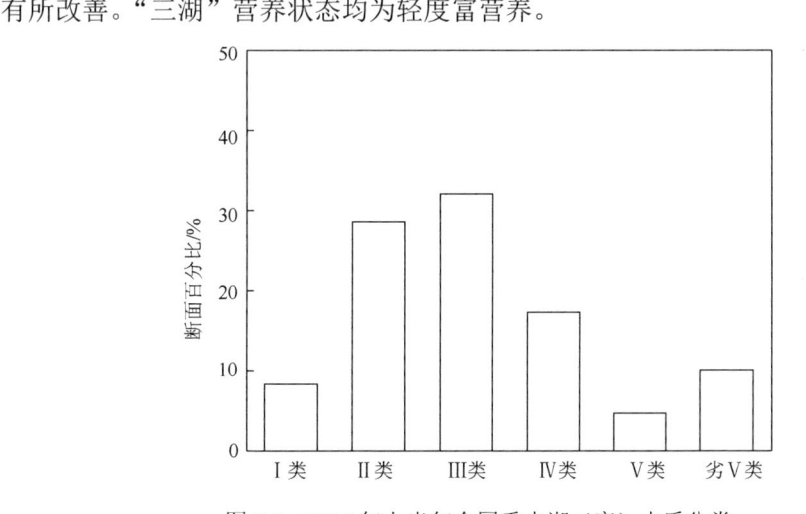

图 2.3　2016 年上半年全国重点湖（库）水质分类

2.1.3　富营养化

富营养化是指生物所需的氮磷等营养物质大量进入湖泊、河口和海湾等缓流水体，引起藻类及其他浮游生物迅速繁殖，水体溶氧量下降，鱼类及其他生物大量死亡的现象。一般认为，水中 TP 浓度达到 0.02mg/L，无机氮浓度达到 0.3mg/L 的水体具有明显的富营养化趋势。

城市景观水体主要是静止或流动性差的封闭缓流水体，其自净能力较差，一些外源或内源引入污染物无法及时通过自净使其降解，在适宜的光照、温度、pH 的条件下，极易造成水体富营养化。碳、氮以及磷是污染物的主要组成元素，其对富营养化的产生有着不同的影响（金相灿等，1990）。

1. 碳

碳是污染物中含量最高的元素，也是藻类进行光合作用所需要最多的元素，然而藻类吸收碳源的途径广泛，不仅可以消耗水中溶解性的碳水化合物，同时也能够吸收大气中的二氧化碳，因此碳源并不是藻类生长的主要影响因素。

2. 氮

氮是藻类生长所必需的元素之一，主要用于合成体内蛋白质和叶绿素等。一般而言，藻类生物量中氮约占藻类干重的 10%，且氮的存在形式多样，除溶解的无机态氨氮（NH_4-N）、硝氮（NO_3-N）、亚硝氮（NO_2-N）和颗粒态有机氮（particulate organic nitrogen，PON）、溶解性有机氮（dissolved organic nitrogen，DON）外，还存在着气态的 N_2 和 NH_3 等。藻类主要是利用无机氮作为营养物质。然而，也有研究发现许多藻类除了通过这种自养方式之外，还可以通过固氮作用直接吸收大气中的氮并加以利用。

3. 磷

磷是构成藻类细胞的主要成分，在能量代谢中也起着至关重要的作用。水中磷营养盐主要以无机离子 $H_2PO_4^-$、HPO_4^{2-} 的形式被藻类所吸收，细胞体内磷含量约占藻细胞干重的 1%。从反应式可以看出，藻类光合作用所需要的磷源最少。而利贝格最小值定律（Leibig law of the minimum）指出：植物生长是取决于外界环境提供给它的所有营养物中数量最少的一种。因此，相比于碳源和氮源而言，磷源对藻类生长的影响作用更大，是限制藻类生长的主要因素。

景观水体从水质良好到富营养化通常可分为以下 8 个阶段：①健康阶段；②营养增加阶段；③营养过量阶段；④生产力上升阶段；⑤沿岸生态系统受损阶段；⑥沉水植物退化消亡阶段；⑦藻华严重发生阶段；⑧水体发黑发臭阶段。富营养化过程中，营养盐的超负荷输入导致浮游植物大量增殖。一方面，水体透明度降低，导致沉水高等植被的退化；另一方面，大量的藻类和浮游生物尸体沉入湖底，细菌为分解这些有机残体耗尽湖底的氧气，造成了湖底的缺氧环境。缺氧的环境使各种营养盐，尤其是磷酸盐的矿化减慢，营养盐大量地释放，水体中营养盐浓度显著上升，导致藻华暴发（金相灿等，1990）。

2.1.4 黑臭现象

"黑臭"是一种水体中有机物质的厌氧分解的生物化学现象，对人的嗅觉器官和循环系统均有不良影响。当水体遭受严重有机污染时，有机物的好氧分解使水体中耗氧速率大于复氧速率，造成水体缺氧，致使有机物降解不完全、速度减缓，厌氧生物降解过程生成硫化氢、胺、氨、硫醇等发臭物质，同时形成 FeS、MnS 等黑色物质，使水体发生黑臭（应太林等，1997）。水体黑臭是严重的水污染现象，严重影响城市形象，恶化城市生态环境，水体完全丧失使用功能，影响景观效果以及人类健康。

20 世纪中期，英国的泰晤士河是世界上最早出现黑臭问题的河流之一。20 世纪 70 年代，德国的莱茵河由于流经重工业区，工业污水排入莱茵河，其污染程度也达到了顶峰。同时期美国的芝加哥河、特拉华河等，也因为遭到严重污染导致水体常年黑臭。我国河流黑臭现象最早出现在上海市苏州河，随后南京市的秦淮河、苏州市的外城河、武汉市的黄孝河和宁波市的内河等，均出现不同程度的黑臭现象。近几十年来，黑臭水体的范围和程度不断加剧，在全国大部分城市河段中，流经繁华区域的水体绝大部分受到不同程度的污染。尤其是各大流域的二级与三级支流的黑臭问题更加突出，且劣化程度逐年提高。例如，《2014 中国环境状况公报》数据表明，淮河干流水质全年都在 V 类水以上，但主要支流的劣 V 类水体超过 23%；在各大水系中海河的劣 V 类水质程度最高，国控断面监测数据表明，干流劣 V 类达 37%、支流劣 V 类达 44%。

黑臭水形成的最主要水质因素包括：①总有机碳（total organic carbon，TOC）和总氮（total nitrogen，TN）都是黑臭水形成的必要条件（吕佳佳等，2014）。有研究表明，当水体 TOC 浓度≥150mg/L，TN 浓度≥50mg/L 时，就可能会发生黑臭现象；②Fe^{2+}是水体臭味产生的必要条件。当水体中 Fe^{2+} 浓度≥0.2mg/L（采用重铬酸钾（$K_2Cr_2O_7$）作为氧化剂测定出的 COD 约 365mg/L，碳氮比为 4∶1），即可形成黑臭水；③硫（S）与水体的黑臭紧密相关，但由于发臭物质的嗅阈值极低（0.05～0.1μg/L）（叶常明等，1990），而一般污染水体通常 S 含量丰富，当水体中有机污染物总量达到黑臭阈值时，S 的水平是过量的，因此 S 不是黑臭水形成的限制因素。

黑臭水形成的环境条件包括：①温度，是黑臭形成的必要条件，当水体温度在 25℃以上时，容易形成黑臭水，且温度越高，黑臭程度和速度越大；②DO 是臭味产生的必要条件，水体仅在厌氧条件下能形成黑臭；③水深，通过影响水体 DO 水平来间接影响黑臭水的形成（吕佳佳等，2014）。

2.2　我国城市景观水体富营养化现状

2.2.1　富营养化基本现状

1. 重点湖泊（水库）的富营养化

我国是一个多湖泊的国家，其中三分之一是淡水湖泊，近年来水体污染导致许多湖泊都出现了富营养化现象。

根据 2016 年国家环保部公布的《2015 中国环境状况公报》，在 2015 年全国 62 个国控重点湖泊（水库）中，水质为优、良、轻度污染、中度污染和重度污染的比例分别为 29%、40.3%、16.1%、6.5% 和 8.1%；主要污染指标为 TP、COD 和高锰酸盐指数。开展营养状态监测的 61 个湖泊（水库）中，贫营养的 6 个，占 9.8%；中营养的 41 个，占 67.2%；轻度富营养的 12 个，占 19.7%；中度富营养的 2 个，占 3.3%（图 2.4）。我国许多主要湖泊存在氮磷污染问题，导致富营养化现象突出。其中，滇池和达赉湖是处于重度富营养化的湖泊，主要污染指标为 COD、TP 和高锰酸盐指数。太湖和巢湖为中度富营养状态，主要污染指标为 TN 和 TP。

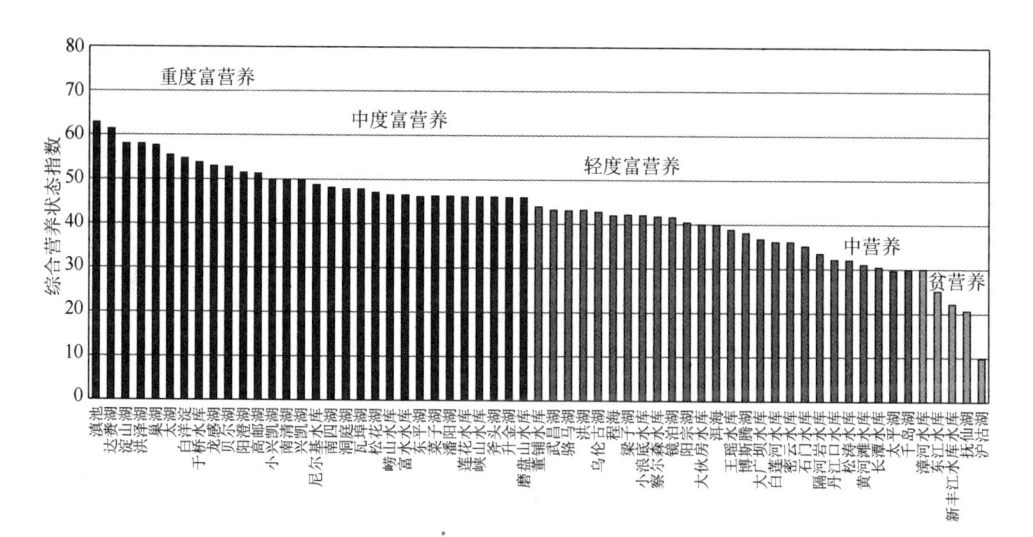

图 2.4　2015 年重点湖泊（水库）综合营养状态指数

数据来源：《2015 中国环境状况公报》

2. 城市景观水体的富营养化

我国许多城市景观湖泊设计不够科学，存在无跌落、有死角等现象，使得这些水体极易形成死区，存在水质恶化、浮游藻类疯长以及富营养化严重的现象。此外，多数湖泊河道周边的树木设计不合理，过于靠近岸边，导致秋季落叶大量跌入水中，这些落叶被生物分解代谢后，增加了水体中的氮和磷等营养物浓度。翌年春季，随着温度等条件的适宜，浮游藻类和大量有害生物便迅速繁殖，导致水体恶化，丧失部分景观功能。

据报道，我国 90% 的公园水体受到污染，有机物、氮和磷等指标，大多数达不到地表水 IV 类标准（张庆费等，2001）。在开展营养监测的 52 个公园湖泊中，中营养的 13 个，占 25%；轻度富营养的 16 个，占 30.8%；中度富营养的 18 个，占 34.6%；重度富营养的 5 个，占 9.6%（图 2.5）。

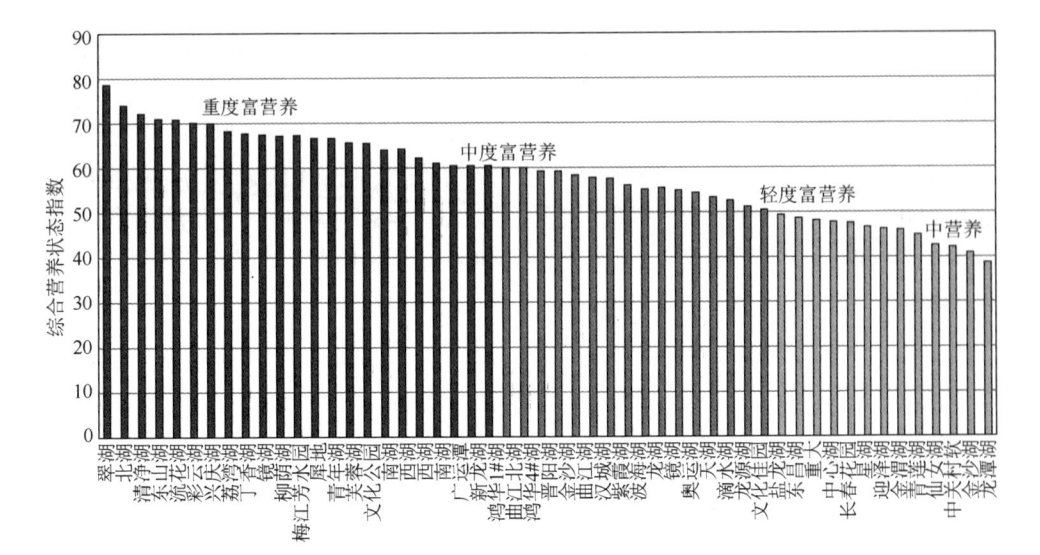

图 2.5　城市公园水体综合营养状态指数

数据来源：《2015 中国环境状况公报》

2.2.2　富营养化主要类型

根据富营养化的成因可以将其分为天然富营养化和人为富营养化类型。

1. 天然富营养化

许多湖泊在自然界中已存在数千年甚至上万年，形成初期，它们水质条件较好，可能不存在富营养化现象或者处于贫营养状态。然而，随着时间的推移和环境的变化，湖泊不断接纳由自然降水及地表径流所引入的氮磷等营养物质；同时地表土壤的侵蚀和淋溶，也导致大量的营养元素进入湖内；此外，由于多数湖泊流动性较差，自净能力较弱，自然环境引入的营养物质不断在湖内累积，使得湖泊水体的肥力不断增加，为大量的浮游植物和其他水生植物的生长提供了条件，这就为草食性的甲壳纲动物、昆虫和鱼类提供了丰富的食料。当存在于湖泊生态圈的这些动植物死亡后，它们的机体沉积在湖底，形成底泥沉积物，残存的动植物残体不断分解，由此释放出的营养物质又被新的生物体所吸收。通过这样的方式和途径，经过千万年的天然演化过程，原来的贫营养湖泊就逐渐地演变成为富营养湖泊。湖泊营养物质的这种天然富集，且浓度逐渐增高而发生水质变化的过程，就是通常所称的天然富营养化（郑月蓉，2005；金相灿等，1990）。

2. 人为富营养化

随着工业发展及城市化进程的不断加速，人口的不断增长，导致了污水排放量的逐年递增。此外，随人民生活水平的提高，污水中的营养物质含量也不断增加。一些工业企业及城市污水处理厂未达到排放标准的污废水排入收纳水体增加了这些水体中营养物质的负荷量。同时，部分农村地区为了提高农作物产量，施用的化学肥料和牲畜粪便逐年增加，经过雨水冲刷和渗透，一些营养物质以面源的形式最终输送到水体中。据估计，农业地区输出的 TP 可达森林地区输出量的 10 倍以上，而城市径流中的 TP 又可以是农业集水区径流量的 7 倍左右，城市、农业和森林地带的地表径流都可能是水体富营养化的重要因素（赵金香等，2003）。

　　总之，无论自然因素还是人为因素，富营养化是由于进入水体中的氮磷营养物质超过了水体的自净能力，导致其在水体中不断富集，引起藻类及其他浮游生物迅速繁殖，水体 DO 浓度下降，使鱼类或其他生物大量死亡、水质恶化的现象。天然富营养化是湖泊水体生长、发育、老化、消亡整个生命史中必经的天然过程，这个过程极其漫长，常常需要以地质年代或世纪来描述其进程。人为富营养化则因人为排放含营养物质的工业废水和生活污水所引起的水体富营养化现象，它演变的速度非常快，可以在短时期内使水体由贫营养状态变为富营养状态（潘红波，2011）。

　　水体出现富营养化现象时主要表现为浮游生物大量繁殖，因占优势的浮游生物的颜色不同水面往往呈现蓝色、红色、棕色以及乳白色等，这种现象在江河湖泊中称为"水华"，在海洋则称为"赤潮"。根据叶绿素 a（Chlorophyll-a 或 Chl-a）、TN、TP 以及透明度四项指标可将湖泊富营养状态划分为 4 个等级：贫营养型、中营养型、富营养型和超富营养型。湖泊和海洋富营养化类型及主要指标控制标准见表 2.1。

表 2.1　湖泊和海洋富营养化类型及主要指标控制标准

水体	富营养类型	TN 浓度/（mg/m^3）	TP 浓度/（mg/m^3）	Chl-a 浓度/（mg/m^3）	透明度/m
湖泊	贫营养	<350	<10	<3.5	<4
	中营养	350~650	10~30	3.5~9	2~4
	富营养	650~1200	30~100	9~25	1~2
	超富营养	>1200	>100	>250	<1
海洋	贫营养	<260	<10	<1	>6
	中营养	250~350	10~30	1~3	3~6
	富营养	350~400	30~40	3~5	1.5~3
	超富营养	>400	>40	>5	<1.5

　　我国是多湖泊国家，湖泊主要分布在长江中下游地区，调查显示，绝大部分湖泊已经富营养化或者正在营养化中。表 2.2 为文献报道的我国淡水湖泊最集中的长江中下游地区湖泊营养化状况。不难看出，绝大多数湖泊已经富营养化，少量的尚未富营养化的湖泊，也已经非常接近富营养化的水平，随着经济的发展，这些湖泊也会逐渐富营养化。可以说湖泊富营养化已经成为我国湖泊面临的最主

要生态环境问题。

表 2.2　长江中下游地区主要湖泊的营养状况（秦伯强等，2013）

湖名	省份（直辖市）	面积/km²	最大水深/m	透明度/m	COD 浓度/（mg/L）	TN 浓度/（mg/L）	TP 浓度/（mg/L）	营养状态	资料来源
鄱阳湖	江西	2933	5.1	0.54	11.37	1.30	0.0640	富营养	万金保等（2007）
洞庭湖	湖南	2433	6.4	0.39	2.87	1.16	0.033	中富营养	方凯等（2003）
洪湖	湖北	344.4	2.3	—	4.02	1.38	0.078	中富营养	胡学玉等（2006）
梁子湖	湖北	304.3	6.2	2.23	4.46	0.38	0.050	中富营养	龚珞军等（2009）
长湖	湖北	129.1	3.3	0.62	—	2.33	0.115	富营养	张昆实（2004）
斧头湖	湖北	114.7	4.3	1.61	5.06	0.14	0.069	中富营养	龚珞军等（2009）
汈汊湖	湖北	70.6	2.4	0.8	3.6	0.54	0.073	中营养	王苏民等（1998）
大冶湖	湖北	68.7	3.4	0.76	3.79	0.82	0.073	中营养	王苏民等（1998）
太白湖	湖北	26	—	0.42	8.32	4.87	0.403	富营养	简永兴等（2001）
东湖	湖北	33.7	2.8	0.25	7.1	2.77	0.356	富营养	吴振斌等（2003）
龙感湖	安徽	316.2	4.6	—	1.35	0.774	0.051	中营养	Tong 等（2005）
黄大湖	安徽	299.2	5.3	—	2.94	1.23	0.128	富营养	王苏民等（1998）
城西湖	安徽	199	3.9	—	4.47	1.53	0.019	富营养	王苏民等（1998）
城东湖	安徽	120	2.6	0.25	3.56	1.27	0.013	中营养	王苏民等（1998）
女山湖	安徽	104.6	2.4	0.23	3.7	0.46	0.262	富营养	陈宇等（2000）
阳澄湖	江苏	119.04	9.5	—	8.01	2.66	0.04	富营养	潘红玺等（1997）
淀山湖	上海	62	3.59	0.37	5.34	2.49	0.15	富营养	郁晞等（2011）
骆马湖	江苏	—		0.54	5.3	1.78	0.077	轻度富营养	宋友坤等（2006）
宝应湖	江苏	43	2.2	1.05	5.89	0.62	0.11	中营养	王苏民等（1998）

2.2.3　富营养化对城市景观水体功能的影响

　　富营养化对城市景观水体的感官性状及生态系统都有着显著影响。从图 2.6可以看出，水体富营养化会导致水体中的悬浮物浓度（suspended solids，SS）上升，五日生化需氧量（BOD_5）和 COD 都显著增大，表明水体中的有机污染物浓度迅速增加；而 DO 浓度下降，毒物增加，从而使水生生态系统处于崩溃的边缘。综合起来，水体富营养化对城市景观水体的危害主要包括以下六个方面。

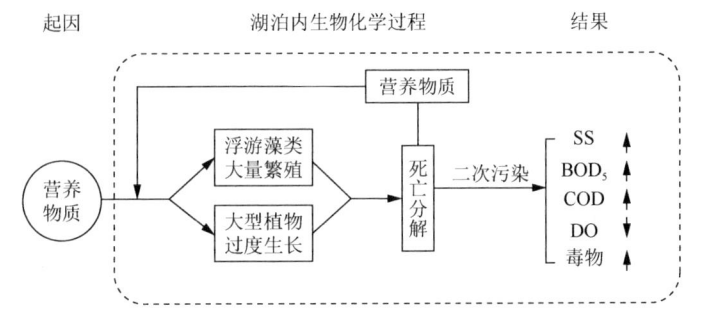

图 2.6　水体富营养化的基本过程

1. 水体出现异味

在富营养化水体中蓝藻门的束丝藻属和鱼腥藻属会散发出难闻的臭味，而土腥素及硫醇、吲哚、胺类、酮类等厌氧菌的次生代谢产物，则使水体散发出土腥味、霉腐味、鱼腥味等异味。这些异味一旦向水体四周扩散，将会严重影响景观水体的观赏娱乐功能。

2. 水体透明度降低

富营养化导致浮游植物生物量增加，使得水体透明度下降。图 2.7 是丹麦 13 个富营养化湖泊调查的 TP 浓度与透明度的关系。从图中可以看出，随着 TP 浓度升高，水体透明度会下降。而透明度下降，水质的感官也会下降（秦伯强等，2013）。

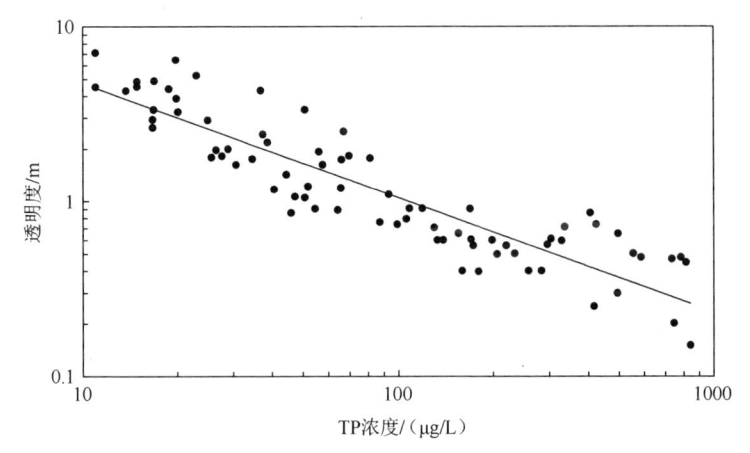

图 2.7　丹麦 13 个富营养化湖泊调查获得的 TP 浓度与透明度的关系（秦伯强等，2013）

3. DO 受影响

水体中氮磷营养物质的富集会导致浮游植物及藻类大量增殖，消耗水体中的 DO，而这些浮游植物死亡后形成的残骸，会继续分解产生有机聚集体，增强水体中浮游植物及藻类的新陈代谢，从而进一步消耗水体中的 DO，形成一个循环。这就是 Smith 等（2009）提出的厌氧驱动的恶性循环。这种恶性循环会导致水体中 DO 浓度不断降低，加剧富营养化。根据北美富营养化湖泊伊利湖的监测，温跃层下部水体加权平均的 DO 损耗率与前一年输入的 TP 数量成正比（图 2.8）。而且，对于富营养化水体，由于白天浮游植物大量的光合作用，使得水体中的 DO 浓度会高于一般水体，而晚上的呼吸作用及微生物的耗氧也会高于一般水体，使得水中的 DO 浓度在白天与黑夜的变化幅度高于一般湖泊。

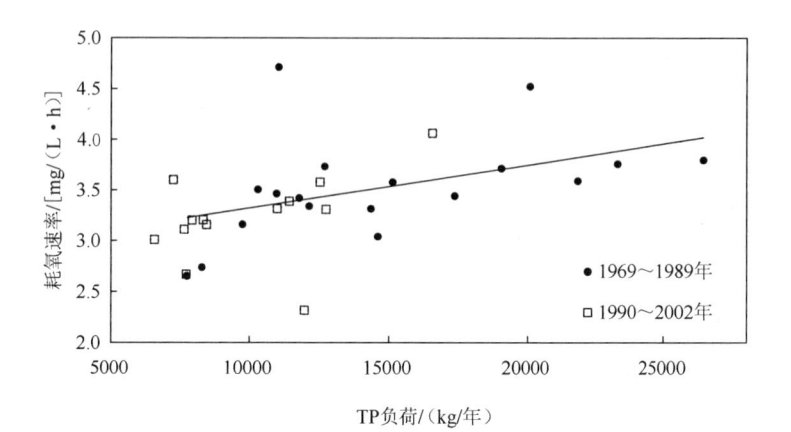

图 2.8　伊利湖温跃层水体耗氧速率与湖中 TP 负荷的关系（秦伯强等，2013）

4. 有毒物质释放

水体的富营养化会导致藻类大量的生长以及蓝藻在水生植物中占优势的情况出现。蓝藻死亡时，其胞内产生的藻毒素会被释放到水体中，藻毒素溶于水，且自然降解过程很慢，通过煮沸和加氯等手段均不能将其破坏，实现有效去除（谢冰等，2007）。无论短暂接触还是慢性低水平长期接触藻毒素都会对人体产生长期不利影响（杨松芹，2007）。此外，处于富营养化状态的水中常常含有较高浓度的亚硝酸盐和硝酸盐类物质，人畜长期饮用也会中毒致病。

5. 沉水植物消亡

水体富营养化除了会导致蓝藻水华泛滥外，还会导致沉水植物的消亡（Körner，2015；Blindow，2010；Sand-Jensen et al.，2000；Sakurai，1990；Best et al.，1984）。如图 2.9 所示，1972 年至 1997 年日本霞浦湖水生植物面积不断减少。研

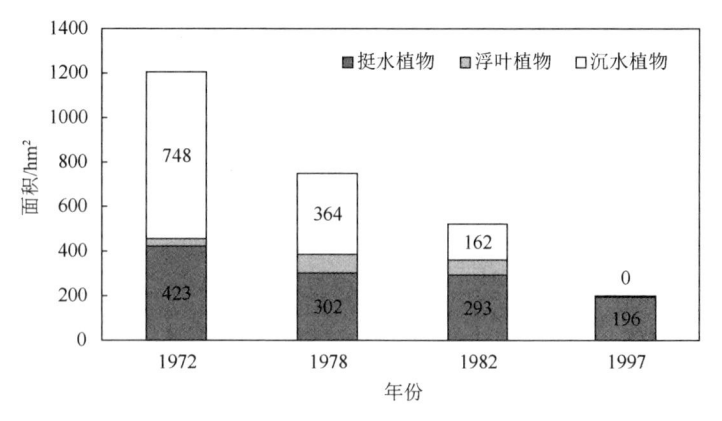

图 2.9　日本霞浦湖水生植物覆盖面积变化（Sakurai，1990）

究表明 TP 浓度对水生植物的覆盖度具有显著影响，自 20 世纪 70 年代以来霞浦湖的 TP 浓度一直呈递增趋势，沉水植物覆盖度从 1972 年起出现大幅锐减。截止到 1997 年，霞浦湖原有的 748hm² 沉水植物已全部灭绝。相同的现象也出现在美国的切萨皮克湾，富营养化导致该湾中部和上部沉水植物自 20 世纪初期至 70 年代出现锐减（Kemp et al.，2005）。而我国的太湖在富营养化过程中，也出现了沉水植物面积缩减的现象，1965 年太湖的沉水植物面积超过 500km²，但到 2010 年左右，沉水植物面积已减少了近 2/3。

6. 生物多样性下降

当水体出现富营养化，过量的氮不仅会造成藻类大量繁殖还会影响水生植物的生物多样性。根据 James 等（2005）对英国和波兰 60 个湖泊湖水中 TN、NO_3-N 及沉水植物多样性的调查发现，随着 TN 浓度和 NO_3-N 浓度的增加，水生植物的物种丰富度均呈下降趋势，特别是当 TN 和 NO_3-N 的浓度高于 4mg/L 时，水生植物的物种丰度甚至不足原有丰度的 1/2（图 2.10 和图 2.11）。特别是冬季，由于气

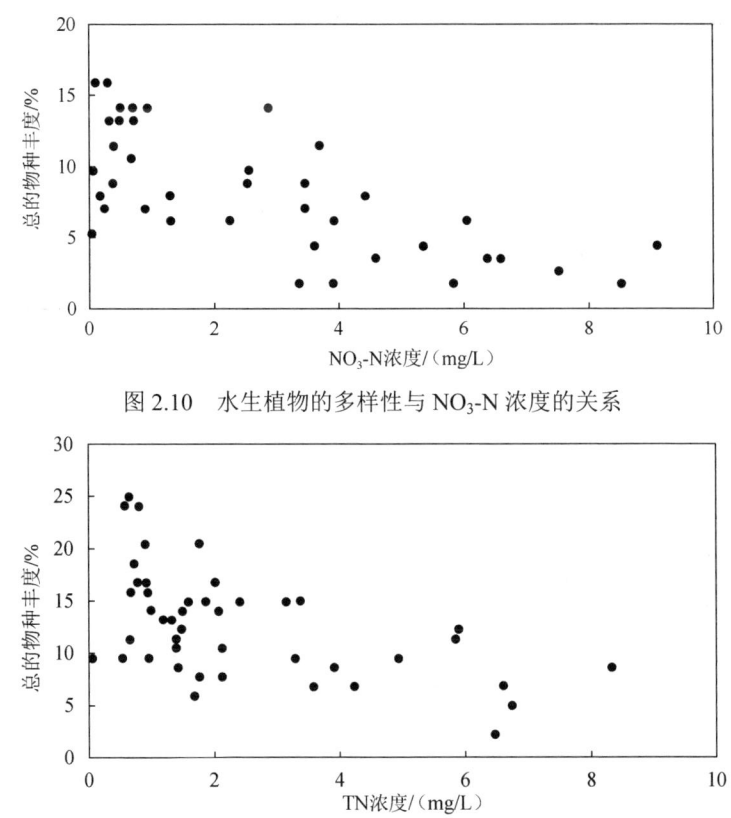

图 2.10 水生植物的多样性与 NO_3-N 浓度的关系

图 2.11 水生植物的多样性与 TN 浓度的关系

温较低，植物的生长受环境温度限制，水体中 NO_3-N 浓度对植物多样性影响最大，而磷对其多样性的影响是其次的。

此外，中国科学院太湖湖泊生态系统研究站对太湖自 2005 年至 2010 年进行长期监测的数据也表明，虽然太湖不同的水域富营养化程度存在一定的差异，但是富营养化程度与浮游植物的多样性（Shannon-Wiener 指数）呈显著的负相关性，表明富营养化程度越高，浮游植物多样性越差（秦伯强等，2013）。

2.3 我国城市景观水体富营养化的发展趋势

2.3.1 流域型水体的发展趋势

随着工农业的发展及城市化进程的加速，工业点源污染、农业面源污染及生活废水的大量排放，导致湖泊水体水质不断下降。目前我国湖泊存在 5 个主要的问题：富营养化、有机物污染、西部湖泊盐碱化、湖泊面积缩小以及生态系统破坏。其中，富营养化是众多湖泊中最严重的环境问题，对湖泊流域的社会和经济可持续发展有着极大的影响。

我国湖泊的富营养化具有明显的区域差异性特征，其中包括人类活动干扰较多的南方大多数湖泊的"水质型"富营养化和由气候暖干化引发的北方湖泊的"水量型"富营养化。而本质上，两者都是由于氮磷等营养盐含量过剩引发的。为全面了解我国各湖区湖泊水生态系统（特别是营养水平）的演化过程，按湖泊地理分布的特点，对我国蒙新高原湖区、东部平原湖区、云贵高原湖区及东北平原湖区等主要湖区的 13 个典型湖泊进行富营养化原因及趋势分析。

1. 蒙新高原区湖泊

蒙新地区总面积 280 万 km^2，区内大于 $1km^2$ 的湖泊总面积约 $19700km^2$，占全国湖泊总面积的 21.5%。蒙新湖泊地处内陆，气候干旱、降水稀少、地表径流补给不丰、蒸发强度超过湖水的补给量，湖泊的总体演化趋势为逐渐萎缩。另外，蒙新地区人口密度小，城市化水平低，工农业欠发达，因此人类经济活动对湖泊的直接影响较小，湖泊的水化学性质主要受补给水源水量和水质影响（曾海鳌等，2010）。

以内蒙古达赉湖和新疆博斯腾湖的营养水平的变化为例，可以看出，内蒙古达赉湖的营养水平维持在富营养水平，且富营养水平呈现上升趋势（图 2.12）。新疆博斯腾湖的营养水平在 2003~2008 年处于富营养水平，近年来营养水平已明显降低，在 2009~2015 年维持在中营养水平。通过相关性分析可知，近年来内蒙古达赉湖和新疆博斯腾湖的水量与营养水平均呈显著负相关（$P < 0.01$）（吴敬禄等，

2013；赵慧颖等，2007）。由于达赉湖水位在 2000 年左右急剧下降，导致湖泊富营养化的急剧加重，2003～2015 年达赉湖的营养状态指数呈上升趋势。而近年来，博斯腾湖均处于丰水期，进入湖体的水量相应增长，原本水体中的营养物质被不断稀释，富营养状态指数不断降低。

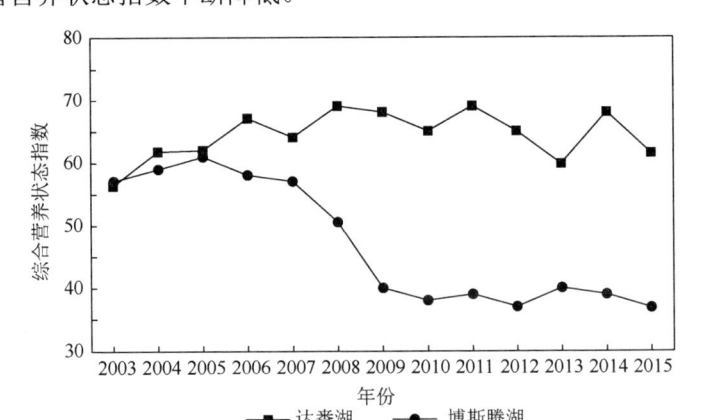

图 2.12　蒙新高原典型湖泊综合营养状态指数的变化趋势

数据来源：《2003～2015 中国环境状况公报》

除水量变化造成的富营养化程度的波动外，气候、温度和沉积物等都对蒙新地区湖泊富营养化程度也有一定影响，以达赉湖为例，其富营养化成因可以概括为：①气候暖干化，湖水蒸发量很高，但降水量却非常低，导致了湖泊水位下降，湖水水量也显著降低，进而对湖泊中的营养盐具有“浓缩作用”；②入湖河流水量显著减小，这对湖泊主体的影响有两个方面：一方面，加剧湖泊水位的降低和面积的萎缩；另一方面，入湖河流水量虽然减小，但其中氮磷营养盐的含量却更高，从而进一步提升湖体氮磷的含量；③随着湖泊水位下降，出湖河流变为入湖河流，使得进入湖体的营养盐缺少一个最主要的输出途径，间接地提升湖水中氮磷的含量；④冬季的极低气温，使得其在很长一段时间内受到冰封的影响，间接地对湖水中的营养盐具有浓缩作用，使得水体中氮磷的含量显著上升；⑤沉积物中石英砂的含量相对较高，铁、铝含量相对较低，使得湖泊沉积物对营养盐（尤其是磷）的吸附能力较差，不能很好蓄积湖泊水体中的营养盐，这也间接地影响湖泊水体中的营养水平，使水体中营养盐的含量显著提升（曾海鳌等，2010）。

2. 长江中下游平原区湖泊

长江中下游平原地区人口稠密、经济发达，人类活动极大地改变了湖泊的自然循环规律，这些湖泊中多数已处于富营养化状态或正在向富营养化状态过渡，长江中下游湖区成为我国目前湖泊富营养化重点研究的地区。

从图 2.13 可以看出，调查湖泊中千岛湖的营养状态指数相对较低，处于贫营养—中营养水平；洞庭湖、鄱阳湖的富营养状态指数较高，维持在中营养水平；而巢湖、太湖、洪泽湖的富营养状态指数最高，均维持在 60 左右，属于富营养水平（全为民，2002）。

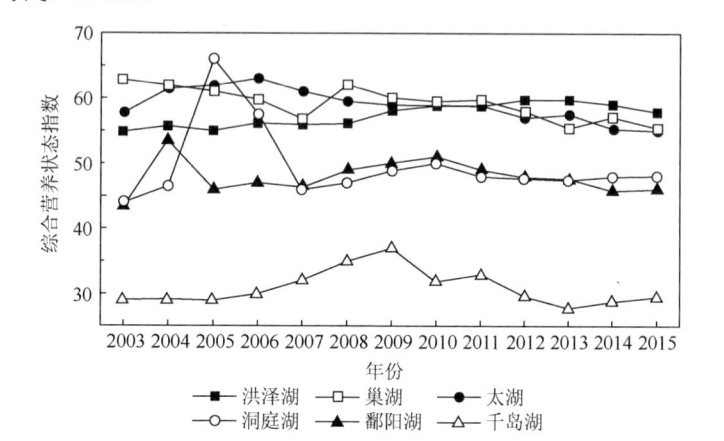

图 2.13　长江中下游平原地区典型湖泊综合营养状态指数的变化趋势

数据来源：《2003～2015 中国环境状况公报》

在这些湖泊中，千岛湖属于深水湖泊，水质总体上优良，是所调查湖泊中水质最好的。洞庭湖、鄱阳湖、巢湖、太湖和洪泽湖是我国五大淡水湖。洞庭湖为湖南省第一大湖，全国第二大淡水湖，是承纳湘、资、沅、澧"四水"和吞吐长江的过水性洪道型湖泊。洞庭湖区是湖南省主要造纸、石化轻工及纺织工业基地，每天都有大量废水产生。近年来，洞庭湖水体的主要污染物为 TN 和 TP，水体污染较重，污染类型已由以往的工业污染为主转变为多元化污染（工业、农业和生活污染）（黄代中等，2013）。鄱阳湖，全国第一大淡水湖，随着工农业生产的发展、乡镇企业的崛起，鄱阳湖湖区地表径流和入湖河流携带的面源污染、工业废弃物排入湖体，使其水质已开始出现富营养化的趋向（胡春华等，2010）。因此，与蒙新地区湖泊相比，长江中下游地区湖泊富营养化问题受人为因素影响较重。

巢湖、太湖、洪泽湖近年来富营养化趋势比较接近。这 3 个湖泊在 20 世纪 80 年代初都处于或接近中营养状态，此后，富营养化程度持续升高。巢湖属于蓝藻型温带性平地湖，水深较浅，是典型的易富营养化湖泊。太湖受氮磷污染较严重，水质不断恶化，并多次暴发蓝藻危机，甚至曾经在 2007 年造成了无锡饮用水危机。洪泽湖为过水性湖泊，湖水的水力停留时间（hydraulic retention time，HRT）约 35d，因此并没有出现大规模蓝藻水华暴发的现象。范成新等（2005）比较这三个湖泊的水质特征及湖泊类型后指出，其富营养化成因可概括为：洪泽湖的富营养化主要由河道污水脉冲式入湖、湖泊水位不稳等引起；太湖富营养化成因主要受城镇生活和工农业生产高浓度氮磷排放影响；巢湖富营养化主要是由生活污水、工业废水、面源污染以及水体交换不畅等因素引起的。

3. 云南高原湖泊

云南高原湖泊由于其发育阶段、所处的地理位置、天然条件、湖区社会经济状况和人口城市化程度的不同，开发利用和人为干预强度有较大差异，湖体营养负荷、生物组成和数量差异性显著，表现出多种营养类型。

滇池是云贵高原湖泊中最大的淡水湖泊，湖面海拔约 1886m，平均水深 2.93m，呈南北向分布。20 世纪五六十年代，滇池水体清澈见底，湖底水草丰富，外湖植被覆盖度很高，群落种类较多，湖水透明度高达 2m，植物、藻类和鱼类资源丰富。70 年代，滇池水体富营养化形势加剧，水体理化性质发生迅速变化，沉水植物开始减少，水体营养盐含量明显提高，草海和外海水质发展为 II 类。80 年代初水质为 III 类水平，属中度富营养水平。90 年代初，水质转变为劣 V 类。90 年代以后，滇池水质继续恶化，且速度较快，至 2003 年，已呈重度富营养化状态（李跃勋等，2010）。从图 2.14 可以看出，近年来，滇池的综合营养状态指数呈现缓慢下降的趋势，从 2003 年的重度富营养化状态逐渐降至 2015 年的中度富营养化状态。

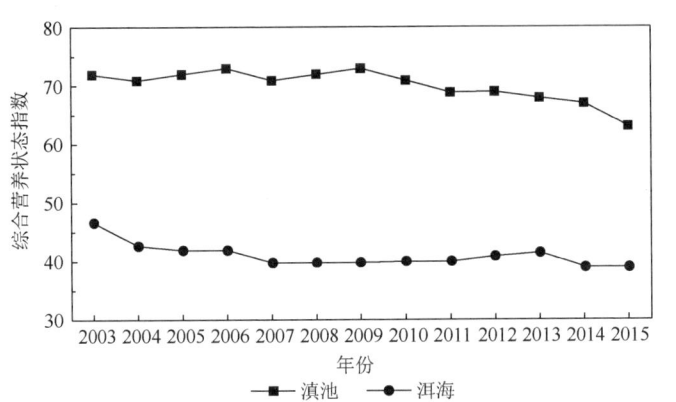

图 2.14　云南高原地区典型湖泊综合营养状态指数的变化趋势

数据来源：《2003~2015 中国环境状况公报》

洱海是云贵高原第二大淡水湖泊，也是滇西高原最大的断陷湖，湖面海拔 1974m，湖面面积 249km^2，流域面积 2565km^2，平均水深 10.17m，是洱海流域最主要的生活、灌溉和工业用水来源。20 世纪 70 年代以前，洱海水环境稳定，水体营养盐含量较低，水质为 I 类水平，处于贫营养水平。70 年代，由于西洱河梯级水电站的建设，导致水位变化和水体营养盐含量增加，水质有所下降，处于贫中营养水平。80 年代和 90 年代中期，随着洱海水位进一步下降，此时水质下降到 II 类水平，水体由贫-中营养级逐步上升到中营养水平。90 年代中期以后，洱海水质进一步恶化，至 2003 年，水质总体在 II 类～III 类水平，且 III 类水质的水面积不断扩大，局部地区由于 TN 和 TP 的浓度超标，处于 IV 类水质状态，甚至为 V 类水平，湖泊已全面发展到中营养水平。但是 2003 年以后，洱海的富营养水平得到控制，稳定保持在中营养水平，且呈现逐渐下降的趋势。

云南高原湖泊富营养化成因主要包括以下四个方面。

（1）湖泊一般坐落于山间盆地之中，其较低的地势导致其成为一切流失物质的最终汇集场所。各种营养物质、有害物质、泥沙等外源性污染物，通过各种途径进入湖泊水体，给湖泊生态系统带来很大影响，尤其是靠近大城市的湖泊，其影响更大（金相灿，1990）。

（2）湖水自补给系数小，水量更新速度慢，一般 2.5～3.5 年才更新一次，有的深水湖如抚仙湖甚至要在百年以上。因此，进入湖泊水体的各种营养盐类很容易在湖中积累，导致湖水水质不断恶化（李荫玺等，2003）。

（3）森林覆盖率较低，大多在 20%以下。土壤侵蚀严重，保土、保水以及保肥的能力差，加上农业技术水平较低，水土流失比较严重。特别是在雨季，大量的营养物质随暴雨径流进入湖泊，面源污染进一步导致湖水水质恶化（金相灿，1990）。

（4）大多为深水湖泊，大型水生植物分布面积少，且品种单一（李荫玺等，2003）。因此，在人类活动加剧的情况下，云南高原湖泊很容易发生富营养化。

4. 东北地区湖泊

位于我国辽宁省、吉林省和黑龙江省境内的大伙房水库、松花湖和镜泊湖是我国东北平原与山地湖区的典型代表湖泊。图 2.15 显示，2003～2015 年，松花湖营养状态保持在中营养水平，且变化幅度较小，但仍存在富营养化的风险；而镜

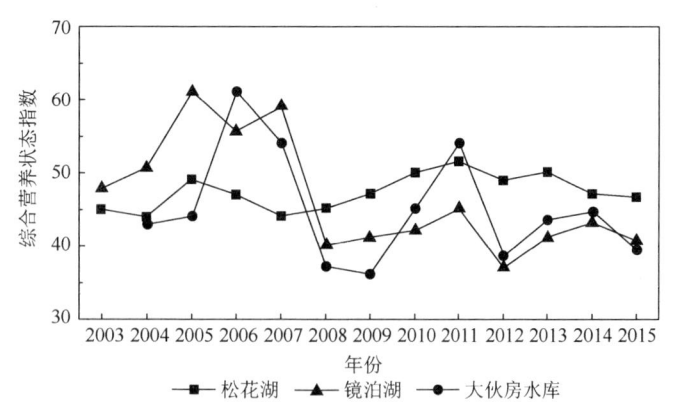

图 2.15　东北平原地区典型湖泊综合营养状态指数的变化趋势

数据来源：《2003～2015 中国环境状况公报》

泊湖在 2005～2007 年富营养化水平出现了显著增幅，而后又逐渐趋于平稳；大伙房水库中的 TP 浓度一直处于中营养水平或者轻度富营养水平，营养状态指数分别在 2006 年和 2011 年左右出现增长，达到中度富营养水平，随后逐渐稳定。

东北地区湖泊污染的主要来源是农业面源、生活污水排放和旅游带来的人为污染，以及种植业、养殖业、生活污水、工业废水、库区水产养殖、林地地表径流及水土流失等。此外，畜牧业和禽类产生的排泄物对东北平原与山地湖泊水质的污染也越来越严重，这些污染物大多通过地表径流进入湖泊，因此降雨量越大，湖泊富营养化越严重。吕宝华等（2007）对大伙房水库的营养物质浓度与来水量进行相关性分析，发现二者呈显著相关。因此，在丰水年（2006 年和 2011 年），湖泊的营养水平明显高于其他年份。与此类似，松花湖和镜泊湖也存在丰水年营养水平较高，而枯水年营养水平较低的现象。因此，由降雨径流引入湖体的污染物可能是造成这三个湖泊富营养化的一个重要原因。

2.3.2　城市景观水体的典型发展趋势

城市景观水体多为静止或流动性差的封闭缓流水体，一般具有水域面积小、水环境容量小以及水体自净能力低等特点，管理不善很容易成为居民生活污水、雨水及垃圾的受纳体。为了解我国城市景观水体富营养化发展趋势，本书对杭州西湖、南京玄武湖、济南大明湖、北京昆明湖和武汉东湖等 5 个典型城市景观水体进行了富营养化的原因及趋势分析。

1. 西湖

杭州西湖位于杭州市西侧，为我国著名的游览性湖泊。西湖一面濒临市区，三面环山，南北长约 3.2km，东西宽约 2.8km，绕湖一周近 15km，有水面积 5.66km²，平均水深仅 1.56m，全湖被苏堤、白堤分割成 5 个子湖区：外湖、北里湖、西里湖、岳湖和小南湖，各湖区的水体通过堤下的桥洞相互沟通。湖中有三潭印月、湖心亭和阮公墩 3 个小岛。湖水原靠天然雨水补给，自 1986 年钱塘江引水工程竣工后，每年人工引水平均约 2400 万 m³；主要有长桥溪、龙泓涧、金沙涧等支流汇入，西湖泄水主要通过圣塘河和古新河入运河（张志兵等，2009）。

由于西湖为半封闭性湖泊，水的更新程度差，自净能力弱，加上湖区周围经济迅速发展，致使含氮磷等营养物质大量累积。近年来，通过截污、疏浚和钱塘江引水等一系列治理措施，使西湖水质得到了一定程度的改善，西湖的营养状态总体上呈现逐渐下降的趋势，已从 2003 年的中度富营养化水平降至轻度富营养化水平，并保持在轻度富营养状态（图 2.16）。

西湖从形成至今已有近 2000 年历史，已进入湖泊衰老期，自身调节能力较差，水浅且交换率低，只有小南湖一个进水口和圣塘闸一个出水口，加上湖区内湾道较多使湖水不能达到充分混合的效果。湖中又有苏堤和白堤阻碍了湖水之间充分流动，造成流动"死角"。又因西湖是处于大城市中的著名旅游景点，大量游客的活动和机动车尾气的排放在一定程度上影响了湖水的水质，导致一些藻类生长十分迅速，极易造成湖水水质恶化（俞建军，1998）。此外，西湖底泥平均厚达 0.8m，含大量丰富的有机质、氮和磷。这些营养物质在一定条件下，如风浪、船只的搅动，有可能上浮，为藻类所利用（张志兵等，2009）。

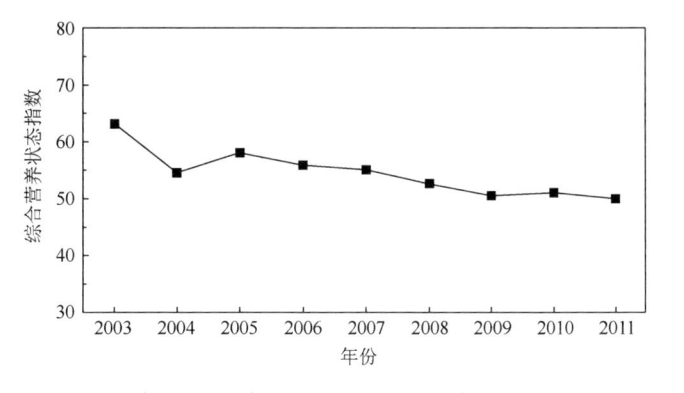

图 2.16　西湖综合营养状态指数变化趋势

数据来源：《2003～2011 中国环境状况公报》

2. 玄武湖

玄武湖位于南京市玄武区，东枕紫金山，西靠明城墙，是典型的城市浅水湖泊，湖面面积 3.68km²，平均水深 1.14m，最大水深 2.31m。该湖属金川河水系，全流域汇水面积达 20.1km²。湖水主要靠中山北麓雨水和污水处理厂中水供给，因此补水水质相对不稳定。20 世纪 80 年代末，玄武湖水质已处于富营养化状态，严重的水体污染导致 90 年代死鱼现象频频发生（徐实等，1989）。如图 2.17 所示，2003

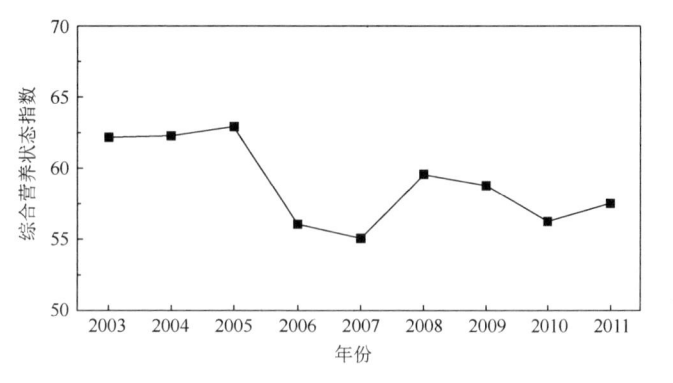

图 2.17　玄武湖综合营养状态指数变化趋势

数据来源：《2003～2011 中国环境状况公报》

年玄武湖处于中度富营养化状态,并保持上升趋势。2005 年,玄武湖暴发蓝藻水华,湖面被蓝藻覆盖,采用黏土法对蓝藻水华进行应急治理,营养水平有所改善,降至轻度富营养化状态。随后在 2007 年对玄武湖进行清淤,使得玄武湖的富营养化程度降至近年最低。但是 2008 年富营养化水平再次升高,随后一直处于波动状态。

从整个玄武湖流域来看,外源入湖沟渠是玄武湖的污染物主要来源。大量生活污水、雨水等都通过该渠道进入湖内,它们随着季节和湖泊生态的变化而发生大幅度的变化,因此玄武湖污染的不稳定性导致了营养状态的不稳定。

3. 大明湖

大明湖位于济南市中心偏东北处、旧城区北部,是一个城市小型浅水湖泊,呈东西长、南北狭的扁矩形。大明湖主要由珍珠泉群、大气降水、地表径流而成。湖泊面积 $0.46km^2$,平均水深 2.0m,平均蓄水量 83 万 m^3。历史上的大明湖营养元素少,湖水清澈,营养化过程缓慢。在 20 世纪 90 年代,大明湖出现富营养化现象,2003 年已达到重度富营养状态,随后其综合营养状态指数呈逐渐下降的趋势,至 2011 年,其营养水平已降至为轻度富营养(图 2.18)(王波,2007)。

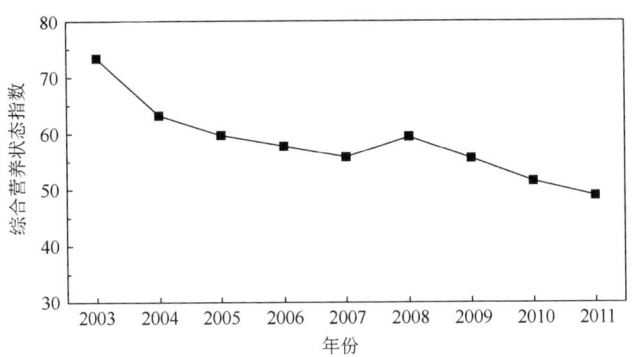

图 2.18　大明湖综合营养状态指数变化趋势

数据来源:《2003～2011 中国环境状况公报》

由于大明湖是泉水补给湖,其水质情况随泉水涌流情况而发生变化,泉涌量大时水质好转,清、污水比例也随之变化。近年来,由于泉水停喷和西护城河水质恶化,致使大明湖水质也遭到严重污染,主要污染源为未能截污的生活污水。通过铺设污水管网,减少每天向大明湖排入的生产、生活污水,大明湖的水质有所改善。但由于原来不断注入大明湖的污水中氮、磷含量极高,并在湖中积累,营养水平虽呈缓慢下降趋势,但仍处于富营养水平。

4. 昆明湖

昆明湖是北京市重要景观游览水域,位于京西颐和园中,其水面面积为

194hm^2，是北京市最大的湖泊，占全市湖泊总面积的 39%。昆明湖最大容量为 458.64 万 m^3，占湖泊总容量的 44.4%。昆明湖成湖历史超过 3500 年，源于北京西山的自然山水。2004 年以前由密云水库补水，之后改由官厅水库补水（李海燕等，2007）。

如图 2.19 所示，2003 年昆明湖的营养状态属于中营养水平。2004 年和 2005 年昆明湖出现明显富营养化现象，营养状态由 2003 年的中营养变为轻度富营养水平。2006 年以后，昆明湖保持在中营养水平。昆明湖水质变化主要原因有以下两个方面：①补给水源水质恶化。2004 年以来，补给水源由密云水库改为官厅水库，而官厅水库水质为Ⅳ类。官厅水库→永定河山峡段→永定河引水渠→昆玉河输水沿线水质基本没有得到稀释自净，水质仍为Ⅳ类；②水体自净能力较弱。昆明湖湖面狭窄，湖水深度较浅，平均水深 1.5m，过浅的水深不利于水体保持良好水质。另外，昆明湖中的水生植物量不充足也使其自净能力弱化。

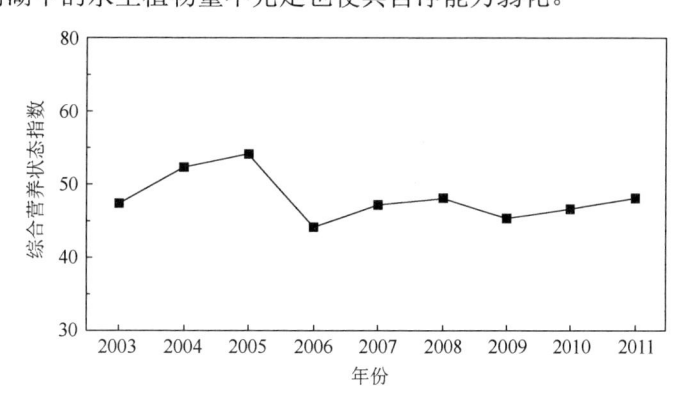

图 2.19　昆明湖综合营养状态指数变化趋势

数据来源：《2003～2011 中国环境状况公报》

5. 东湖

东湖是位于湖北省武汉市武昌区的一个浅水型湖泊，水域面积为 34.59km^2，总湖容量为 8648 万 m^3，汇水区面积 117km^2。东湖是我国最大的城中湖，国家重点风景名胜区，兼有渔业养殖、调蓄、调节气候等多项水体功能。多年来，粗放型地开发和利用东湖水体资源，导致东湖的水环境质量现状令人堪忧。

20 世纪 80 年代初期，东湖已处于富营养化向重度富营养化过渡的阶段。氮的年输入量为 536t，磷的年输入量为 87.8t，而 TN 的年累积量为 323.2t，占总输入量的 60.3%；TP 的年累积量为 67.7t，占总输入量的 77.1%。可见，80 年代的东湖富营养化主要表现为水体中营养元素含量超标，其中又以磷为主控因素。从东湖的综合营养状态指数来看，2003 年到 2009 年，东湖处于中度富营养状态。

2006 年以后，东湖营养水平总体上呈下降趋势。2010 年和 2011 年的营养水平属轻度富营养（图 2.20）（刘志文等，2014）。

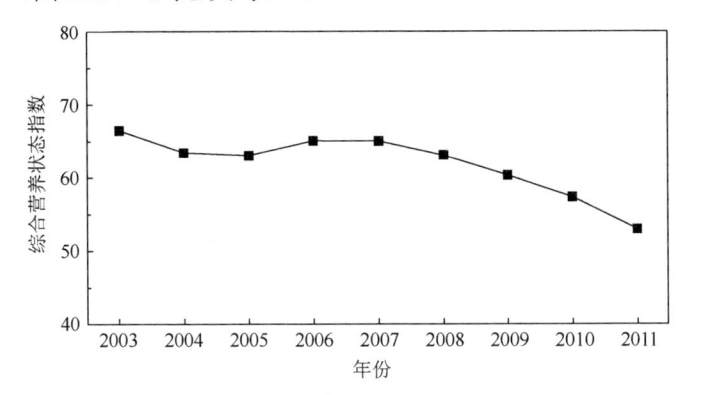

图 2.20　东湖综合营养状态指数变化趋势

数据来源：《2003～2011 中国环境状况公报》

东湖富营养化的主要原因是生活污水和工业废水污染，这些污水未经污水处理厂处理直接排放入湖，而工业废水入湖之后直接导致东湖水质超标。自 2003 年以来，东湖湖区周边的大多数排污口已关闭。据文献资料，东湖的水环境容量远小于污染物进入湖内的负荷，即东湖水环境承载力低下，且点源污染是湖泊污染的主要原因。

通过对五大代表性景观湖泊的分析可知，降雨径流污染、水源水质差、污废水不当排放以及自然衰老等都是造成景观水体富营养化的主要因素。我国许多景观水体的富营养化程度虽然得到了一定的缓解，但是许多景观水体仍处于富营养化状态。

参 考 文 献

陈宇, 李海洋, 管远亮, 2000. 女山湖水体理化特征及其渔业影响[J]. 当代水产, (9): 12-13.

范成新, 羊向东, 史龙新, 等, 2005. 江苏湖泊富营养化特征、成因及解决途径[J]. 长江流域资源与环境, 14(2): 218-223.

方凯, 李利强, 田琪, 2003. 洞庭湖水环境质量特征和发展趋势[J]. 当代水产, 28(4): 34-36.

龚珞军, 杨学芬, 熊邦喜, 等, 2009. 武汉市夏季湖泊水体理化指标主成分和聚类分析[J]. 长江流域资源与环境, 18(6): 550-554.

胡春华, 周文斌, 肖化云, 等, 2010. 鄱阳湖富营养化现状及其正态分布特征分析[J]. 人民长江, 41(19): 64-68.

胡学玉, 陈德林, 艾天成, 2006. 1990～2003 年洪湖水体环境质量演变分析[J]. 湿地科学, 4(2): 115-120.

黄代中, 万群, 李利强, 等, 2013. 洞庭湖近 20 年水质与富营养化状态变化[J]. 环境科学研究, 26(1): 27-33.

简永兴, 王建波, 何国庆, 2001. 湖北省海口湖、太白湖与武山湖水生植物多样性的比较研究[J]. 生态学报, 21(11): 1815-1824.

金相灿, 1990. 中国湖泊水库环境调查研究[M]. 北京: 中国环境科学出版社.

金相灿, 刘鸿亮, 屠清瑛, 等, 1990. 中国湖泊富营养化[M]. 北京: 中国环境科学出版社.

李海燕, 黄延, 吴根, 2007. 昆明湖水质变化分析及污染控制对策[J]. 水资源保护, 23(5): 18-20.

李荫玺, 刘红, 陆娅, 等, 2003. 抚仙湖富营养化初探[J]. 湖泊科学, 15(3): 285-288.

李跃勋, 徐晓梅, 何佳, 等, 2010. 滇池流域点源污染控制与存在问题解析[J]. 湖泊科学, 22(5): 633-639.

刘志文, 王一峰, 王全益, 等, 2014. 武汉东湖水体营养物质含量变化趋势分析[J]. 科技创新导报, (31):15-16.

吕宝华, 崔双发, 郑艳波, 等, 2007. 辽宁大伙房水库水质变化与安全预警[J]. 东北水利水电, 18(5): 47-49.

吕佳佳, 杨娇艳, 廖卫芳, 等, 2014. 黑臭水形成的水质和环境条件研究[J]. 华中师范大学学报(自然科学版), 48(5): 711-716.

潘红波, 2011. 湖泊富营养化问题及其防治浅议[J]. 环境科技, 24(z1): 123-126.

潘红玺, 吉磊, 1997. 阳澄湖若干水质资料的分析与评价[J]. 湖泊科学, 9(2): 187-191.

秦伯强, 高光, 朱广伟, 等, 2013. 湖泊富营养化及其生态系统响应[J]. 科学通报, 58(10): 855-864.

全为民, 2002. 千岛湖富营养化评价及其模型应用研究[D]. 杭州: 浙江大学.

冉星彦, 2001. 浅论城市水环境的治理[J]. 北京水利, 7(4): 12-13.

宋友坤, 袁忠, 陆江, 2006. 骆马湖富营养化和生态状况调查与评价[J]. 污染防治技术, 19(2): 50-53.

万金保, 闫伟伟, 2007. 鄱阳湖水质富营养化评价方法应用及探讨[J]. 江西师范大学学报(自然科学版), 31(2): 210-214.

王波, 2007. 大明湖水质的季节变化模式及底泥磷吸附释放特性研究[D]. 济南: 山东大学.

王苏民, 窦鸿身, 1998. 中国湖泊志[M]. 北京: 科学出版社.

吴敬禄, 马龙, 曾海鳌, 2013. 新疆博斯腾湖水质水量及其演化特征分析[J]. 地理科学, 9(3): 231-137.

吴振斌, 陈德强, 邱东茹, 等, 2003. 武汉东湖水生植被现状调查及群落演替分析[J]. 重庆环境科学, 25(8): 54-58.

谢冰, 徐亚同, 2007. 废水生物处理原理和方法[M]. 北京: 中国轻工业出版社.

徐实, 张丹宁, 许建华, 1989. 城市废水对玄武湖生态的影响[J]. 环境监测管理与技术, (3):21-25.

杨松芹, 2007. 微囊藻毒素分离鉴定及藻类污染预警系统的研究[D]. 郑州: 郑州大学.

叶常明, 黄玉瑶, 张景镛, 等, 1990. 水体有机污染的原理研究方法及应用[M]. 北京: 海洋出版社.

应太林, 张国莹, 吴芯芯, 等, 1997. 苏州河水体黑臭机理及底质再悬浮对水体的影响[J]. 上海环境科学, 16(1): 23-26.

俞建军, 1998. 引水对西湖水质改善作用的回顾[J]. 水资源保护, (2):50-55.

郁晞, 王霞, 彭丽霞, 等, 2011. 淀山湖富营养状态调查和湖区微囊藻毒素污染现况研究[J]. 环境卫生学杂志, (3): 5-10.

张昆实, 2004. 长湖水质富营养化的人工神经网络评价研究[C]//湖北省物理学会、武汉物理学会. 湖北省物理学会、武汉物理学会 2004' 学术年会论文集. 武汉: 2004 年湖北省物理学会、武汉物理学会学术年会: 104-105.

张庆费, 袁峻峰, 2001. 公园水体的综合管理技术措施[J]. 上海建设科技, (3):31-32.

张志兵, 施心路, 刘桂杰, 等, 2009. 杭州西湖浮游藻类变化规律与水质的关系[J]. 生态学报, 29(6):2980-2988.

赵慧颖, 李成才, 赵恒和, 等, 2007. 呼伦湖湿地气候变化及其对水环境的影响[J]. 冰川冻土, 29(5): 795-801.

赵金香, 王兆林, 刘艳青, 2003. 浅析水体富营养化[J]. 环境与可持续发展, (1): 28-30.

郑月蓉, 2005. 长江上游大中型水库富营养化问题研究——以简阳三岔湖水库为例[D]. 成都: 四川师范大学.

曾海鳌, 吴敬禄, 2010. 蒙新高原湖泊水质状况及变化特征[J]. 湖泊科学, 22(6):882-887.

BEST E P H, VRIES D D, REINS A, 1984. The macrophytes in the Loosdrecht Lakes: a story of their decline in the course of eutrophication[J]. Biblioteca digital de teses e dissertacões da universidade de são paulo, 22(2): 868-875.

BLINDOW I, 2010. Decline of charophytes during eutrophication: comparison with angiosperms[J]. Freshwater biology, 28(1): 9-14.

JAMES C, FISHER J, RUSSELL V, et al., 2005. Nitrate availability and hydrophyte species richness in shallow lakes[J]. Freshwater biology, 50(6):1049-1063.

KEMP W M, BOYNTON W R, ADOLF J E, et al., 2005. Eutrophication of chesapeake bay: historical trends and ecological interactions[J]. Marine ecology progress, 303(1):1-29.

KÖRNER S, 2015. Loss of submerged macrophytes in Shallow Lakes in North-Eastern Germany[J]. International review of hydrobiology, 87(4):375-384.

SAKURAI Y, 1990. Decrease in vegetation area, standing biomass and species diversity of aquatic macrophytes in Lake Kasumigaura (Nishiura) in recent years[J]. Japanese journal of limnology, 51: 45-48.

SAND-JENSEN K, RIIS T, VESTERGAARD O, et al., 2000. Macrophyte decline in Danish lakes and streams over the past 100 years[J]. Journal of ecology, 88(6):1030-1040.

SMITH V H, SCHINDLER W D, 2009. Eutrophication science: where do we go from here?[J]. Trends in ecology & evolution, 24(4):201.

TONG Y, LIN G F, KE X, et al., 2005. Comparison of microbial community between two shallow freshwater lakes in middle Yangtze basin, East China[J]. Chemosphere, 60: 85-92.

第3章 城市景观水体污染物来源与输入途径

3.1 集中补水水源中的污染物

3.1.1 常规水源

一般景观水的常规水源主要包括自来水、地下水以及地表水。

1. 自来水补水

自来水是指经过自来水处理厂处理过后后生产出来的符合《生活饮用水卫生标准》（GB 5749—2006）的供人们生活、生产使用的水。在水资源日益紧张的今天，《住宅建筑规范》（GB 50368—2005）规定：人工景观水体的补充水严禁使用自来水。究其原因可归纳为：一方面，饮用水资源稀缺且水质要求大大高于城市景观用水的水质标准，以自来水为景观水体补水水源是对饮用水资源的浪费，并且无形中增加了景观水体的运行成本；另一方面，自来水中含有的余氯可能会破坏景观水体中的水生动植物的生态环境，造成动植物多样性下降。

2. 地下水补水

在国家标准《水文地质术语》（GB/T 14157—1993）中，地下水是指埋藏在地表以下各种形式的重力水。地下水水量稳定、水质较好，是水资源的重要组成部分，也是农业、工业和城市生活重要的水源之一。但是随着工农业发展及人民生活水平的提高，各种污染物的排放使地下水遭受到了越来越严重的污染。

此外，地下水过量开采会造成地下水资源不能得到及时补充，导致区域水位下降，增加滨海地区海水入侵、干旱地区荒漠化的风险。

3. 地表水补水

地表水是城市水资源的重要组成部分，包括河川水、湖泊水和冰雪水等。其水位、水量等都容易受到自然环境的影响，且不断地变化。人类活动也对城市地表水理化性质造成了不同程度的影响，甚至导致水体的污染。

3.1.2 再生水

1. 再生水的定义

再生水主要是指城市污水或生活污水经处理后达到一定的水质标准，可在一定范围内重复使用的非饮用水。由于其水质介于自来水（上水）与排入管道内污水（下水）之间，故亦名"中水"。美国国家环保局（United States Environmental Protection Agency，USEPA）发布的《污水回用指南 2012》将再生水定义为指经过处理达到某些特定的水质标准而可用于满足一系列生产、使用用途的城市污水。在我国《城市污水再生利用　景观环境用水水质》（GB/T 18921—2002）标准中，再生水是指污水经适当再生工艺处理后具有一定使用功能的水。

2. 再生水用于景观水体补水的必要性

一方面，随着世界人口激增、农业和工业的迅速发展，人类用水量也迅速膨胀。据统计，在过去的 300 年中，人类用水量增加了 35 倍多，尤其是在近几十年里，取水量每年递增 4%～8%。另一方面，工业废水和生活污水的排放又使现有的水资源受到了严重污染，大大减少了可用水量，进一步加剧了水资源的供求矛盾。水资源的水量型和水质型短缺也是导致我国可利用水资源供需矛盾的加剧的关键。因此，对于城市景观水体，可利用的天然水资源和可分配的市政供水都在不断减少，导致了大量的景观水体由于补水水量不足而无法实现其美学和景观娱乐的价值，出现了一系列富营养化的问题，水体的营养结构、代谢类型等发生了急骤变化，水生生态系统和水功能受到阻碍和破坏，水体透明度下降，甚至水质浑浊。面对如此严峻的现实，开源节流，开辟第二水源，即污水再生利用显得十分必要和迫切（丁春丽，2004）。

城市污水再生利用与开发其他水源相比具有明显的优势。资料显示，城市污水的产生量为用水量的 70%～80%，当前我国每天产生超过 $10^8 m^3$ 的城市污水，且城市的污水总量正以 6%～7% 的年增长率稳步增加。与其他水源（雨水、地下水）相比，城市污水与气候条件、地理条件之间没有很明确的约束关系，是除地表水以外另一种具有连续水量的稳定水源，可以作为城市的第二水源。据估计，如果能利用城市污水总量中的 20%～30%，将能有效缓解城市水资源短缺现象，可以解决我国城市 10～20 年水资源不足的问题，在某些地区还可以推迟或者取消远距离跨流域调水工程计划。而且，在城市各种用水途径中，人们直接饮用和与身体密切接触的用水量仅占全部用水量的 30%，其余的均可利用城市污水再生水替代，这能使城市从自然径流水资源的取水量减少 50% 以上。景观水体是城市的重要水设施之一，发展宜居型城市，应有适当的景观水面面积，通过水面可以改善城市小气候环境。再生水水量相对稳定，并可就近使用，减少了相应的投资和水的损耗。因此，在中国水资源有限的条件下，大量的城市已经把再生水等非常规水源作为景观水体一种非常重要的补水水源，以此来满足人工景观水体的补水需求，一方面可以保证景观水体的水质，另一方面可以用来缓解城市供水需求矛盾（鞠宇平等，2003）。

3. 再生水用于景观水体的现状

1）国外再生水回用景观水体现状

美国于 1932 年建立了世界上第一个污水处理后作为观赏用水的大型污水循环利用工程，并将地点设在旧金山，经过处理后的水被用作公园湖泊观赏用水，受到了世界范围的广泛关注。到了 1947 年，美国用于观赏用水的再生水量剧增，高达 3.8 万 m^3/d，在公园观赏用水中所占比例也持续升高。目前，再生水的使用范围也进一步增加，由原来的观赏用水拓展至农业用水、工业用水以及城市建设用水等多个方面，极大地缓解用水矛盾，实现了水资源的高效利用（鞠宇平等，2003）。

澳大利亚地处缺水大陆，目前有超过 580 个水回用项目在运行，2011～2012年度澳大利亚再生水总量增长至 2.50 亿 m^3/年，这些回用水除了用于农业灌溉、绿化、道路喷洒等方面外，景观用水也是回用水主要消耗途径之一。例如，澳大利亚的阿德莱德市，就是将市政污水与雨水收集起来进行处理后作为再生水用于湖泊补给和城市景观等，缓解了当地用水紧张的局面（李昆等，2014）。

日本虽然年均降水量为 1690mm，约为世界平均值的 2 倍，但由于国土面积狭小、人口众多，全国人均水资源拥有量仅为 3400m^3。2009 年日本公布的《下水道白皮书》明确了污水再生利用的重要性。据统计，2010 年日本共有污水处理厂约 2100 座，年总处理量为 147 亿 m^3，而再生水厂约有 290 座，再生水总产量为 1.92 亿 m^3，约占总处理量的 1.31%。除了用于河流补水外，26.9%的再生水作为景观用水进行回用（2007 年数据），其余 40.6%的再生水被用于冲厕、融雪、绿化带/道路/施工洒水、农业灌溉、生产/服务业以及工业等（葛斌昂，2012）。

2）国内再生水回用景观水体现状

我国对再生水回用的研究和实践整体上起步较晚，直到 20 世纪 80 年代末我国许多北方城市频频出现水危机，污水再生利用的相关研究和技术才真正得到广泛关注。但由于经济鼓励措施的缺乏、中水配套设施规划和建设的滞后以及监督管理的薄弱等种种原因，污水回用在我国很多省市发展依然缓慢。进入 21 世纪后，随着《城镇污水处理厂污染物排放标准》（GB 18918—2002）的颁布和实施，城镇污水处理才开始真正从"达标排放"逐步转向"再生利用"。"十五"、"十一五"、"十二五"期间，我国再生水事业发展较快，先后进行了污水资源化利用技术与示范研究，建设了集中再生水利用工程，并陆续将再生水纳入城市规划（李昆等，2014）。

近年来一些城市在建设了大型城市污水处理厂后，开始考虑将污水处理厂的出水进一步处理后作为干涸河道的景观补给水，一些城市建成了再生水用于景观水体的示范工程，包括天津、泰安、西安、合肥和石家庄等城市。天津市纪庄子污水处理厂二级处理出水部分回用于卫津河。石家庄市桥西再生水厂将再生水回用于民心河和沿河公园。合肥市再生水主要用于包河、银河、雨花塘、黑池坝补充水。西安市北石桥污水再生水为西安市丰庆公园提供景观用水及绿化喷灌用水。

北京市是国内较早开展城市污水再生利用于景观环境的，也是全国再生水用量最大的城市之一。2010 年，北京市城市污水再生利用率已达到为 65%，回用于景观环境用水量达到近 50 万 m^3/d。高碑店污水处理厂的部分出水（约 30 万 m^3/d）分配到高碑店湖、龙潭湖公园、北京游乐园、天坛公园、陶然亭公园、大观园和万寿公园，合计面积 267 万 m^2 的观赏湖泊和休闲水域。城市污水处理厂的再生水利用于景观水体后，京城的高碑店湖、昆玉河、南护城河、京密引水渠已经成为市民观赏、休闲的景观湖泊、河道，大大提高了北京市的总体水环境质量，改善了市民的生活环境，提升了旅游价值（李昆等，2014）。

天津市是一个严重的资源型缺水城市，再生水回用比例也很大。2000 年天津市建设纪庄子污水资源化工程，该工程也被列为全国 5 个污水再利用重点示范工程之一，2002 年底该工程正式运行，生产的再生水主要用于补充生态小区的景观水体、公建与住宅的冲厕、家庭杂用水、喷洒道路和园林绿化等多种途径。同时纪庄子污水处理厂二级处理出水部分回用于市内的卫津河，以补充水体的蒸发损失（唐炎等，2002）。

石家庄市桥西污水处理厂于 2000 年改造原有工艺使出水水质达到景观环境用水标准，再生水厂设计规模为 10 万 m^3/d，生产的再生水通过 6 km 管道输送，用于民心河的补水和沿河公园用水，再生水用量通常为 3 万 m^3/d（唐运平，2009）。

3）我国景观水体水质现状

从目前我国经济条件和卫生安全来讲，再生水回用于景观水体，其水体性质宜为部分接触的娱乐性景观水体和不允许接触的观赏性景观水体。因此，要求再生水水质能够满足《城市污水再生利用　景观环境用水水质》（GB/T 18921—2002）的要求。北京市疾病预防控制中心通过对某地区 80 家再生水生产企业进行现场调查，采集再生水企业生产的再生水连续 4 次进行 13 项卫生学指标监测，并对其结果进行统计，结果见表 3.1（杨丽华等，2011）。

（1）色度：GB/T 18921—2002 中要求色度≤30 度，检测的结果色度值在 3～60 度，平均值为 6.01 度，低于标准 30 度的限值，但个别水质出现色度异常，最高达 60 度。

（2）NH_4-N：GB/T 18921—2002 中要求 NH_4-N 浓度≤5mg/L，NH_4-N 浓度检测结果在 0～112mg/L，平均值为 2.30mg/L，低于限值标准，但个别水质 NH_4-N 浓度值高达 112mg/L。

（3）DO：GB/T 18921—2002 中要求观赏性景观环境用水的 DO 浓度≥1.5mg/L，娱乐性景观环境用水的 DO 浓度≥2.0mg/L。检测结果在 1～18mg/L，均值为 7.5mg/L，高于娱乐性景观环境用水大于 2.0mg/L 的限值。

表 3.1　再生水水质监测结果（杨丽华等，2011）

指标	单位	最小值	最大值	均值
pH	—	3.00	10.0	7.67
色度	度	2.5	60	6.01
嗅	0 表示阴性，1 表示阳性	0	1	0.062
浊度	NTU	<0.01	97	3.86
溶解性总固体	mg/L	213	1960	564
五日生化需氧量	mg/L	0	350	6.64
NH_4-N	mg/L	<0.02	112	2.30
阴离子表面活性剂	mg/L	<0.05	15	0.31
铁	mg/L	<0.05	3	0.19
锰	mg/L	<0.01	1	0.02
DO	mg/L	1	18	7.50
余氯	mg/L	<0.01	500	7.81
总大肠菌群	MPN/L	0	16000	7419

（4）五日生化需氧量（BOD_5）：GB/T 18921—2002 中要求娱乐性景观环境用水的 BOD_5 浓度≤6mg/L，检测结果在 0～350mg/L，平均浓度为 6.64mg/L，高于标准 6mg/L 的限值。

（5）阴离子表面活性剂：GB/T 18921—2002 中要求阴离子表面活性剂的限值≤中要求阴离子表。检测结果在 0～15mg/L，平均值为 0.31mg/L，平均值低于标准 0.5mg/L 的限值，但个别水质出现异常，最高达 15mg/L。

（6）pH：GB/T 18921—2002 中要求 pH 的限值为 6～9，检测结果在 3～10，平均值为 7.67，符合标准 6～9 的限值。

（7）余氯：GB/T 18921—2002 中要求接触 30min 后余氯浓度≥0.05mg/L。检测结果在 0～500mg/L，平均值为 7.81mg/L，高于标准 0.05mg/L 的限值，最高达 500mg/L。

可见，许多再生水的水质不能够满足国家规定的再生利用标准，且与天然水体《地表水环境质量标准》（GB 3838—2002）中的Ⅳ类水体（TN 浓度为 1.5mg/L，TP 浓度为 0.1mg/L）标准相比，再生水中污染物本底值仍较高（表 3.2）。

表 3.2　景观水体相关标准比较

项目	《城市污水再生利用　景观环境用水水质标准》（GB/T 18921—2002）						《地表水环境质量标准》（GB 3838—2002）	
	观赏性景观环境用水			娱乐性景观环境用水			Ⅳ类	Ⅴ类
	河道	湖泊	水景	河道	湖泊	水景		
BOD_5 浓度/（mg/L）	≤10	≤6.0	≤6.0	≤6.0	≤6.0	≤6.0	≤6.0	≤10
TP 浓度/（mg/L）	≤1.0	≤0.5	≤0.5	≤1.0	≤0.5	≤0.5	≤0.3 ≤湖库 0.1	≤0.4 ≤湖库 0.2
TN 浓度/（mg/L）	≤15	≤15	≤15	≤15	≤15	≤15	≤1.5	≤2.0
NH_4-N 浓度/（mg/L）	≤5	≤5	≤5	≤5	≤5	≤5	≤1.5	≤2.0

此外，城市景观水体通常水流缓慢、水深较浅，往往存在流动死角；且水质易受初期雨水（径流）等外源污染物影响。因此，以再生水作为景观水体补水水源时，容易导致水质恶化。针对这一问题，《城市污水再生利用　景观环境用水水质》（GB/T 18921—2002）规定：当完全使用再生水回用景观水体时，景观河道类水体的 HRT 应保持在 5d 以内为宜；完全使用再生水作为景观湖泊类补充水体时，在水温超过 25℃时，其水体静止停留时间不宜超过 3d，而在水温低于 25℃，则可适当延长 HRT，冬季可延长 HRT 至一个月左右。

3.1.3　其他水源

除传统水资源补水和再生水补水外，雨水和海水也可作为补水水源。

我国真正意义上的城市雨水收集利用开始于 20 世纪 80 年代，进入 90 年代以后，我国特大城市的一些建筑物已建有雨水收集系统。然而，我国城市降雨受季风影响较大，降雨很不均匀且降雨特点差异性大，雨水的利用情况在很大程度上受自然条件的影响；同时，我国绝大部分城市的雨水利用规划滞后于城市总体规划，城市雨水利用系统与城市的基础设施和其他功能系统建设严重脱节；发达国家的雨水利用技术已进入标准化、产业化阶段，并逐步向集成化、综合化方向发展，而我国尚处于初级阶段，对降雨规律和雨水特点缺乏深入、系统的研究，雨水利用技术的先进性、实效性和多样性有待进一步提高。另外，由于汽车尾气、工厂废气的排放，空气中含有大量的酸性气体等污染性气体，初期雨水中的此类污染物含量很高，若在雨水收集和利用之前，不进行净化而直接用于景观环境补水，则会造成二次污染（陈荣，2011）。

海水利用包括海水直接利用、海水淡化处理利用两个方面。海水淡化已成为解决全球水资源短缺的重要途径，全世界 60% 的海水淡化装置分布在中东地区，现已遍及全世界 125 个国家和地区。2005 年 8 月我国颁布了《海水利用专项规划》，根据《海水利用专项规划》，我国在 2010 年、2020 年建成和在建的海水淡化工程的生产能力将分别达到 100 万 m^3/d、280 万 m^3/d。海水直接利用较海水淡化工艺简单，是我国沿海城市利用海水的主要途径。根据有关资料，国外主要发达国家消费水价相当于人民币 2.4～17.0 元/m^3，国际海水淡化的产水成本相当于人民币 5.4～20.0 元/m^3，条件较优的海水淡化吨水成本已经与目前缺水国家城市的消费水价相当。海水作为地球上最丰富的水资源，理应成为人类开发和利用的主要水源，是城市景观水体补水的水源之一，然而由于我国城市供水价格普遍较低，与海水淡化制水成本相差较大，海水淡化利用相对高额的投资和运行成本导致其在我国城市供水中的比重一直不高。近岸海水较混浊，含有大量的泥沙、海藻及各种海生动植物，在生活污水排放口邻近海域，水中还会含有大量大肠杆菌及其他污染物和细菌，此外海水中还存在极易形成不溶

物的 Ca^{2+} 和 Mg^{2+}，这些都将导致设备和管道的腐蚀和淤积，严重影响海水直接利用和发展（陈荣，2011）。

3.2　城市景观水体面源污染物

面源污染是指固体和溶解的污染物从非特定地点，主要在雨雪作用的冲刷下，通过地表径流进入受纳水体并引起水体的富营养化或其他形式的污染。城市面源污染主要是由降雨径流冲刷作用形成的。城市水体面源污染主要来源于化工企业排放、化石燃料燃烧、汽车尾气排放以及土壤侵蚀等，主要污染物包括悬浮颗粒物、有机物、氮、磷、重金属和微生物等（郑涛等，2005）。

1. 降雨径流

随着城市的扩建与改造，不透水地面面积迅速增加，当雨季降水不能进入下水管道流入污水处理厂时，雨水将在不透水地面上迅速转化为径流，进而冲刷并携带大量地表灰尘等污染物进入景观水体，形成典型的面源污染（卓慕宁等，2003）。

降雨径流污染来自分散的大面积土地，它与区域的自然状况和降雨过程密切相关，因此降雨径流污染的形成具有较大的随机性、间歇性、滞后性和复杂性等特点，污染负荷时空变化幅度大（余红等，2008），由降雨和径流带入湖泊的污染物负荷也有很大的差异。根据研究，即使在地球上偏远地区干净的大气降水中，也含有一定浓度的氮磷元素；而在污染地区的雨水中，氮、磷含量可上升 1～2 个数量级（Park et al.，2002；秦伯强，1998）。由于自然条件的差异和人类活动的影响，不同地区降雨中的化学组成具有不同的特点，降雨中的化学成分含量和组成在更大程度上代表当地的污染物来源分布特点和地形、气候的特点，同一地区在不同的季节，由于天气状况和大气污染物输送途径不同，降雨的化学成分也有很大的不同（程红光等，2006）。降雨径流污染物浓度变化过程如图 3.1 所示。受降雨前城市地表污染物累积和降雨冲刷作用的影响，径流量、SS、COD 和 BOD_5 等污染物浓度会经历先上升后下降的过程，但径流量峰值一般会比污染物浓度峰值滞后出现（李青云等，2011）。

昆明市翠湖湖区降雨径流水质的检测与城市污水及地表水进行对比可知（表 3.3），与《城镇污水处理厂污染物排放标准》（GB 18918—2002）Ⅰ级 A 标准及《地表水环境质量标准》（GB 3838—2002）Ⅳ类标准相比，昆明市翠湖湖区降雨径流的 COD 含量、TN 浓度以及 TP 浓度均超出这两项标准。可见，降雨径流对受纳水体水质具有相当大的影响（郭红兵，2016）。

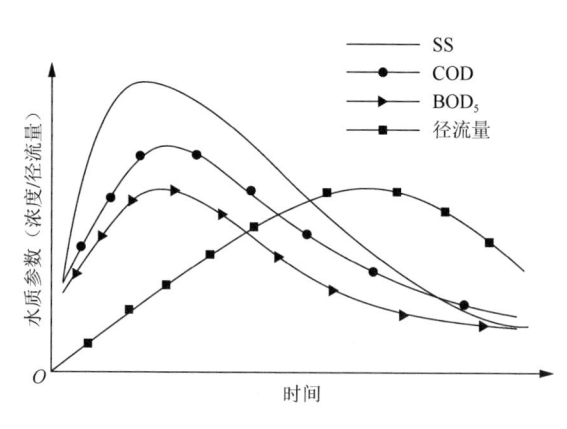

图 3.1　水质参数（浓度/径流量）随径流时间变化曲线示意图（李青云等，2011）

表 3.3　降雨径流与城市污水及地表水比较（郭红兵，2016）（单位：mg/L）

水质指标	翠湖降雨径流	《城镇污水处理厂污染物排放标准》Ⅰ级 A	《地表水环境质量标准》Ⅳ类
COD	69.30	50	30
TN	26.97	15	1.5
TP	3.85	0.5	0.3（湖库 0.1）

天津市不同地区雨水径流水质的调查情况见表 3.4。可以看出，商业区、文教区和居住区的降雨径流中 TP、NH_4-N、TN 的浓度存在明显差异。总的来说，商业区和文教区污染物浓度较居住区略高，且 TP 和 TN 的浓度均超出《地表水环境质量标准》（GB 3838—2002）Ⅳ类标准值（张娜等，2009）。

表 3.4　不同功能道路氮磷污染物指标（张娜等，2009）　　（单位：mg/L）

水质指标	商业区 范围	平均值	文教区 范围	平均值	居住区 范围	平均值
TP	0.03~2.14	1.06	0.03~1.5	0.479	0.16~0.33	0.26
NH_4-N	0.04~0.45	0.16	0.049~0.295	0.161	0.052~0.131	0.088
TN	1.82~6.01	4.02	2.4~9.41	5.25	1.62~5.2	3.02

2. 干湿沉降

早期的研究认为，由大气输入水体的营养元素负荷小于因河道（点源）、径流（面源）输入水体总污染负荷的 10%，因此营养物质的大气输入作用常被研究水体富营养化的人们所忽视（秦伯强，1998）。但是，随着人类活动的增强，大气污染日益严重，通过大气输入水体的营养元素（C、N 和 P）和微量元素（Fe 和 Al 等）负荷不断提高，特别是氮的污染负荷已经上升至占被研究水体污染物质总输入负荷的 20%~30%（Hans et al.，1995）。太湖的研究表明，大气沉降氮的污染负荷甚至已达 30%~40%（宋玉芝等，2005）。

3. 落叶及垃圾

景观水体岸边植物和水体中水生植物或花卉的枯枝落叶等生物残体落入水体后，经腐败分解成为水体中的污染物质。另外，部分游客随意向景观水体中丢弃垃圾和杂物也会导致水体污染。特别是在换水周期较长的水体中，表面有落叶和垃圾漂浮是常见现象。

4. 人类娱乐

随着景观水体建设的发展，景观娱乐功能不断完善，人们将景观水体及其所在区域作为重要的休闲娱乐场所，垂钓、喂食以及放生鱼类及其他生物、乘坐游船等活动，一方面会导致外源污染物的输入；另一方面，其造成的水体扰动会增加沉积物中污染物质释放的风险。

5. 其他面源污染物

内源污染，主要是水体沉积物中营养盐的释放对上覆水的影响（金相灿，1990）。沉积物是湖泊生态系统的重要组成部分，是入湖物质如有机质、营养盐等的主要蓄积场所。在湖泊环境演变过程中，来自点源和面源的大部分无机和有机物，包括重金属、农药等有毒污染物，以及湖体内水生生物的死亡残体等，经过絮凝、沉降等各种物理、化学和生物过程，不断地沉积到湖泊底部（孙亚敏等，2000）。另一方面，在合适的条件下，沉积物中富含的大量营养物重新释放到水体，为湖泊水体的生态系统提供养分，形成湖泊的内源（Das et al.，2008；Slomp et al.，1996；万国江，1988）。金相灿（1992）指出在一定条件下，沉积物中的营养盐甚至可能成为湖泊富营养化的主导因子。据调查，美国威斯康星州的 Wingra 湖，表层 10cm 沉积物中的氮含量占 TN 的 23%，表层 10cm 以下、30cm 以上沉积物中的氮含量占 74%，而且绝大部分为有机氮（Xie et al.，2002）。武汉东湖的研究显示，水体中的磷大部分来自城市生活污水的排放，约 60% 滞留在湖内，导致沉积物中磷的含量快速上升。玄武湖沉积物磷的年释放量为 10.46t，占全年入湖量的 21.5%。

3.3　城市景观水体点源污染物

点源污染是由可识别的单污染源引起的污染。点源具有可以识别的范围，可将其与其他污染源区分开来。对于水污染而言，点源污染主要包括城市生活污水和工业废水污染，通常由固定的排污口集中排放。

3.3.1　城市污水

城市污水是城市发展中的产物，是城市景观水体的重要污染源。随着城市经济发展，排放的污水越来越多，水质越复杂，大量的污水倾泻入水体，破坏了水体的自然生态。城市生活污水中的污染物通常包括三大类：SS、有机物（COD 或 BOD$_5$）和营养物（N 和 P），这些污染物都是以达标排放为主要目的的常规处理和以再生回用为主要目的的深度处理的重点去除对象。通过对西安市城市生活污水水质的长期监测发现，以 0.45μm 作为悬浮态和溶解态污染物的分离界限，以污染物的热分解性进行有机和无机物的分离，从而得出了如图 3.2 所示的污染物分类矩阵。如图 3.2 所示，以 BOD$_5$ 和 COD 为代表的有机物中，悬浮成分占 60% 以上（其中 BOD$_5$ 占 60%，COD 占 65%），而溶解成分在 40% 以下（其中 BOD$_5$ 占 40%，COD 占 35%）；对于 TN，悬浮成分占 20%，80% 为溶解成分；对于 TP，悬浮态和溶解态成分基本相当；SS 成分中，有机物和无机物的量也基本相当。

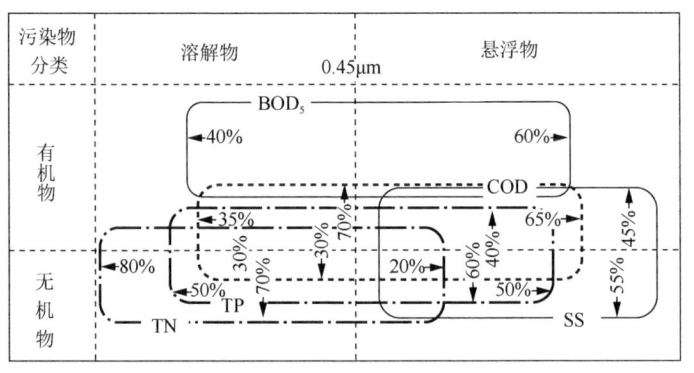

图 3.2　城市污水中污染物分类矩阵（陈荣，2011）

BOD$_5$：悬浮 60%，溶解 40%；　　SS：有机 45%，无机 55%；

COD：悬浮 65%，溶解 35%，　　　TN：悬浮 20%，溶解 80%，　　TP：悬浮 50%，溶解 50%，

　　　有机 70%，无机 30%；　　　　　有机 30%，无机 70%；　　　　有机 40%，无机 60%

《2014 中国环境状况公报》显示全国废水主要污染物中 COD 排放总量为 2294.6 万 t，工业源 COD 排放总量为 311.3 万 t，占总量的 13.6%，生活源 COD 排放总量为 864.4 万 t，占总量的 37.7%；NH$_4$-N 排放总量为 238.5 万 t，工业源 NH$_4$-N 排放总量为 23.2 万 t，占总量的 9.7%，生活源 NH$_4$-N 排放总量为 138.1 万 t，占总量的 57.9%。可见，生活源污水是主要的点污染源。长期排放污水使水体呈灰色，透明度降低，有特殊臭味。如表 3.5 所示，不同城市污水中总氮和总磷浓度差异较大，与地区和生活条件有关。

表 3.5　我国不同城市污水中总氮和总磷的浓度　　　（单位：mg/L）

城市	TN	TP
上海	93	—
天津	50	3.2
南京	33	11
武汉	28.7~47.5	11.5~34.5
北京	26.7~55.4	11~39
西安	36	4~21
平均	39.8~45.1	8.5~10.2

　　一般的城市生活污水处理厂的二级出水中虽已去除了大多数的悬浮固体和有机物，但是通过对《城镇污水处理厂污染物排放标准》（GB 18918—2002）与《地表水环境质量标准》（GB 3838—2002）主要指标的比较（表 3.6）可知，即便城镇生活污水厂的出水中各项主要指标均能达到 GB 18918—2002 的一级 A 标准，其主要污染物的数值仍高于地表水Ⅳ类水的相关指标的数值。

表 3.6　GB 18918—2002 与 GB 3838—2002 主要指标比较　（单位：mg/L）

指标	GB 18918—2002（一级 A 标准）	GB 3838—2002（Ⅳ类水）
COD	50	30
BOD_5	10	6
NH_4-N	5（8）	1.5
TN	15	1.5
TP	0.5	0.3（湖、库 0.1）

3.3.2　工业废水

　　工业废水具有污染物种类多、成分复杂、COD 高、可生化性差以及毒害性大等特点。污染物质种类可根据性质分为三类：化学、物理和生物性污染物。化学性污染是指污染物质为化学物品而造成的水体污染，主要包括：①无机污染物，如酸、碱和盐；②重金属污染物，如汞、镉、铅和砷等；③有机污染物，如各种有机农药、多环芳烃和芳香烃等；④耗氧污染物；⑤富营养化物质；⑥油类污染物。物理性污染主要包括：①悬浮物质污染；②热污染；③放射性污染。生物性污染指污水带入的一些病原微生物和病毒等。

参 考 文 献

陈荣，2011. 城市污水再生利用系统的构建理论与方法[D]. 西安：西安建筑科技大学.

程红光，郝芳华，任希岩，等，2006. 不同降雨条件下非点源污染氮负荷入河系数研究[J]. 环境科学学报，26(3): 392-397.

丁春丽, 2004. 再生水回用于人工景观水体的富营养化研究[D]. 天津: 南开大学.

葛斌昂, 2012. 日本人节水面面观[J]. 地理教育, (z1):36-36.

郭红兵, 2016. 城市水体营养物迁移转化规律与富营养化主控因子研究——以昆明翠湖为例[D]. 西安: 西安建筑科技大学.

金相灿, 1990. 中国湖泊富营养化[M]. 北京: 中国环境科学出版社.

金相灿, 1992. 沉积物污染化学[M]. 北京: 中国环境科学出版社.

鞠宇平, 郑兴灿, 孙永利, 等, 2003. 城市污水再生利用于市政景观环境的典型工程实践[C]. 天津: 全国城市污水再生利用经验交流和技术研讨会: 1-8.

李昆, 魏源送, 王健行, 等, 2014. 再生水回用的标准比较与技术经济分析[J]. 环境科学学报, 34(7):1635-1653.

李青云, 李久义, 田秀君, 等, 2011. 北京村镇降雨径流水文与水质特征的研究[C]. 兰州水环境污染控制与生态修复技术论坛: 40-46.

秦伯强, 1998. 太湖水环境面临的主要问题、研究动态与初步进展[J]. 湖泊科学, 10(4):1-9.

宋玉芝, 秦伯强, 杨龙元, 等, 2005. 大气湿沉降向太湖水生生态系统输送氮的初步估算[J]. 湖泊科学, 17(3): 226-230.

孙亚敏, 董曼玲, 汪家权, 2000. 内源污染对湖泊富营养化的作用及对策[J]. 合肥工业大学学报, 23(2): 210-213.

唐炎, 李金河, 焦兆明, 2002. 天津市纪庄子污水回用工程试验研究及工程设计[J]. 给水排水动态, (1):6-15.

唐运平, 2009. 盐碱地区再生水景观河道水质改善与生态重建技术研究[D]. 天津: 天津大学.

万国江, 1988. 环境质量的地球化学原理[M]. 北京: 中国环境科学出版社.

杨丽华, 魏建荣, 张冬莹, 等, 2011. 再生水应用现状及其水质特征探讨[J]. 中国卫生检验杂志, (8):1936-1938.

余红, 沈珍瑶, 2008. 非点源污染不确定性研究进展[J]. 水资源保护, 24(l): 1-5.

张娜, 赵乐军, 李铁龙, 等, 2009. 天津城区道路雨水径流水质监测及污染特征分析[J]. 生态环境学报, 18(6):2127-2131.

郑涛, 穆环珍, 黄衍初, 等, 2005. 非点源污染控制研究进展[J]. 环境保护, (2): 31-34.

卓慕宁, 吴志峰, 王继增, 等, 2003. 珠海城区降雨径流污染特征初步研究[J]. 土壤学报, 40(5): 775-778.

DAS S K, ROUTH J, ROYCHOUDHURY A N, et al., 2008. Elemental (C, N, H and P) and stable isotope (δ^{15}N and δ^{13}C) signatures in sediments from Zeekoevlei, South Africa: a record of human intervention in the lake[J]. Journal of paleolimnology, 39(3): 349-360.

HANS W. PAERL, 1995. Coastal eutrophication in relation to atmospheric nitrogen deposition: Current perspectives[J]. Ophelia, 41(1): 237-259.

PARK S U, LEE Y H, 2002. Spatial distribution of wet deposition of nitrogen in South Korea[J]. Atmospheric environment, 36(4): 619-628.

SLOMP C P, GAAST S J V D, RAAPHORST W V, 1996. Phosphorus binding by poorly crystalline iron oxides in North Sea sediments[J]. Marine chemistry, 52(1): 55-73.

XIE L Q, XIE P, 2002. Long-term (1956~1999) dynamics of phosphorus in a shallow, subtropical Chinese lake with the possible effects of cyanobacterial blooms[J]. Water research, 36(1): 343-349.

第4章 城市景观水体富营养化特征

随着城市建设和经济发展，居民生活水平不断提高，人们对生态环境的要求也越来越高，水景逐渐成为城市建设和生态环境中不可缺少的重要组成部分；现代都市的发展尽可能充分利用城中水体的多种功能，使城市景观水体的价值更多地在休闲、娱乐、调蓄、调节气候以及改善城市生态环境等方面得以体现。

但是由于自然和人为双重因素的影响，使得大量氮磷和其他无机盐类随着降雨径流、生活污水、工业废水以及农田排水中进入到城市天然水体，导致水中营养物质增多，促使自养型生物大量繁殖，特别是蓝藻的数量迅速增加，其他藻类的种类逐渐减少，出现富营养化现象。

对于人工景观水体，由于水域面积小、自净能力弱，加上运营管理不到位、设计不规范等问题，极易造成藻类大量繁殖，水体透明度下降，沉水植物消亡，严重影响水体的景观娱乐功能。

4.1 城市景观水体富营养化过程与特征

4.1.1 富营养化的主要过程

富营养化是指水体在自然因素和（或）人类活动的影响下，大量营养盐输入水体，使水体逐步由生产力水平较低的贫营养状态向生产力水平较高的富营养状态变化的一种现象（秦伯强等，2013）。

1. 大型湖泊的富营养化过程

城市景观水体中存在天然形成的湖泊，它们的产生和发展受到自然和人两方面因素的影响，因此根据其成因和类型可以将其富营养化过程分为天然富营养化过程和人为富营养化过程。

1）天然富营养化过程

自然形成的湖泊会随着自然环境条件的变迁，从其自身发生、发展、衰老渐渐走向消亡。在其发展过程中，由于降雨、径流和土地侵蚀等原因，一些营养物质进入到湖泊中，导致有机物质不断累积，使其由形成初始阶段的贫营养状态逐渐向富营养状态过渡，加上湖泊本身在发展过程中也会发生形态变化，一些湖泊逐渐变小变浅，使得营养物质进一步富集，加剧富营养化过程，这是一个自然且必然的过程。在自然状态下,湖泊的这种演变过程是极为缓慢的,往往需要几千年,甚至更长的时间才能完成(彭俊杰等,2004)。

2)人为富营养化过程

随着城市化进程加快,城市发展产生的生活污水、餐饮废水、工业废水以及城区地表径流等排入水体,成为水体的特征污染源。很多水体几乎成了纳污水体,水质急剧下降。另外,在人类不合理开发和利用的影响下,湖泊原有生态系统遭受破坏,水体自净能力下降,藻类大量繁殖,水体透明度下降,沉水植物消亡。加之水生植被遭受破坏后,悬浮的底泥会导致沉积已久的营养盐不断地向水中释放,水中的营养盐负荷进一步加大。水体水质在此恶性循环过程中不断恶化,富营养化现象越来越严重(成小英等,2006)。

对于大型湖泊等景观水体,其富营养化是自然过程和人为影响相结合的结果。随着工业发展和人民生活水平的提高,人为影响逐渐成为水体富营养化的关键原因。

2. 城市景观水体富营养化过程

由于所处的地理位置和功能定位不同,城市景观水体的演变过程和污染现状同远离城市的湖泊有较大差异。城市景观水体大多为静止或流动性差的浅水封闭缓流水体;与深水大型湖泊相比,城市景观水体更易受到外界干扰,水质更易受到污染。

景观水体的富营养化过程可以概括为:①富含氮和磷等营养物质的污染物以人为或自然的方式进入景观水体,且超过了水体的自净能力;②过量的氮和磷等营养性物质使浮游植物和附着藻类大量增加,导致水体中的有机颗粒物增加,景观水体水质恶化。同时,水体的透明度下降,使得水生植物的光合作用受到遏制;③大量藻类合成的有机物使得水体中微生物大量增加,促进了有机物的降解与矿化,导致营养盐的析出量不断增加,从而进一步加速浮游植物的生长,随着有机聚集体增加,无机营养盐被藻类吸收变成有机,再通过降解与矿化转变为无机的时间越来越短;④异养细菌分解矿化有机物导致水体 DO 浓度迅速下降,鱼类及其他生物大量死亡;⑤大量死亡的水生植物在被异养菌分解的过程中进一步耗尽DO,使整个水环境处于厌氧状态,导致厌氧细菌生长,生成甲烷、硫化氢、氨气和许多其他厌氧代谢产物,水质加剧恶化。同时,一些藻毒素的释放,对整个水环境的生态系统造成严重威胁(秦伯强等,2006;王凌云,2006)。

4.1.2 城市景观水体富营养化的典型特征

富营养化典型特征从主要体现为四个方面:感官性状、氮磷营养物、底泥特性和水生态系统。

1. 感官性状

透明度、浊度、色度作为最直观的水质指标，是富营养化评价的重要物理指标（成小英等，2006）。在富营养化过程中藻类上浮聚集，形成水华，导致水体透明度下降，浊度上升。随着浮游植物数量的增加，Chl-a 浓度也呈现出增大趋势。从表 4.1 可看出，我国城市湖泊的浊度很高，透明度半数以上在 0.5m 以下。

表 4.1　我国部分城市景观水体的主要水质情况

湖泊名称	地理位置	透明度/m	pH	DO 浓度/(mg/L)	浊度/NTU	COD 浓度/(mg/L)	NH₄-N 浓度/(mg/L)	NO₃-N 浓度/(mg/L)	TN 浓度/(mg/L)	TP 浓度/(mg/L)
金银湖	武汉	0.30	6.65	5.94	84.32	13.8	0.31	0.39	1.09	0.313
月湖	长沙	0.57	6.15	8.38	21.13	7.5	0.20	0.07	0.33	0.010
梅溪湖	长沙	1.27	6.23	8.70	15.89	12.0	0.26	0.53	0.85	0.010
黛秀湖	哈尔滨	0.70	8.00	6.04	10.67	9.3	0.22	0.10	0.35	0.020
太阳岛	哈尔滨	0.36	7.40	6.05	72.54	32.0	0.25	0.06	0.34	0.200
北陵东湖	沈阳	0.32	6.50	10.43	128.20	13.8	0.53	0.05	0.63	0.010
北陵西湖	沈阳	0.43	7.33	4.72	18.37	13.7	0.80	0.47	1.39	0.050
丁香湖	沈阳	0.89	7.33	6.68	24.40	18.7	0.31	0.43	0.82	0.020
南湖公园	沈阳	0.64	7.50	7.60	108.75	20.0	0.85	3.90	5.23	0.060
青年湖	北京	0.80	8.12	4.94	4.09	8.0	0.98	1.60	2.88	0.020
柳荫湖	北京	0.44	8.16	4.53	10.08	14.8	0.44	2.36	2.64	0.020
龙潭湖	北京	0.45	9.54	12.75	18.72	13.8	0.32	0.34	0.80	0.020
团结湖	北京	0.36	8.88	9.54	20.88	17.0	0.66	0.36	1.12	0.020
天塔湖	天津	0.35	8.96	13.64	19.30	12.2	0.36	0.30	0.62	0.054
清净湖	天津	0.29	8.70	8.50	12.00	21.9	0.98	0.10	1.19	0.137
仕奇公园	呼和浩特	0.42	7.18	10.92	9.83	16.3	0.23	5.18	9.25	0.040
滨河公园	呼和浩特	0.12	7.14	6.52	85.40	22.4	0.62	6.80	12.20	0.300
阳光体育公园	包头	0.10	7.20	15.44	104.66	24.9	1.26	3.11	5.66	0.010
阿尔丁植物园	包头	1.00	6.96	8.92	5.60	41.0	0.53	8.26	7.89	0.014
雁滩公园	兰州	0.45	7.24	11.18	44.26	25.0	0.36	0.64	1.34	0.048
东湖	嘉峪关	2.00	5.90	10.20	0.00	5.8	0.73	0.60	1.68	0.035
宝湖公园	银川	0.46	6.74	11.30	280.50	12.0	0.28	1.08	1.64	0.048
天湖	庆阳	0.71	6.73	8.87	209.67	22.0	0.33	0.17	0.77	0.027
晋阳湖	太原	0.41	6.83	8.87	21.32	13.7	0.28	0.37	2.33	0.005
民心河	石家庄	ND	7.40	6.99	22.36	12.8	1.70	6.60	8.30	0.064
荔湾湖	广州	0.93	6.33	2.99	9.25	10.1	3.67	0.12	6.50	0.298
海珠湖	广州	0.75	7.00	4.58	29.00	10.1	1.20	1.16	5.71	0.056
荔枝湖	深圳	0.36	7.00	4.58	29.00	10.1	1.20	1.16	5.71	0.056
洪湖	深圳	0.57	6.20	4.07	299.36	13.8	0.36	0.24	3.00	0.016

续表

湖泊名称	地理位置	透明度/m	pH	DO 浓度/（mg/L）	浊度/NTU	COD浓度/（mg/L）	NH₄-N浓度/（mg/L）	NO₃-N浓度/（mg/L）	TN 浓度/（mg/L）	TP 浓度/（mg/L）
琴亭湖	福州	0.20	7.00	4.43	ND	28.3	7.83	1.22	10.17	0.667
翠湖	昆明	0.64	6.92	6.58	40.97	11.2	0.24	4.18	1.33	0.080
南湖	南宁	0.28	6.80	4.50	62.24	16.8	0.36	0.18	0.50	0.036
碧云湖	南宁	0.65	6.25	3.23	3.60	15.5	0.16	0.07	0.50	0.033
白马湖	杭州	0.52	5.61	7.09	72.52	15.2	0.64	2.36	3.30	0.700
和平湖	上海	0.35	5.71	7.61	91.88	13.4	1.00	0.62	3.20	0.440
金沙湖	杭州	0.77	7.79	9.29	101.88	9.2	0.36	2.40	3.50	0.024
莫愁湖	南京	0.40	6.26	4.25	84.66	11.4	0.22	0.60	4.00	1.763
西湖	杭州	0.93	7.73	7.77	80.83	10.7	0.36	0.83	2.57	0.010
羊山湖	南京	1.23	6.48	5.54	29.46	8.8	0.38	0.80	1.70	0.030
紫霞湖	南京	1.69	6.59	5.47	7.82	8.9	0.32	4.40	4.16	0.046
翡翠湖	合肥	0.70	7.00	5.13	26.33	16.0	1.17	0.40	5.00	0.010
天鹅湖	合肥	0.53	7.00	4.58	19.73	12.3	0.40	0.16	3.00	0.010
象湖	南昌	0.58	7.00	5.12	32.50	14.0	0.25	0.43	1.25	0.023
礼步湖	南昌	0.60	7.00	6.42	32.67	12.7	0.70	0.53	2.00	0.010
双龙湖	重庆	0.76	8.80	8.33	11.92	11.6	0.28	0.11	0.47	0.030
九龙湖	重庆	0.43	9.25	12.83	15.73	11.8	0.58	5.00	6.69	0.010
幸福梅林湖	成都	0.46	8.87	8.90	23.95	15.3	0.63	0.13	0.91	0.015
升仙湖	成都	0.64	8.33	8.29	13.51	11.3	0.26	0.40	0.79	0.020
如意湖	郑州	0.32	7.00	7.54	22.58	11.0	0.26	0.10	1.60	0.048
大明湖	济南	0.22	7.00	8.77	19.28	8.3	0.13	3.50	3.70	0.010

注：ND 表示未监测。

2. 氮磷营养物

从我国 28 个省，50 多个城市的城市景观水体调研的数据可以看出，我国多数城市景观水体现在已呈严重富营养化状态，主要表现为水体中 TN 和 TP 的浓度高（表 4.1）。

根据《地表水环境质量标准》（GB 3838—2002）中适用于农业用水区及一般景观要求水域的 V 类标准的要求：TN、TP 的浓度标准值分别为 0.20mg/L、0.020mg/L，表 4.1 中所列的城市湖泊的水质全都为超 V 类水平。其中呼和浩特市滨河公园的 TN 浓度高达 12.20mg/L，为 V 类标规定的 TN 浓度的 61 倍；南京市莫愁湖 TP 浓度为 1.763mg/L，为 V 类标规定的 TP 浓度的 88 倍。过高的氮和磷浓度使得这些湖泊均呈现出严重的富营养化状态。

对于城市景观水体，根据其补水水源及水体自身的特点，其氮和磷浓度多数都呈明显的季节性变化，这就导致同一湖泊在不同季节可能呈现出不同的富营养化状态。一般而言，春、夏季气温较高富营养化程度相对较高，冬天气温较低，富营养化程度可能会有一定的缓解。

除季节性变化规律外，富营养化水体在不同深度也存在水质差异。富营养化水体的表层，藻类可以获得充足的阳光并且获得足够的二氧化碳进行光合作用而放出氧气，因此白天表层水体有充足的 DO，夜晚藻类进行呼吸作用而使富营养化水体缺氧。在富营养化水体深层，情况则不同。首先，表层的密集藻类使得阳光难以射入水体深层，使深层水体的光合作用受到明显限制而减弱，DO 来源减少。然后，藻类死亡后不断向水体底部沉积，不断地腐烂分解，也会消耗深层水体大量的 DO，使得水体中的需氧生物难以生存。一旦出现 DO 为零的状态，会引起一系列严重后果。例如，有机物无机化不完全，产生甲烷气体；硫酸盐还原形成硫化氢气体；底泥中铁、锰溶出，在底泥附近形成硫化铁等，从而影响湖泊水质（蒋富海，2006）。

3. 底泥特性

底泥是影响湖泊富营养化极为重要的因素之一，尤其对于城市湖泊和水生植物大量繁殖的湖泊，其影响更为严重。来自于污水的排放、地表径流的注入以及湖泊水生生物的死亡残骸等的营养盐进入湖泊，经过一系列物理、化学及生物化学作用，其中的一部分或大部分逐渐沉积到湖底，当湖泊外部环境条件发生变化，沉积物中的营养盐又释放出来进入水中，成为湖泊营养盐的内负荷，并延续湖泊的富营养化。虽然很多城市湖泊的截污工程越来越完善，但湖水水质仍难以改善，这与湖泊的内源污染负荷有关。河流和湖泊底泥污染物的释出，类似于面源污染，释放面积大，释放时间、途径和释放量具有不确定性（成小英等，2006）。

我国部分城市湖泊底质中氮和磷的浓度很高，其 TP 浓度达到 900~4500mg/kg，总凯氏氮（total Kjeldahl nitrogen，TKN）浓度为 2000~20000mg/kg，底泥中 TOC 浓度也高达 14000~50000mg/kg，详见表 4.2。结合湖泊水体的富营养化状况，对照湖泊营养状态进行分级标准可以看出，湖水的富营养化状况同底质营养盐含量有一定的相关性，一般富营养化严重的湖泊，其沉积物中营养盐含量也高。

表 4.2　我国部分城市湖泊的底泥营养盐含量

湖名	pH	TP 浓度/（mg/kg）	TKN 浓度/（mg/kg）	TOC 浓度/（mg/kg）	湖泊营养指数	湖泊污染状况
杭州西湖	7.0	1569.0	9008.8	145036.0	69.0	富营养
南京玄武湖	7.4	2160.0	4825.0	ND	80.0	重富营养
武汉墨水湖	6.4	4504.7	25632.0	50921.5	80.5	异常营养
新疆蘑菇湖	7.7	933.9	3141.6	33820.0	70.0	富营养
广州麓湖	6.5	1237.6	2629.0	25935.9	76.1	重富营养
广州东山湖	5.9	1255.4	2156.0	20741.0	80.4	重富营养
广州流花湖	7.1	1792.9	3479.0	28399.3	87.7	重富营养
广州荔枝湾	6.3	1748.0	4594.3	35581.6	81.3	重富营养

注：ND 表示未监测。

4. 水生态系统

水生态系统包括大型植物、浮游动物以及底栖动物。水体的富营养化会导致一系列的生态系统异常响应，这些响应包括蓝藻水华频发、微生物的生物量与生产力增加、沉水植物消亡、生物多样性下降、营养盐的循环与利用效率加快等。整个生态系统也会伴随着富营养化的发展呈现出生物多样性下降、生物群落结构趋于单一、生态系统趋于不稳定的现象。在浅水湖泊中，还会进一步导致从"清水态"的草型生态系统逐步转换为"浑水态"的藻型生态系统。生态系统的这种演替机制，主要是水生植物与浮游植物利用营养盐的效率不同所致。而对于严重富营养化的湖泊，生态系统最终的演替趋势则是从浮游植物为主的自养型湖泊转化为以微生物、原生动物等为主的异养型湖泊（彭俊杰等，2004）。

湖泊中生物群落特征能够反映水体的生态条件和营养状态，随着湖泊水生态系统的退化，水生生物的种类和结构朝逆向演替的趋势发展。耐污种的个体数量猛增，非耐污种数量减少甚至消失，利用生物学指标可以准确快速地判断湖泊的富营养化程度。

1）水生植物群落特征

富营养化过程可以看作是水体中水生植物群落由大型水生植物占优势向浮游植物占优势转变的过程。随着营养状态向富营养化转变，藻类数量和种类数也发生变化。例如，武汉东湖在富营养化初期（20 世纪 50 年代）主要优势种为甲藻、绿藻，到富营养化中期（60～70 年代），演替以绿藻和蓝藻为主，进入重富营养化时期（80 年代）优势种为蓝藻。无锡五里湖在 50 年代浮游藻类受到大型水生植物的强烈抑制，年均数量为 $26.7×10^4$ 个/L，以硅藻和隐藻为主；90 年代由于水质严重污染，浮游藻类大量繁殖，年均数量达到 $4174×10^4$ 个/L，是 1951 年的 156倍，蓝藻水华极为严重。富营养化的发生和发展，导致原有的优势物种被取代，形成单优势群落，群落结构不断简化。例如，武汉东湖水生植被分布面积由占全湖面积的 85%（1962～1963 年）下降到不足 3%（1991～1993 年），水生植物种类大量减少，沉水植物优势种从黄丝草转变为大茨藻、聚草和苦草（彭俊杰等，2004）。

2）水生动物群落特征

在城市景观水体中，水生动物主要为鱼类、浮游动物以及底栖动物等。首先，在富营养化水体中，深层水体中的 DO 不断地被大量死亡藻类的分解所消耗，又由于光合作用微弱无法产生新的 DO 作为补充，导致深层水体处于极低的 DO 状态，有时甚至出现厌氧状态。例如，生活于深层水体的鱼类，由于得不到适量的氧而使呼吸作用受到抑制，无法进行正常的代谢活动，最终导致缺氧死亡。其次，富营养水体的一些藻类能分泌和释放毒素，如微囊藻毒素和节球藻毒素能引起水体中水生动物中毒死亡。

浮游动物主要有四大类：原生动物、轮虫、枝角类和挠足类，它们的种群和数量变化可反映水体的富营养化程度。研究表明，水体营养状况与浮游动植物量呈显著正相关，即水体中浮游动物含量愈少，表明水体富营养化程度愈低，水质愈好。且随着富营养化发生，优势种也逐渐由清水型向寡污型和耐污型种类转变（金相灿，1990）。

大型底栖动物是水生态系统中一个重要的生态类群，淡水水体中其优势类群主要包括水栖寡毛类、软体动物和水生昆虫等，它们既是鱼类的天然食物资源，又能起到较好的水质监测作用（龚志军，2001）。在水质较好的水体中，软体动物在生物量中占主要地位，在重富营养化的水体，底栖动物的生物量都由寡毛类或摇蚊幼虫组成。在较低营养水体中，优势种为球砂壳虫；在中营养水体中，优势种既有耐污型种类点钟虫，也有寡污型种类透明麻铃虫；在富营养水体中，耐污型的单环栉毛虫和喇叭虫已演替成为特有的优势种。大型底栖动物的物种多样性与水体富营养化呈现相反趋势，富营养化导致其多样性明显降低，但耐污种群剧增。在水体富营养化严重时，常发现大量的霍甫水丝蚓个体，这主要由于该种类能耐受有机物大量分解而造成的低氧甚至缺氧环境，而其他底栖动物在这种环境下往往受到抑制甚至死亡。

3）水生生态系统功能特征

在一般情况下，水生生态系统中各种生物都处于相对平衡的状态。但是，水体一旦受到污染出现富营养化时，正常的生态平衡就会被打破，使得水生生态系统的结构和功能受到破坏。在营养水平较高时，水体中表面积/体积比低的浮游动物不能有效摄食大型藻类，且水体浑浊不利于靠视觉定位的水生动物捕食藻类，削弱了浮游动物和底栖生物的鱼类对藻类的捕食能力，滤食效率较高的大型浮游动物也由于缺少食物来源而致使种群数减少。此外，大型沉水植物消失后，大型浮游动物、螺类和鱼类的附着基质、隐蔽所和产卵场所都受到影响，导致水生生态系统的生物多样性下降。生物多样性下降必定会导致水生生态系统的稳定性下降，从而破坏了水生生态系统的平衡。

4.2 城市景观水体典型藻类的繁殖特征

富营养化现象最明显的表现就是浮游植物的大量繁殖，从而造成一系列的生态影响。浮游植物（phytoplankton）不是一个分类学单位，而是一个生态学概念，包括了所有生活在水体中的浮游生活方式的微小植物，即通常所指的藻类。藻类在不同原因如自然条件、外界环境以及人为干扰等的影响下，其生长表现出不同的分布特征和繁殖特征（刘书宇等，2007）。

4.2.1　城市景观水体中的典型藻类分布

1. 城市景观水体中藻类分类

藻类植物共约为 2100 属，27000 种。根据淡水浮游藻类所含色素和植物体的形态构造，将浮游藻类分成十一个门类，即蓝藻门、绿藻门、硅藻门、红藻门、隐藻门、金藻门、甲藻门、褐藻门、黄藻门、褐藻门及轮藻门（肖小雨等，2016）。淡水浮游植物通常包括八个分类学上的门类，分别是：蓝藻门（Cyanophyta）、绿藻门（Chlorophyta）、硅藻门（Bacillariophyta）、甲藻门（Pyrrophyta）、金藻门（Chrysophyta）、黄藻门（Xanthophyta）、隐藻门（Cryptophyta）和裸藻门（Euglenophyta）（王雯，2004）。

虽然上述藻类广泛分布于各种水体，但在城市景观水体中，藻类的优势种类主要有绿藻、蓝藻、硅藻等，随着水体的富营养化程度、所在地区和季节变化不同，优势藻类会发生一定的变化。

1）蓝藻门

蓝藻门旧称蓝绿藻门，原核生物，细胞无色素体，色素分散于原生质中，色素含大量藻胆素，Chl-a、胡萝卜素及两种叶黄素 a，细胞贮藏物以蓝藻淀粉为主。藻体为单细胞、丝状或非丝状的群体，通常藻体呈蓝绿色，最小的种类直径仅有 $0.3\sim3\mu m$，因其形体小，而且某些生理特性类似细菌，故有人称之为蓝细菌（Cyanobacteria）。蓝藻喜高温偏碱性水体，大部分属于 r-选择型繁殖，生长能力强，适应性广，是夏季水华的主要构成种类。它能够取得水体中的优势地位有赖于以下几个特性：①部分蓝藻具有固氮功能。例如，鱼腥藻的异形胞，这可以帮助它们在水体氮源不足的情况下获得竞争优势；②铜绿微囊藻等具有的伪空胞可以调节其中的气囊数借以控制藻体的上浮和下沉，从而将自身调整到适宜生长的水体深度；③微囊藻和颤藻等蓝藻能够分泌藻毒素，抑制水体中的竞争者和摄食者如各类浮游动物的生长，使自己处于有利的竞争地位；④某些蓝藻具有"无机碳浓缩机制"，在 CO_2 浓度较低时可以高效主动的吸收浓缩外源无机碳，同时这一机制运转时刻以极大地抑制细胞光呼吸作用，降低生物能消耗。这些特有的功能使得蓝藻作为藻类中的一类特殊群体具有了在富营养化中的重要地位，成为夏季水华暴发期最受关注的种类（王雯，2004）。

2）绿藻门

绿藻门是淡水水体中常见的种类，细胞色素体主要为 Chl-a、叶绿素 b（Chl-b）、叶黄素和胡萝卜素，细胞贮藏物为淀粉或脂肪，植物体呈单细胞、群体或丝状生活，某些种类具两条等长鞭毛。细胞壁主要为纤维素。色素体的形状、数目视种类而异。所含色素成分与高等植物相同。主要的形态有：运动型、胶群体型、绿球藻型、丝状体型和多核体型。它们广泛的分布于各类水体，其中胶囊藻、栅藻、小球藻和纤维藻偏好有机质丰富的水体，新月藻、盘星藻和团藻则喜好清洁水体。四尾栅藻等绿藻常作为水体污染的指示种（王雯，2004）。

3）硅藻门

硅藻门一般为单细胞，细胞壁含果胶质和二氧化硅。硅藻因带有硅质瓣壳而得名，瓣壳由上下两个套合而成，因瓣壳呈中心对称或轴对称而分为中心纲和羽纹纲，中心纲壳面呈辐射状条纹，羽纹纲壳面呈左右对称条纹。色素体主要为Chl-a、叶绿素 c（Chl-c）、胡萝卜素、岩藻黄素和硅甲黄素等，细胞贮藏物为淀粉或脂肪。这一类浮游生物常于早春或秋季出现在水体中，大部分耐低温不适高温，在贫营养水体里较易获得优势地位。也有部分直链藻属和冠盘藻属在营养丰富的水体生长较好。硅藻是鱼、贝类及其他水生动物的主要饵料（王雯，2004）。

2. 城市景观水体中典型藻类的分布特征

城市景观水体中的藻类受很多因素（如外部环境和内部水质条件）的影响，会在时间和空间上存在一定的分布特征。

1）时间分布特征

由于湖泊的大多数补水都来自地表水，在季节性降雨、温度、面源污染等因素的影响下，不同季节的藻种分布具有显著性差异。

（1）以江苏无锡长广溪湿地公园为例。武琳（2011）对江苏无锡长广溪湿地公园景观水体进行的藻类研究发现，藻种数随季节变化明显（表 4.3），呈现出春季最多，冬季最少的变化规律。在春季，所检测的藻类种数为 114 种，占总种数的 29.0%；夏季次之，为 111 种，占总种数的 28.2%；秋季较少，为 91 种，占总种数的 23.1%；冬季最少，仅为 77 种，占总种数的 19.6%。

表 4.3　长广溪湿地公园河段藻类种类的季节分布（武琳，2011）　（单位：种）

藻类	秋季	冬季	春季	夏季
绿藻	25	16	49	37
硅藻	21	20	40	26
蓝藻	20	19	10	26
裸藻	14	15	10	14
甲藻	4	3	1	3
隐藻	2	2	2	2
黄藻	3	1	2	2
金藻	2	1	0	1
合计	91	77	114	111

长广溪湿地公园的景观水体秋冬季时藻类相对较少，硅藻、绿藻、蓝藻和裸

藻为优势藻类。而春夏季时藻的种类远高于秋冬季，并且绿藻和硅藻的种数出现了显著升高。绿藻和硅藻这种典型的季节变化规律可能是导致该水体藻类总体呈季节性变化的主要原因（武琳，2011）。

通过对采样期间各样点出现的藻类的前三种优势种及其比例（表4.4）的分析可知，主要优势种有蓝藻门的小颤藻、水华微囊藻和类颤藻鱼腥藻等，绿藻门的四尾栅藻和小球藻，硅藻门的隐头舟形藻、中型脆杆藻和肘状针杆藻等，隐藻门的卵形隐藻和啮蚀隐藻等。秋季（9月、10月、11月）的浮游藻类以蓝藻门藻类为主，主要的优势种为美丽颤藻及水华微囊藻；冬季（12月、1月、2月）以硅藻门藻类为主，主要的优势种为隐头舟形藻及短小舟形藻；春季（3月、4月、5月）也以硅藻门藻类为主，主要优势种为中型脆杆藻及肘状针杆藻；夏季（6月、7月、8月）以蓝藻门为主，主要优势种为简单颤藻及类颤藻鱼腥藻。可见冬春季节长广溪湿地公园河段的浮游藻类群落主要为硅藻型水体，水质较好，而在夏秋季节为蓝藻型水体，水质较差。

表4.4　无锡长广溪湿地公园各样点藻类优势种月份及季节分布（武琳，2011）

月份	季节	第一优势种	比例/%	第二优势种	比例/%	第三优势种	比例/%
9		美丽颤藻（蓝藻门）	41.5	水华微囊藻（蓝藻门）	20.3	卵形隐藻（隐藻门）	7.62
10	秋季	卵形隐藻（隐藻门）	18.8	水华微囊藻（蓝藻门）	7.3	小颤藻（蓝藻门）	6.5
11		小颤藻（蓝藻门）	33.5	简单颤藻（蓝藻门）	22.4	普通黄丝藻（黄藻门）	20.9
12		小颤藻（蓝藻门）	27.9	简单颤藻（蓝藻门）	17.3	隐头舟形藻（硅藻门）	8.9
1	冬季	隐头舟形藻（硅藻门）	19.7	双头菱形藻（硅藻门）	10.2	二角甲藻（甲藻门）	5.6
2		短小舟形藻（硅藻门）	32.1	中型脆杆藻（硅藻门）	18.3	隐头舟形藻（硅藻门）	12.9
3		中型脆杆藻（硅藻门）	20.4	尖针杆藻（硅藻门）	11.5	普通黄丝藻（黄藻门）	6.9
4	春季	肘状针杆藻（硅藻门）	14.6	短小舟形藻（硅藻门）	9.4	小球藻（绿藻门）	7.8
5		隐头舟形藻（硅藻门）	7.3	隐头舟形藻（硅藻门）	5.5	小球藻（绿藻门）	5.3
6		水华束丝藻（蓝藻门）	25.7	四尾栅藻（绿藻门）	18.2	卵形隐藻（隐藻门）	10.3
7	夏季	简单颤藻（蓝藻门）	55.3	类颤藻鱼腥藻（蓝藻门）	26.1	阿氏项圈藻（蓝藻门）	8.4
8		简单颤藻（蓝藻门）	41.2	水华微囊藻（蓝藻门）	17.3	尾裸藻（裸藻门）	7.6

　　（2）以天津市某小型景观水体为例。支彦丽（2008）通过对天津市某小型景观水体优势藻门的研究发现，其也呈现出显著的季节分布规律。图 4.1 为各藻门的季节变化图，纵坐标为藻类相对丰度，藻类相对丰度可以反应出不同月份优势藻门的变化情况。

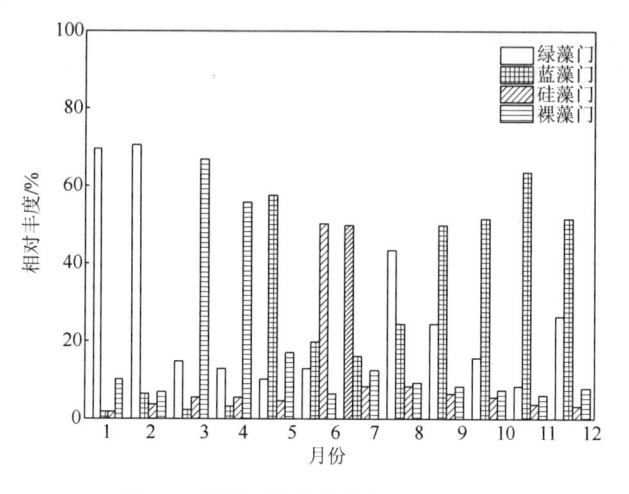

图 4.1　某景观湖优势藻门季节性变化

　　根据天津市的气候特点，一年中的 3 月到 5 月为春季，6 月到 8 月为夏季，9 月到 11 月为秋季，12 月到 2 月为冬季。图中数据表明优势藻门（或联合优势藻门）生物量占总藻生物量的百分比与非优势藻门存在显著差异。其中，春季（3～5 月）中前期裸藻门为优势藻，5 月时蓝藻门取代裸藻门成为优势藻门，此时裸藻门的生物量所占比例明显下降；夏季的优势藻为硅藻门和绿藻门，6 月硅藻门的生物量增加，成为优势藻门。7 月和 8 月绿藻门代替硅藻形成优势，夏季蓝藻门为亚优势藻，之后其生物量的比值不断增加，9 月时成为优势藻，即秋季以及冬季前期（9～12 月）优势藻为蓝藻。

　　各藻门都包括不同的藻种，在不同季节存在不同的优势藻种。图 4.2 为藻类优势种时间变化图，反应优势种生物量占总生物量的百分比。如图 4.2 所示，绿藻门的多形丝藻在 1 月和 2 月占优势；3 月裸藻门的尾裸藻为优势藻；4 月裸藻门的中型裸藻代替尾裸藻成为优势藻；5 月蓝藻门的皮状席藻生物量所占比例最高；6 月被硅藻门的梅尼小环藻取代；绿藻门的空球藻在 7 月和 8 月占优势；蓝藻门的小颤藻的优势从 9 月一直持续到 12 月。

　　藻类的演替变化与一些重要的环境因子有关。冬季中后期，裸藻（尾裸藻和中型裸藻）大量繁殖可能是由于光照增加，营养物质较丰富以及浮游动物的威胁较小所导致的；随后裸藻成为春季的优势藻。春季后期皮状席藻取代裸藻成为优势藻。梅尼小环藻代替裸藻，并在 6 月生物量达到最大。夏季中后期绿藻中的空

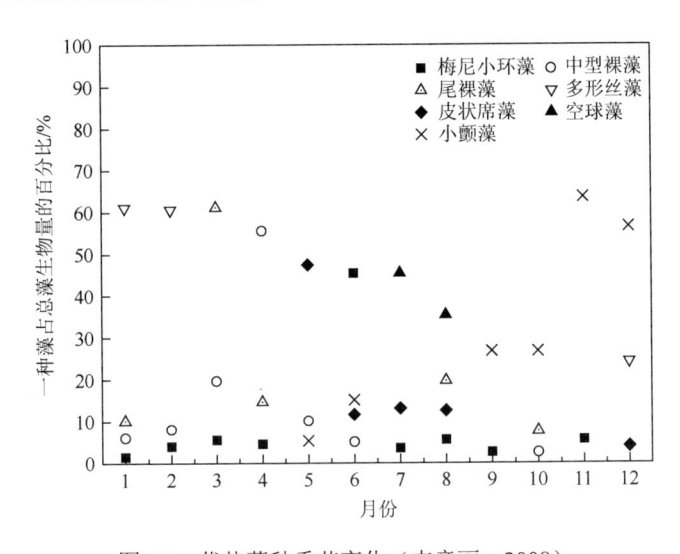

图 4.2　优势藻种季节变化（支彦丽，2008）

球藻达到最大生物量。小颤藻在秋季成为优势藻，并在冬季前期扩大了这种优势。冬季中后期绿藻门中的多形丝藻占据优势。绿藻门中的亚优势藻 12 月为多形丝藻，7 月为小空星藻。秋季小颤藻占有相对优势，为此时水华的主要藻类，并在水样中出现频率最高。成为优势藻之前这些藻生物量慢慢增加，之后生物量慢慢减少。藻门的季节变化趋势与藻种变化相同。

　　（3）以西安市丰庆湖为例。Zhao 等（2015）对以再生水为补水的景观水体如西安市丰庆湖一年的藻类变化进行分析，可以看出，全年检测到的藻类共有6 个藻门 39 个藻种，其中 15 种属于蓝藻，12 种属于绿藻，7 种属于硅藻，分别大约占总藻类的 38.46%、30.77% 和 17.95%。其余的 2 种属于裸藻，2 种属于甲藻，1 种属于隐藻，分别大约占总藻类的 5.13%、5.13% 和 2.56%。如图 4.3所示，从每月藻类组成来看，蓝藻成为第一优势藻，绿藻为其次，说明丰庆湖属于蓝藻-绿藻型水体。藻种数最多的时候出现在秋季，如在 9 月有 23 种，在10 月有 26 种，在 11 月有 25 种。藻种数在 12 月最低，只有 8 种。甲藻门和裸藻门的数量保持稳定（1~2 种），隐藻门在 7 月开始出现，在 10 月之后消失。然而硅藻的藻类数在 10 月之后呈上升水平，这说明隐藻门的数量和生长速率下降，容易被硅藻门所抑制，而且硅藻门在全年都存在，并在 9 月、10 月和 11月最丰富。

　　从丰庆湖优势藻种分析可以看出，丰庆湖大部分时间的优势藻种为假鱼腥藻（蓝藻），除了在 5 月和 6 月小球藻为优势藻种（图 4.4）。在气温最高的 8 月和 9月，弯型尖头藻（蓝藻）和鼓藻（绿藻）为第二优势藻种，说明温度高有利于藻种数量的丰富。

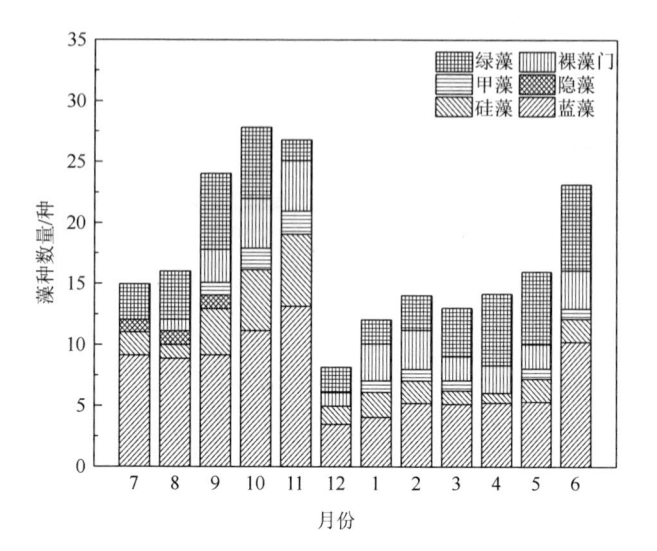

图 4.3　西安市丰庆湖各藻门的数量和各藻类的相对丰度的月变化图（Zhao et al., 2015）

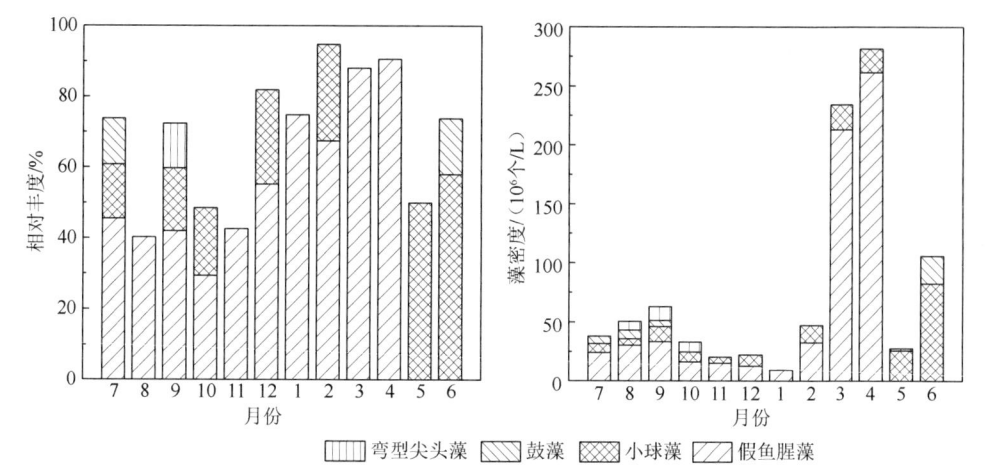

图 4.4　优势藻种相对丰度的月变化图（Zhao et al., 2015）

2）空间分布特征

（1）地域差别。我国幅员辽阔，不同地区的气候（气温、昼夜温差和光照）和土壤性质（pH 和盐度）等不尽相同，这种地域差异导致不同地区景观水体中的藻类分布和优势藻种可能存在一定的差异。

对南京市、成都市、天津市以及昆明市的典型城市景观水体典型藻类分布进行调查发现，虽然不同城市存在地域的差别，但各地区优势藻门大致相同，都存在有绿藻、蓝藻、硅藻；但各藻门的所占比例不尽相同。如图 4.5 所示，南京市的景观水体中，主要是绿藻和硅藻所占比例最大，分别为 35% 和 32%（逄晓娟，

2008）；成都市的景观水体中绿藻所占比例高达 46%，蓝藻和硅藻次之（李楠，2009）；天津市的景观水体中绿藻所占比例也达 40%，蓝藻和硅藻所占比例几乎一致（支彦丽，2008）；昆明市的景观水体中蓝藻所占比例超过了 50%，具有绝对优势（倪兆奎等，2001）。

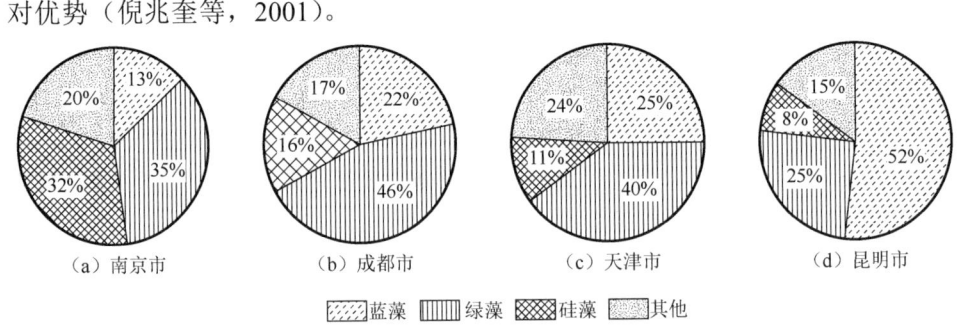

（a）南京市　　　　（b）成都市　　　　（c）天津市　　　　（d）昆明市

▨ 蓝藻　⦀ 绿藻　⊠ 硅藻　▦ 其他

图 4.5　不同城市间优势藻门的相对丰度占比

　　不同城市之间，受各自的补水水源、补水量和自身湖体的 HRT 以及水深等因素的干扰，藻类分布存在一定差异。在昆明市、西安市和天津市各选择 1 个以再生水为补水水源的城市景观水体为研究对象，分别为翠湖、丰庆湖和临港湖；并在当地选择 1 个以地表水为补水水源的城市景观水体为对比对象，分别是月牙潭、莲花湖和长虹湖，6 个湖的形状、水面面积、水深和换水周期相近。

　　通过对 6 个湖在 7～9 月的藻类分布研究可以看出，不同的地方优势藻门不尽相同，且各自所占的比例也不同。由图 4.6 可知，在以再生水为补水水源的

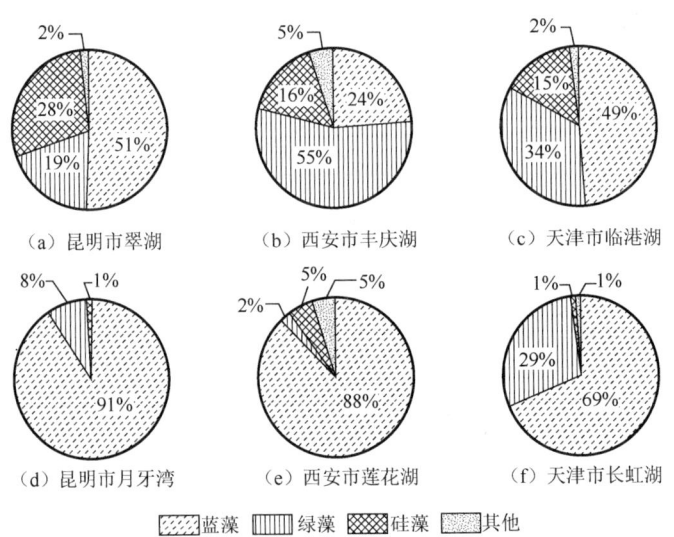

（a）昆明市翠湖　　　（b）西安市丰庆湖　　　（c）天津市临港湖

（d）昆明市月牙湾　　　（e）西安市莲花湖　　　（f）天津市长虹湖

▨ 蓝藻　⦀ 绿藻　⊠ 硅藻　▦ 其他

图 4.6　不同城市间不同补水水源下水体的优势藻门相对丰度占比（Huang et al., 2014）

昆明市翠湖中，蓝藻占绝对优势，随后是硅藻，最后是绿藻，而在西安市的丰庆湖，绿藻占绝对优势，蓝藻次之，最后为硅藻；在天津市的临港湖，蓝藻为占优藻门，绿藻次之。而以地下水为补水水源的三个景观水体，蓝藻均占有绝对优势。

（2）水体内部差异。由于水流状态、营养状态、水生植物等情况的不同，造成在同一个湖体藻种的分布呈现出水平和垂直向的差异。

① 水平分布呈现的差异。根据无锡市景观水体长广溪湿地公园河带特点，设置 10 个采样点，从各河段藻类数量的分析可知，水中有大量水生植物且河带有再生花等植物的取样点 1 藻种类数最多，为 92 种，占总种数的 45.5%，水中含有大量菱角的样点 10 的种数最少，仅为 56 种，占总种数的 27.7%（表 4.5）。可以看出，大部分的藻类在各个样点皆有分布。其中绿藻、硅藻及蓝藻是主要的藻类，占总藻类种数的 80% 以上。各个门类的藻类种数中，绿藻种类数最多，其次为硅藻和蓝藻，金藻门种类最少（武琳，2011）。

表 4.5　长广溪湿地公园各样点藻类的种类组成结构（武琳，2011）（单位：种）

藻类	样点 1	样点 2	样点 3	样点 4	样点 5	样点 6	样点 7	样点 8	样点 9	样点 10
绿藻	21	22	19	17	16	19	21	23	27	14
硅藻	33	21	14	20	16	25	18	21	19	13
蓝藻	15	12	15	16	17	18	17	14	16	12
裸藻	16	8	3	3	4	4	4	6	6	11
隐藻	3	3	2	2	2	2	2	2	2	2
甲藻	4	3	1	1	2	3	1	2	2	2
黄藻	0	1	1	1	1	1	2	1	1	2
金藻	0	0	0	1	1	1	1	0	0	1
合计	92	70	57	61	59	73	66	69	73	56

② 垂向分布呈现的差异。童琰（2012）对上海市滴水湖的藻类垂向分布特征进行研究，沿湖设置七个样点，湖心设一个样点，共八个样点，测定滴水湖 0.5m 和 1.5m 深度浮游植物种类组成如图 4.7。

总体来看，各样点不同深度浮游植物数量均为绿藻门>硅藻门>蓝藻门>隐藻门>甲藻门，表明滴水湖水体混合较为均匀，浮游植物群落组成在同深度差别较小。滴水湖 0.5m 处，浮游植物种类数以样点 2、样点 4、样点 5 和样点 7 处较高，最大值为样点 2 的 92 种，最小值为样点 6 的 74 种。1.5m 处，浮游植物以样点 1（88 种）最高，样点 6（67 种）最低。可见不同深度浮游植物种类数构成有所差别。除光照、温度和底质等影响外，滴水湖临海较大的风力作用对表层水的影响明显。

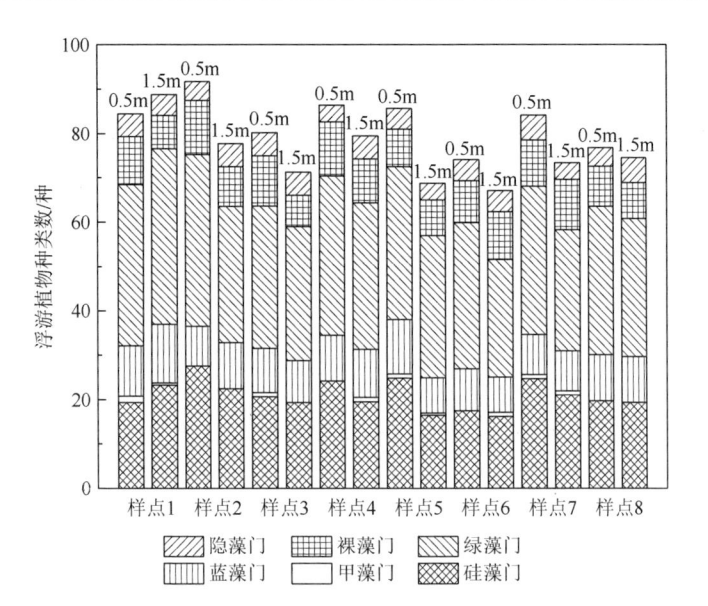

图 4.7　滴水湖不同深度下滴水湖浮游植物种类组成

　　景观水体藻类的季节性差异在水体不同深度也有所体现，表 4.6 显示滴水湖不同深度浮游植物优势种季节变化，各季浮游植物不同深度的差别主要表现在广缘小环藻、尖针杆藻以及模糊直链藻等硅藻门种类。广缘小环藻在春夏季的 0.5m深度处形成优势种，而至秋季，仅在 1.5m 深度成为优势种；尖针杆藻仅在春季表层水体较多出现；模糊直链藻在秋冬季节表层水中数量减少，未被计为优势种。绿藻门的卷曲纤维藻、硅藻门的肘状针杆藻仅春季成为优势种，隐藻门的哨烛隐藻和卵形隐藻仅在表层水成为优势种。可见除尖尾蓝隐藻、小球藻、斯诺衣藻为全年优势种，较少受水深影响外，其他各季优势种在不同深度水体的数量和在群落中的地位不尽相同。

表 4.6　滴水湖不同深度浮游植物优势种季节变化（童琰，2012）

季节	深度/m	A	B	C	D	E	F	G	H	I	J	K	L	M	N	O	P	Q	R
春	0.5	+	+	+	+	+	+	+	+	+					+	+	+		
	1.5	+	+	+			+	+	+		+						+	+	+
夏	0.5	+	+	+	+		+		+	+		+							
	1.5	+	+	+	+			+	+										
秋	0.5		+					+	+	+	+	+						+	
	1.5		+				+	+	+	+	+	+							
冬	0.5	+		+				+		+	+			+					
	1.5	+	+	+				+		+									

注：A-尖尾蓝隐藻，B-小球藻，C-斯诺衣藻，D-链丝藻，E-尖针杆藻，F-广缘小环藻，G-卷曲纤维藻，H-库氏小环藻，I-模糊直链藻，J-卵形隐藻，K-回转隐藻，L-小空星藻，M-啮蚀隐藻，N-镰形纤维藻奇异变种，O-四尾栅藻，P-肘状针杆藻，Q-池生林氏藻，R-多形异丝藻。

4.2.2　影响藻类繁殖的主要因素

藻类繁殖不仅包括藻类数量的变化，还包括藻种更替、藻类密度和藻类大小等。环境因子对藻类的影响因素主要包括营养盐、光照、风力、水生植物、食植动物、微量金属元素、水动力和其他因素（pH 和水深等）（武琳，2011）。

1. 营养盐

营养盐是浮游藻类生长的基础，也是导致富营养化的关键因素。许多研究表明，氮和磷是浮游藻类最重要的营养物质，又是常见的限制性营养元素，一方面，当氮和磷的浓度处于一定范围内时，对浮游藻类生长具有促进作用，氮磷含量决定了浮游藻类的种类及其丰度；另一方面，当氮磷含量过高或比例失调时，就会限制浮游藻类的生长，从而影响浮游藻类种群结构。戴国飞等（2015）对爱琴海北部的 Kallon 湾浮游藻类群落与陆地营养盐输入关系的研究中发现，适量的营养盐输入能够刺激不同物种的生长，增加群落的多样性，但是高营养盐的突然输入会影响到浮游藻类的自然演替，使得某些物种成为优势种，从而引发赤潮。不同季节条件下，氮磷对藻类优势种的影响也不同，当夏季水温较高，氮磷比（N/P）较大时，蓝藻容易成为优势种；春秋季节氮磷均丰富时，绿藻容易占优势。

有研究表明，当氮浓度<0.026mg/L，磷浓度<0.018mg/L 时，浮游藻类的生长繁殖就会受到限制。但不同的水环境中，限制浮游藻类初级生产的营养元素往往也不相同。例如，在一些淡水湖泊中，影响浮游藻类生长的主要限制因子是磷；对长江中下游 45 个湖泊的 15 个水质指标进行监测，也发现 TP 是影响硅藻种群分布最主要的环境因子。而在美国华盛顿州北部的一个泥沼河口，氮被认为是藻类光合作用的限制因子；同样在美国卡罗莱纳州的河口也发现，氮是藻类生长的主要限制因子，而磷只是起到一定程度的协同作用（柳丽华，2007）。

2. 光照

太阳辐射能是浮游藻类进行光合作用的唯一能量来源。光照时间及其强度都是影响浮游藻类初级生产力的重要因素。在适宜的光强范围内，光合作用率与光强呈线性关系，光照强度越大，时间越长，浮游藻类光合作用速率和代谢就越快。但是，当光照的强度超出适宜范围后，光合作用的速率就会随着光照强度的增强而逐渐下降。在一些浑浊度过高的景观水体，光照强度受水体透明度的影响，也会造成藻类光合作用减弱，限制浮游藻类的生长（武琳，2011）。

浮游藻类不但受光强及光照时间的影响，也受光照起伏性的影响。水层由于水文或者水生动物等的影响发生搅动时，浮游藻类就处于一个光照不断变化的环境中。此时对光密度适应性高的浮游藻类（如颤藻）可以充分利用光照进行光合作用，从而比其他浮游藻类更具有竞争优势。研究表明，蓝藻生长需要的维持能量较小，可以适应低光强，并且其对高光强的耐受力也较高，因此对光照具有较强的适应能力。在海水中，甲藻和硅藻比蓝藻更能适应较高的光照强度（武琳，2011）。

3. 水温

温度是影响浮游藻类初级生产力的最主要因子，当水温超出浮游藻类生长的最适温度时，其初级生产力将会迅速下降，且浮游藻类 Chl-a 浓度及浮游藻类细胞丰度与温度呈显著负相关。在其他环境条件适宜的情况下，温度每上升 10℃，浮游藻类的代谢活动强度增加 2 倍。不同种类的浮游藻类对于温度的需求存在一定的差异。对大部分浮游藻类来说，最适温度一般在 18～25℃，且每一种浮游藻类对于水温变化的承受范围是有限的。因此，季节导致的温度变化对富有藻类的群落结构具有显著影响。在温度较低、光线较强的春季，硅藻易发展为优势种，温度较高的夏季，绿藻容易成为优势种，蓝藻和裸藻则容易在温度较高、光线较弱的秋季出现（童琰，2012）。

4. 风力

风力对浮游植物的影响主要体现在扰动水体，影响水体混合度和底泥营养物质的释放。连续性大风降雨等天气会导致景观水体出现明显扰动，原本沉在底层的大量沉积物在水体扰动的情况下发生悬浮，使得沉积物中的部分氮磷营养元素释放到水中，从而使湖泊营养物质浓度产生较大波动，影响藻类生长。在景观水体常见的藻类中，硅藻适宜生长在较温暖且透明度、营养盐浓度频繁波动的水体中，而在浅水湖泊中，降雨或暴风雨会抑制蓝藻的生长。

在流速缓慢的浅水湖泊中，随着风速逐渐增大，藻类的漂移速率随之增加。研究表明，当风速为 2.8m/s 时，藻类漂移速率为 0.114m/s，若风速再上升，蓝藻群体与水体充分混合后，藻类的漂移速率反而下降，减弱了水华发生的可能（童琰，2012）。

5. 水生植物

在景观水体中，大型水生植物可以抑制浮游藻类的生长，因此被广泛应用于改善景观水体水质。我国早在 20 世纪 70 年代初就在利用高等水生植物净化水体方面做了大量的研究工作。在对不同水生植物对富营养化水体中氮磷的净化作用及其抑藻效应的研究中发现，金鱼藻、空心菜、浮萍等对富营养化水体中 TN、TP、NO_3-N 和 NH_4-N 都有较好的去除作用，水葫芦、金鱼藻和浮萍都具有较好的抑制藻类生长的作用。水生植物影响藻类繁殖的原因主要包括：①光竞争，浮于水面的大型水生植物阻挡了太阳光进入水体，使得浮游藻类不能有效利用光源进行光合作用；②营养盐的竞争，水生植物可以直接从水体中吸收营养物质，使得浮游藻类能利用的营养盐含量下降，从而影响了浮游藻类群落生长；③排斥效应，一些水生植物在生长过程中会释放一些化学物质，使得浮游藻类群落的生长得到抑制（武琳，2011）。

6. 食植动物

水体中的食植动物对浮游藻生长繁殖也有一定的影响。食植动物以浮游藻类作为主要的食物来源，使得浮游藻类生长量不能快速增加，从而影响浮游藻类的种类及数量。食植动物对浮游藻类的捕食效应取决于多方面因素，如浮游藻类的种类、形态和生理以及动物本身的种类和取食机制。研究发现，在 Narrahansett 湾大量的鲱鱼可以通过选择性择食而对浮游藻类的种群结构产生显著影响，使得大于 20μm 浮游藻类瞬时生长率的持续减少。一些短的、单个的或小群体的丝状蓝藻能够被大型浮游甲壳动物摄食；甲壳动物在食物不足时也会以小群体或分解微囊藻作为食物。鱼类也可以通过捕食食植动物来影响浮游藻类，肉食性鱼类（如鲈鱼等凶猛性鱼类）会捕食植食性鱼类（如姑鲢和鲱鱼），使得以浮游动物为食的鱼类减少，其对浮游动物的捕食也相应减少，从而使得浮游动物数量增加，并且向大型化转变，由于大型类的浮游动物对浮游藻类有较高的滤食效率和较宽的摄食范围，可以控制浮游藻类群落的繁殖，从而有效地抑制藻类水华的发生。根据这种效应，研究人员将鲢鱼和鳙鱼放养在东湖，一方面，使得微囊藻引起的水华得到了有效的控制；另一方面，食植动物通过扰动沉积物，促进营养物的释放，以及排放排泄物及自身尸体的分解，为浮游藻类提供了营养物质（秦伯强等，2006）。

7. 微量元素

微量元素是浮游藻类在正常的生命活动过程中必需的元素，它们有的作为细胞的一般或特殊结构成分，有的具有生理调节功能，如渗透压维持、酶的激活剂以及细胞内 pH 的稳定等，而有的虽然不是藻细胞生长必需元素，却以影响细胞内某种成分的合成而起作用。微量金属元素对于藻类的主要作用机理是以辅助因子的身份参与藻体内部的生物和化学反应。微量金属元素铁、钼、锰、铜、锌以及钴等是浮游藻类生长过程中所必需的。尽管这些微量元素在浮游植物体内的含量较少，但它们在生物体内却发挥着至关重要的作用。

研究表明，铁元素在浮游植物正常生理、生化反应中具有重要的作用，是藻类增长过程，主要是在光合作用和固氮过程中必不可少的营养元素，尤其在蓝藻固氮的过程中，所需的铁量可达其他藻类按相同速率增长的 10 倍。因此，当藻类群落向以蓝藻为主导演替时，铁元素就可能成为蓝藻增长的营养限制因素。有研究表明,当铁浓度在 0.1～1.0mg/L 时,藻类群落开始从绿藻向蓝藻演替(贺克雕,2010)。

锰元素对藻类生长过程中的糖酵解过程中的某些酶有活化作用,是硝酸还原酶的活化剂,缺锰就会对生物利用硝酸盐产生影响。锰属于叶绿素的结构成分,一旦缺锰,叶绿素结构就会遭到破坏、甚至解体,这是因为锰元素参与光合作用中水的光解过程,但是过量的锰会对藻细胞产生生物毒性,必然会对叶绿素的合成产生不利的影响(张铁明,2006)。

锌元素在藻类生长的众多生理生化过程中起着至关重要的作用,尤其是对葡萄糖-6-磷酸脱氢酶(glucose 6-phosphatedehydrogenase,G6PDH)和超氧化物歧化酶(superoxide dismutase,SOD)起着关键的作用,藻类光合作用和与之相关的代谢酶类如酸性磷酸酶、碳酸酐酶和碱性磷酸酶的组成均需要锌元素的参与,其中碳酸酐酶对藻类的吸收无机碳起着非常重要的作用。在适宜的锌质量浓度下,锌可提高更多酶的活性,特别是可以提高那些依赖于烟酰胺腺嘌呤二核苷酸(nicotinamide adenine dinucleotide,NAD)或烟酰胺腺嘌呤二核苷酸磷酸(nicotinamide adenine dinucleotide phosphate,NADP)酶的活性。

铜元素在低质量浓度时,可以对藻类的光合作用和呼吸作用过程中的多种酶产生辅助作用,通过这些辅助作用可以提高酶的表达量,从而促进藻细胞的生长繁殖。但是,当铜离子浓度过高时,铜就会对藻类的生长产生抑制作用甚至会产生毒害,表现为抑制藻类的光合作用、影响藻类的生长代谢、减少藻的细胞色素、致使藻细胞发生畸变等。

钼元素基本上是所有生物生长过程中都必需的微量金属元素,在水体中以阴离子的方式存在。钴元素在藻类氮的循环过程中参与氮的固定、硝化及反硝化过程。

本书将在第 6 章详细介绍藻类生长所需微量元素的作用机制。

8. 水动力

流速、流量与水体扰动是水动力条件对水体富营养化影响的主要因子。流速与水体扰动不仅对水华藻类的生长、聚集与藻类结构产生直接影响,而且对水体中营养盐的运动与混合产生影响,进而影响水体富营养化的生成、发展、持续与消亡。而流量因子则从水量与流速上对水体富营养化的发生与持续产生影响。同时,水动力条件对水体藻类生长与富营养化程度的影响并不是一个简单的线性关系,而是存在一个临界值,高于或者低于这个值都会对藻类生长与富营养化起到抑制作用。

流速是表征水动力条件最基本、最直观的因子,它对藻类的生长、聚集与分布具有十分明显的影响。目前的研究多采用室内模拟的手段,在控制其他条件一定的情况下,研究不同流速对单一藻类的影响。通过室内模拟可以得出,在其他条件满足藻类生长需求的条件下，流速和温度对藻类生长均有一定的影响，其中流速的影响作用更为显著。流速能使原来悬浮质中的一些氮磷营养元素在机械等理化和生物作用下，释放到水体中，从而影响藻类变化，最终对水体富营养过程与水华的暴发产生影响。大量研究表明，适宜的水流有利于藻类的生长和繁殖，因为水的运动使藻类不断地得到新营养物质（吴锋等，2012）。然而，较大的流速会导致较大的剪应力和切变速率，易导致藻类细胞的破坏。因此，流速对藻类生长与水华的影响存在一个最适值，即临界流速。

流量作为水动力条件的因子之一，也是影响水体富营养化的重要因素之一。在对河流进行长期观测中发现，流量的输入影响河流中浮游藻类的生物量，同时也是引起河流型水体水华现象的主要外部原因之一。流量对水体有稀释作用，从而对水体营养盐浓度产生影响；同时流量使水体营养盐的交换作用加强，从而影响水体中藻类的生长环境。水体停留时间的长短是决定藻类是否过度繁殖的重要条件，加大引水流量、减少水体停留时间是有效控制蓝藻水华的重要途径（梁培瑜等，2013）。

水体扰动是水动力条件的重要因子，影响着水体环境的稳定，对藻类生长与水体富营养化的水体环境有着必然的影响（Reynolds，1971）。水体的扰动主要来源于风场、潮汐等的扰动作用，水体中扰动场的存在能为藻类的生长繁殖提供一定的环境，适度的水体扰动往往能降低藻细胞周围代谢产物的浓度，使其生长速率与生物量均大于静止条件下的值，从而促进水体藻类的生长，最终导致水华的暴发。研究表明，水体扰动强度控制在一定范围内，浮游植物生物量及 Chl-a 浓度与扰动强度呈正相关（梁培瑜等，2013）。

9. 其他因素

水体 pH 和水流的泥沙含量等水文条件对浮游藻类的生长繁殖也有一定的影响，如隐藻在碱性环境中大量存在。

透明度是一个直观反映水质的物理特性指标，其大小取决于水体浮游生物和有机及无机悬浮物的数量。透明度与浮游藻类初级生产力的关系一般呈负相关。浮游藻类多在表层水体分布，密度高，则透明度低。透明度高的水体，初级生产力与光辐射呈线性关系，透明度影响透光率，且影响着浮游藻类初级生产力的垂直分布、补偿点深度和生产层深度（刘春光等，2004）。

水体自然状态如水深和湖泊面积及形状等，也会影响藻类的群落组成和生长。对欧洲 24 个湖体的藻类生长与不同环境因子之间的相关分析发现，藻类生长除了受 TP 的影响大之外，不同水深之间水体的藻类生长的差异性非常明显（Borics et al.，2013；Phillips et al.，2008）。对长江下游平原地区的 90 多个湖泊的多年数据分析发现，湖泊面积与湖泊平均水深对藻类生长具有显著影响，水体越小，影响越显著。平均水深小于 2m，水面面积小于 $25km^2$ 中水体的藻类生长速率明显大于平均水深大于 2m，水面面积大于 $25km^2$ 的水体（Huang et al.，2014）。

参 考 文 献

成小英, 李世杰, 2006. 长江中下游典型湖泊富营养化演变过程及其特征分析[J]. 科学通报, 51(7): 848-855.

戴国飞, 刘慧丽, 张伟, 等, 2015. 江西柘林湖富营养化现状与藻类时空分布特征[J]. 湖泊科学, 27(2): 275-281.

龚志军, 谢平, 唐汇涓, 等, 2001. 水体富营养化对大型底栖动物群落结构及多样性的影响[J]. 水生生物学报, 25(3):210-216.

贺克雕, 2010. 云南省阳宗海湖心浮游藻类分布与环境因子的变化[J]. 环境科学导刊, 29(3): 36-38.

蒋富海, 2006. CAST 工艺处理城市污水的优化控制研究[D]. 北京: 北京建筑工程学院.

金相灿, 1990. 中国湖泊富营养化[M]. 北京: 中国环境科学出版社.

李楠, 2009. 城市内湖浮游藻类时空分布与影响因子及颤藻毒性研究[D]. 重庆: 重庆大学.

李晓波, 2009. 滴水湖浮游植物群落结构变化及其水质评价[D]. 上海: 上海师范大学.

梁培瑜, 王烜, 马芳冰, 2013. 水动力条件对水体富营养化的影响[J]. 湖泊科学, 25(4):455-462.

刘春光, 金相灿, 孙凌, 等, 2004. 城市小型人工湖围隔中生源要素和藻类的时空分布[J]. 环境科学学报, 24(6): 1039-1045.

刘书宇, 马放, 张建祺, 2007. 景观水体富营养化模拟过程中藻类演替及多样性指数研究[J]. 环境科学学报, 27(2): 337-341.

柳丽华, 2007. 黄海及长江口毗邻海域浮游植物群落结构和多样性分析[D]. 青岛: 中国海洋大学.

倪兆奎, 王圣瑞, 金相灿, 等, 2011. 云贵高原典型湖泊富营养化演变过程及特征研究[J]. 环境科学学报, 31(12): 2681-2689.

逄晓娟, 2008. 浅谈我国湖泊富营养化问题[C]. 厦门: 福建省科协学术年会——水利分论坛.

彭俊杰, 李传红, 黄细花, 2004. 城市湖泊富营养化成因和特征[J]. 生态科学, 23(4): 370-373.

秦伯强, 高光, 朱广伟, 等, 2013. 湖泊富营养化及其生态系统响应[J]. 科学通报, 58(10): 855-864.

秦伯强, 杨柳燕, 陈非洲, 等, 2006. 湖泊富营养化发生机制与控制技术及其应用[J]. 科学通报, 51(16): 1857-1866.

童琰, 2012. 滴水湖浮游植物群落结构动态及其与环境因子关系的研究[D]. 上海: 华东师范大学.

王凌云, 2006. 景观水体富营养化过程的微宇宙模拟及其修复研究[D]. 哈尔滨: 哈尔滨工业大学.

王雯, 2004. 城市富营养化水体浮游植物群落结构初步研究[D]. 天津: 南开大学.

吴锋, 战金艳, 邓祥征, 等, 2012. 中国湖泊富营养化影响因素研究——基于中国 22 个湖泊实证分析[J]. 生态环境学报, 22(1): 94-100.

武琳, 2011. 景观水体浮游藻类变化及与水质因子关系分析[D]. 北京: 清华大学.

肖小雨, 龙婉婉, 柳正葳, 等, 2016. 吉安地区典型景观湖泊浮游植物群落特征及其与水环境因子的关系[J]. 生态学杂志, 35(4): 934-941.

张铁明, 2006. 微量元素——锌、铁、锰对淡水浮游藻类增殖的影响[D]. 北京: 首都师范大学.

支彦丽, 2008. 小型景观水体浮游藻类优势演替及其碳酸氢盐利用探讨[D]. 天津: 南开大学.

BORICS G, NAGY L, MIRON S, et al., 2013. Which factors affect phytoplankton biomass in shallow eutrophic lakes?[J]. Hydrobiologia, 714(1):93-104.

HUANG J, XU Q J, XI B D, et al., 2014. Effect of lake-basin mophological and hydrological characteristics on the euthphication of shallow lakes in eastern China[J]. Journal of great lakes research, 40(3): 666-674.

PHILLIPS G, PIETILÄINEN O P, CARVALHO L, et al., 2008. Chlorophyll–nutrient relationships of different lake types using a large European dataset[J]. Aquatic ecology, 42(2):213-226.

REYNOLDS C S, 1971. The ecology of the planktonig blue-green algae in the north shropshire meres, England[J]. Field study, 3: 409-432.

YAMAMOTO T, HASHIMOTO T, TARUTANI K, et al., 2002. Effects of winds, tides and river water runoff on the formation and disappearance of the Alexandrium tamarense bloom in Hiroshima Bay, Japan[J]. Harmful algae, 1(3):301-312.

ZHAO H J, WANG Y, YANG L L, et al., 2015. Relationship between phytoplankton and environmental factors in landscape water supplemented with reclaimed water[J]. Ecological indicators, 58:113-121.

第5章　藻类生长的氮磷营养物作用机制

5.1　氮磷营养物的来源与分布

水体中过量氮磷营养物是造成富营养化的主要因素。相比于流域型湖泊，城市景观水体一般具有水域面积小和自我净化能力弱的特点。因此，过量氮磷营养物的输入对富营养化的促进作用更明显。通过了解城市景观水体中氮磷营养物的主要来源、赋存形态和分布规律，有利于正确研判富营养化的特征，是控制富营养化的前提。

水体的污染物从来源的可以划分为外源和内源，其中外源又可以细分为点源和面源。从水污染的角度，点源污染主要包括工业废水和城市生活污水污染，这些污染物通常经由相对固定的排污口排入水体；面源污染（或称为非点源污染）是指污染物从非特定的地点汇入，主要是指在降水冲刷作用下，通过径流过程而汇入受纳水体。在一些研究中，大气干湿沉降也作为面源的范围。与前二者相比，水体的内源污染主要是指积累在沉积物中的污染物在一定的物理化学及环境条件下，释放出来重新进入水中，因此又被称为二次污染。

通常情况下，作为城市景观系统的组成部分，景观水体不会接收工业废水和城市生活污水的直接排入，因此其点源污染主要来源于水体的补水水源。随着城市水环境质量的提升和点源污染防治技术的不断进步，点源污染已经得到有效的控制。相比而言，由于降水径流等所导致的面源污染越来越成为城市景观水体污染物的重要输入源。研究表明，城市区域地表雨水径流中的 TN 和 TP 的浓度可达未利用土地和林地中相应污染浓度的 10～100 倍。相比于农业面源污染，城市降雨径流污染物负荷高，其污染物含量与降雨量、降雨强度和降雨历时有关，而且随着城市化程度加快、不透水面积的增加及土地利用类型的不同也影响着降雨径流污染物含量（陈友媛等，2003）。另外，城市景观水体一般处于城市公园内部，作为人们休闲、娱乐的聚集地，人类活动所引入的污染也是城市景观水体污染物的重要输入来源。此外，随着对外源的逐步有效控制，内源污染对城市景观水体水质的影响逐渐凸显。

5.1.1　氮的来源与赋存形态

1. 外源

1）补水水源

补水来源是城市景观水体最主要的营养物来源。我国水资源分布极不均匀，许多城市面临缺水问题，城市水体的补水水源也根据实际情况而不尽相同。按照水的来源可以分为常规水源和非常规水源。常规水源以地表水为主，如河水、水库引水等，非常规水源以雨水和再生水为主。通常情况下，地表水中 SS 明显多于再生水，这是由于污水再生处理过程能将水中的 SS 有效去除。地表水中以颗粒态存在的氮营养物也通常高于再生水，从 NH_4-N、NO_2-N 以及 NO_3-N 三种无机态氮来看，相比于地表水，再生水中 NO_3-N 比例要远远高于 NH_4-N，这主要源于污水处理过程中的好氧硝化过程将大部分 NH_4-N 转化为 NO_3-N，但由于反硝化过程不完全而导致一部分 NO_3-N 残留在出水当中（白文辉等，2017；蒋云龙，2015）。

本书对昆明市翠湖、西安市汉城湖和上海市滴水湖三个城市景观水体进行了污染源解析，其中昆明市翠湖长期以昆明市第四污水处理厂的尾水作为补水水源，西安市汉城湖引沣河水作为其主要水源，上海市滴水湖也以地表河流作为其补水水源。图 5.1 所示为 3 个水体中氮的赋存形态分布。从图中可以看出，以地表水为水源的滴水湖中颗粒态氮和 NH_4-N 在 3 个水体中比例最高，以再生水为水源的翠湖中 NO_3-N 在 3 个水体中比例最高。这一结论充分说明，补水水源中的氮赋存形态很大程度的影响到城市景观水体中氮形态的分布。

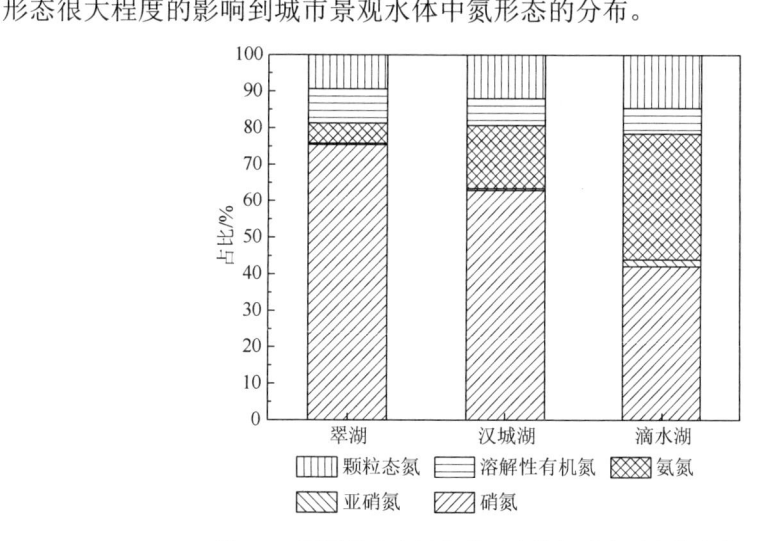

图 5.1　不同补水水源条件下水体氮赋存形态的分布

2）地表径流

城市径流污染主要是雨水对城市建筑物、城市道路、绿化带及其他地表污染物的冲刷作用后，进入河流、湖泊等受纳水体导致的水体污染。城市硬化所导致的不透水面所占比例的增加，是造成地表径流增大的直接原因。而由于人类的密集活动产生的大量污染物，随着径流直接进入受纳水体，造成严重的水体面源污染。对北京市地表径流中氮浓度的研究表明，屋面径流的 TN 平均浓度范围分别为 0.08～24.1mg/L，路面径流的 TN 平均浓度范围 2.26～8.19mg/L（任玉芬等，2013）。

另外，在径流污染形成过程中，初期雨水冲刷形成的径流中污染物浓度相对较高。

在我国小型的城市景观水体通常与城市公园或者绿地合建，水体作为公园的中心景观。公园和绿地屏障可以避免大量的城市地表径流进入景观水体，通过增加水体周边非硬化表面和绿化面积，可以有效控制降雨导致地表径流污染物输入景观水体。因此，通常情况下，只有水体周边少量硬化路面的地表径流汇入水体。

3）大气干湿沉降

大气中的各种营养元素和微量金属元素通过大气干湿沉降输入水体。气象条件对沉降量有一定影响。少量的雨水冲刷使空气中不能自由降落的尘粒降至地面，会导致沉降量增加。风力易将地面尘土吹起产生二次扬尘，增加了空气中尘量，因此风速、风向也是影响沉降量的气象因子之一。徐竟成等（2011）对上海市某城市景观水体的长期检测表明，大气沉降污染物中，有机物比例最大，其次为氮污染物，磷污染物相对较小。全年范围内，TN 的沉降通量为 $2.89\sim5.72$mg/（$m^2 \cdot d$），在本书中，由于大气降尘导致每月的 TN 累积量约为 0.13mg/L。

本书对昆明市翠湖的干湿沉降进行了长期监测，结果表明，湿沉降中 TN 浓度为 $0.505\sim4.78$mg/L，干沉降中 TN 沉降通量平均值为 560kg/（$km^2 \cdot a$）。如图 5.2 所示，可溶解性的 NH_4-N 和 NO_3-N 是干、湿沉降中的主要氮形态，其他形态氮含量较小。在湿沉降中，NH_4-N 和 NO_3-N 分别占 TN 沉降量的 67.8%和 18.49%；在干沉降中，NH_4-N 占 76.7%，NO_3-N 占 17.8%。通过计算，翠湖 TN 的大气沉降输入主要以湿沉降为主，湿沉降 TN 年输入量占大气沉降总输入量的 74.4%（郭红兵，2016）。

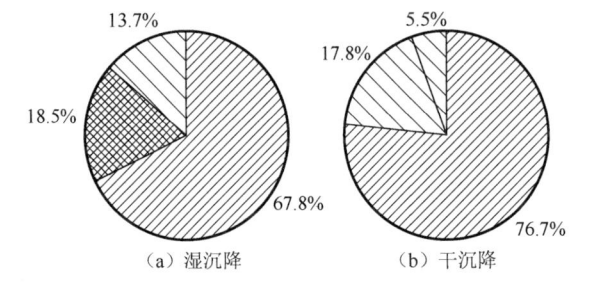

（a）湿沉降　　　　　（b）干沉降

氨氮　　硝氮　　其他形态氮

图 5.2　昆明市翠湖大气干湿沉降中氮形态的分布特征

4）其他

景观娱乐是城市景观水体的重要功能。市民和游人休闲娱乐活动也是水体氮营养物输入不可忽略的要素，如游船、垂钓等。落叶、腐败的水生植物在微生物降解过程中也会释放一定量的氮。另外，动物排泄物和游人投食也是水体氮营养物输入的一个渠道，以昆明市翠湖为例，由于气候温暖，每年 11 月至次年 4 月，大量的红嘴鸥飞抵昆明过冬，据统计，每年栖息在翠湖的红嘴鸥在 4000～8000

只。通过现场调研，每只红嘴鸥的平均 TN 排泄量为 0.255g/d，其总体对翠湖氮营养物的输入贡献达到 145kg/年。除此以外，红嘴鸥栖息季节也是翠湖游客人数最多的季节，游人的投食也为水体带来了大量的氮营养物。因此，针对特定景观水体，一些特殊的污染物输入途径需要经过专门的调查和分析。

2. 内源

对于城市景观水体而言，其底部的沉积物既是氮磷等污染物的"汇"，又是二次污染的"源"。众多研究表明，在外源污染逐步得到控制的情况下，沉积物作为水体内源对上覆水体释放氮和磷的作用会渐显重要，成为维持上覆水营养水平的主要来源。城市景观水体多为浅水型，因而单位体积上覆水与沉积物的接触面积比例较大，且具有更高的透光层，导致上覆水-底泥界面物质交换更强烈和频繁。并且，由于水深较浅，水面的扰动很容易引起底泥和上覆水之间的营养盐交换。近年来，随着对河流、湖泊研究的深入，水体底泥中营养盐的释放与富营养化的关系，已经受到很多专家学者的关注（陈永川等，2005）。

对内源释放和内源污染负荷的研究主要分为定性和定量研究：定性研究主要集中在底泥与上覆水的营养物交换过程；定量研究主要是交换通量与影响因素之间的关系。例如，pH、温度、DO、扰动等环境因子和微生物的代谢等因素对底泥中的氮磷释放产生极大的影响。一般地，底泥自上而下可分为三层：一为污染层，多呈黑色至深黑色；二为过渡层，结构疏松，含有大量沉水植物根系及茎叶残骸；三为沉积层，多为黏质夹粉质黏土。底泥-上覆水界面物质交换通常发生在表层 5～10 cm 范围内，主要表现为营养盐通过间隙水与上覆水进行物理、化学和生物的交换作用。

对昆明市翠湖底泥中的可转化态总氮（transferable total nitrogen，TTN）进行长期监测，图 5.3 为翠湖不同区域底泥中可提取各形态 TTN 含量及其占比。可以看出，在 TTN 中，各形态氮含量主要表现为：强氧化剂可浸取态氮（nitrogen in strong-oxidant extratable form，SOEF-N）>强碱可浸取态氮（nitrogen in strong-acid extratable，SAEF-N）>离子交换态氮（nitrogen in ionexchangable form，IEF-N）>弱酸可浸取态氮（nitrogen in wear-acid extractable form，WAEF-N）。SOEF-N 主要指与有机质和硫化物结合的氮形态，主要为有机氮，是可转化态氮中释放能力最弱的氮形态，其在沉积物含量在 324.34～467.12mg/kg，均值为 355.34mg/kg，占 TTN 的 37.60%～57.04%。SAEF-N 为 NaOH 可提取的固定态氮 Fe/Mn/Al 氧化物结合态氮，翠湖沉积物中 SAEF-N 含量范围为 72.26～314.45mg/kg，均值为 196.23mg/kg，占 TTN 的 14.65%～36.16%。IEF-N 在沉积物中结合能力最弱，是 TTN 中最容易释放的形态氮，沉积物中 IEF-N 含量在 34.1～175.95mg/kg，均值为 105.73mg/kg，占 TTN 的 6.25%～21.21%。WAEF-N 为沉积物碳酸盐结合态氮、黏土矿物中部分结合态氮，属于易释放态氮，沉积物中 WAEF-N 含量为 46.43～

154.65mg/kg，均值为 98.28mg/kg，占 TTN 的 6.0%～31.34%。

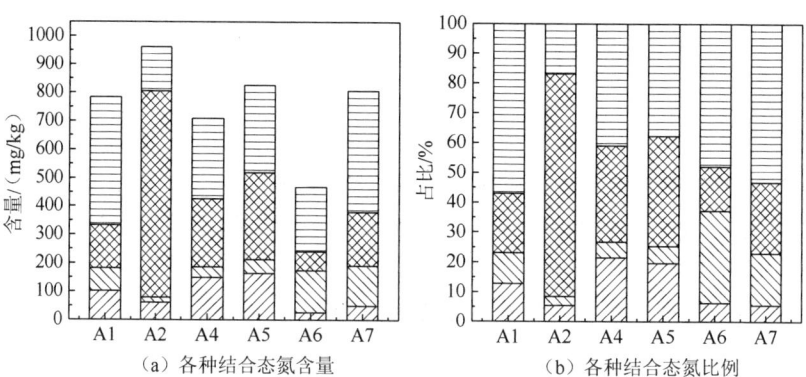

（a）各种结合态氮含量　　　　　　（b）各种结合态氮比例

SOEF-N　　SAEF-N　　WAEF-N　　IEF-N

图 5.3　翠湖底泥中 TTN 内各种结合态氮含量及比例的分布

横坐标为水体不同区域取样点，其中，A1 为再生水补水点，A5 为水体退水点，A7 为水生植物集中种植区，
其他点分别代表湖面不同区域

5.1.2　磷的来源与赋存形态

1. 外源

1）补水来源

众多研究表明，磷酸盐在绝大部分情况下是藻类生长的主要限制因子。对于大多数人工水体，补水作为各种营养物的重要输入途径，其中磷的形态对景观水体中磷形态分布有很大影响。一般而言，溶解态无机磷是藻类优先利用的磷源。再生水经过了污水处理过程，磷的形态主要以无机溶解形态出现，通常以正磷酸盐为主。图 5.4 所示为昆明市翠湖再生水补水中溶解态磷和颗粒态磷的组成情况，可以明显看出其中溶解态磷所占比例较大。

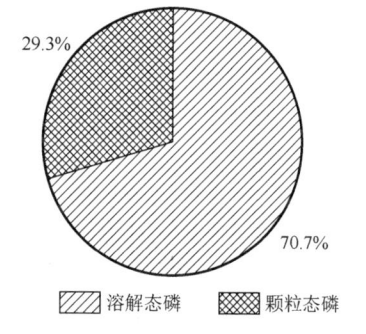

29.3%

70.7%

溶解态磷　　颗粒态磷

图 5.4　昆明市翠湖补水水源（再生水）中溶解态和颗粒态磷的组成百分比

2）地表径流

通过对天津市某雨水泵站汇集降雨径流的研究表明，汇集的降雨径流中 TP 浓度在 0.075～0.14mg/L（王秀朵等，2010）。对北京市典型下垫面形成降雨径流中磷浓度的研究表明，屋面径流的 TP 平均浓度范围为 0.0002～2.38mg/L，路面径流的 TP 的平均浓度范围为 0.15～0.28mg/L（李春亭等，2014；任玉芬等，2013）。

对 2015 年昆明市翠湖 3 次降雨过程形成的地表径流进行采样分析，结果表明，TP 浓度为 0.17～0.66mg/L，平均值为 0.38mg/L，磷主要以可溶性无机磷为主要赋存形态，占溶解性 TP 的 73.68%。

3）大气干湿沉降

如前所述，大气干湿沉降主要受到降雨和风等气象条件的影响。通过对上海市某城市景观水体的长期检测表明，TP 的沉降通量在 0.28～0.65mg/（m² · d），这一结果明显高于罗军等（2005）监测的太湖大气 TP 的沉降通量 0.21mg/（m² · d），说明城市区域内由于人类活动所引起的大气降尘中污染物强度高。本书对昆明市翠湖的干湿沉降长期监测结果表明，湿沉降中 TP 浓度为 0.006～0.11mg/L，干沉降中 TP 沉降通量平均值为 50kg/（km² · a）。如图 5.5 所示，正磷酸盐是干湿沉降中的主要磷形态，在湿沉降中占 73.71%，在干沉降中占 87.23%。通过计算，大气沉降对翠湖磷的输入中，湿沉降和干沉降的贡献基本相等。

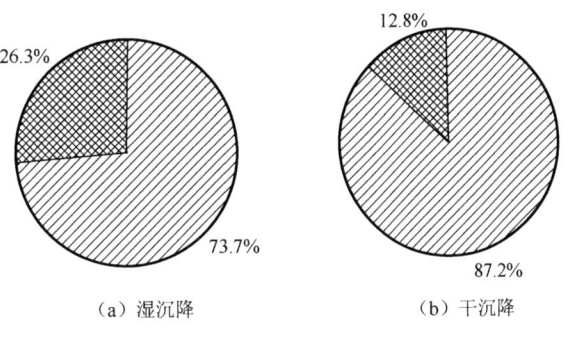

图 5.5　昆明市翠湖大气干湿沉降中磷形态的分布特征

4）其他

城市景观水体磷营养物的其他输入途径与氮营养物有相似之处，市民和游人休闲娱乐活动也是水体磷营养物输入不可忽略的要素。通过对昆明市翠湖红嘴鸥栖息带来磷营养物输入进行调研，结果显示，红嘴鸥的平均 TP 排泄量为每只每天 0.17g，对翠湖磷的输入贡献达到 96.5kg/a。

2. 内源

底泥中磷的释放机理主要有三个面：①生物释放。主要包括大型水生植物释放和细菌释放。大型水生植物的茎叶可通过分泌作用将体内的磷释放到水体中；另外，死亡后的大量植物腐殖质沉入水底，成为底泥中的一部分，细菌分解作用使底泥中的有机化合物释放出磷酸盐，从而把底泥中不溶性的磷化合物转化为可溶性的磷化合物，使其进入上覆水体中造成水体中磷的增加。②物理释放。由于底泥间隙水与上覆水间的磷存在浓度梯度，因此底泥中的磷可以首先进入泥中的间隙水中，再经过扩散、扰动和水动力等作用逐渐扩散到水-泥界面，进而扩散到上覆水体中。而水面的风速、波浪等水力扰动作用可以引起底泥再悬浮，从而能促进磷的释放。③化学释放。在好氧条件下，铁的主要赋存形态为三价，具有很强的磷吸附能力。而在厌氧条件下，铁离子被还原成亚铁离子，容易与磷生成可溶于水的磷酸亚铁盐，并且与磷酸盐一并释放到上覆水体中（胡喆，2015；王钦，2008；高光等，2000；王庭健等，1994）。

采用标准化沉积物磷形态分析法（standard measurements and testing，SMT）方法对翠湖各取样点沉积物中磷形态进行了分级连续浸提，结果如图 5.6 所示。翠湖沉积物中磷的形态以无机磷为主，在不同取样点分别占 TP 的 73.64%～99.93%。并且，从水体的进水到排水，沿着水流方向，无机磷呈现逐渐下降趋势。在绝大部分取样点，沉积物磷赋存形态比例顺序为自身钙磷（autologous Ca-phosphorus，Aca-P）>碎屑态磷（debris phosphours，De-P）>有机磷（organiz phosphorus，Or-P）>闭蓄态磷（occluded phosphorus，Oc-P）>交换态磷（exchanged phosphorus，Ex-P）>铁结合态磷（Fe-phosphorus，Fe-P）>铝结合态磷（Al-phosphorus，Al-P）。翠湖湖底为岩溶侵蚀地貌，主要为碳酸盐地质，这应该是底泥中 Aca-P 含量偏高的主要成因。Aca-P 和 Or-P 是沉积物中较为稳定的磷，在偏碱性环境下，这部分磷比较稳定。而沉积物中的 Fe-P、Al-P 以及 Ex-P，均易溶解至水体，这三种磷形态也被列入生物可利用磷（biological available phosphorous，BAP），即在一定条件下能够被藻类直接或间接利用的潜在活性磷，其潜在释放性对水体富营养化程度具有很大影响。经测定，BAP 在补水口附近较高，在出水区与水生植物集中种植区较低。

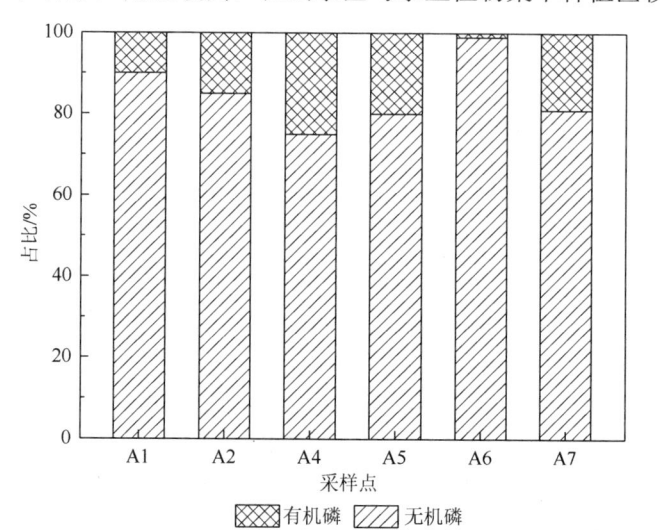

（a）翠湖沉积物中有机磷和无机磷占比

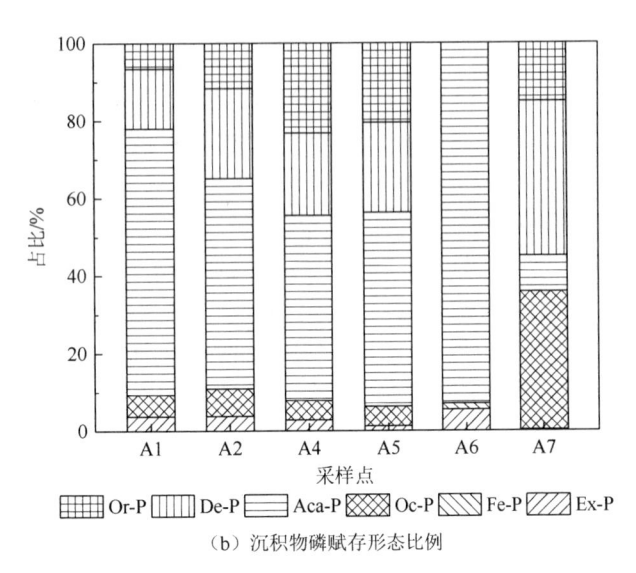

（b）沉积物磷赋存形态比例

图 5.6　翠湖底泥中磷形态的比例分布

横坐标为水体不同区域取样点，其中，A1 为再生水补水点，A5 为水体退水点，A7 为水生植物集中种植区，
其他分别代表湖面不同区域

5.2　水体中氮磷营养物的迁移转化规律

在水生动植物的作用下，氮磷等营养盐在水中，以及底泥和水之间会有相互的迁移和转化，尤其是营养物在底泥和水之间的界面传递是氮磷营养物迁移转化的研究热点。城市水体具有相对封闭性的典型特点，因此研究其迁移转化规律对控制湖泊富营养化具有重要的意义。

5.2.1　水中氮磷的迁移转化

水中的悬浮物对氮磷均有吸附和溶出作用，由此形成了氮磷营养盐在溶解态与颗粒态之间的转化。在水体中，固体悬浮物具有较大的比表面积，水中离子态的氮和磷便会吸附于其表面上，从而使得水体中氮磷从溶解态向颗粒态转化。与此同时，悬浮物本身及其表面固有的氮磷也会在水体扰动条件下溶出，而后进入到水中，从而实现由颗粒态向溶解态的转换。

浮游生物会促进水中氮磷的形态转换，特别是有机态与无机态之间的转换。藻类的生长繁殖与衰亡是普遍关注的氮磷生物转化过程，水体中氮磷均会被藻类所吸收，藻类通过生物合成和死亡藻体的分解过程来实现无机和有机之间的转化。藻类死亡后，藻类体内的有机态氮磷重新以溶解、胶体态和颗粒态的形式返回水中。与此同时，微生物的新陈代谢和协同作用也是营养物迁移转化的重要因素。

如图 5.7 所示，水中的氮在微生物作用下可以实现不同赋存形态之间的转化，如铵态氮在氨氧化菌和硝化菌的作用下可转化为 NO_2-N 或 NO_3-N，而 NO_3-N 又会在反硝化菌作用下转化为 N_2（李如忠等，2014；刘瑶等，2014；李强，2013；李克强等，2009，2007）。

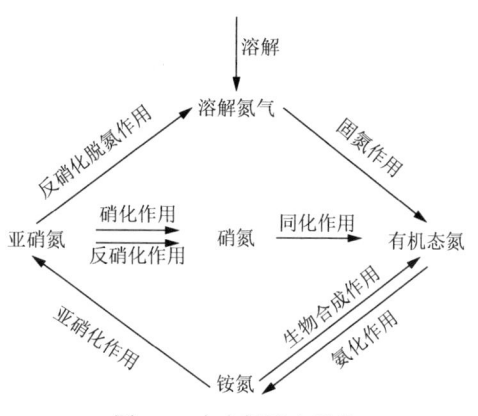

图 5.7　水中氮形态转化

　　一般而言，水体中溶解态的磷主要为无机磷，包括正磷酸盐和多聚磷酸盐。实际水体中单一形态的磷含量较低，且随着外界条件的变化，不同形态之间存在着相互的转化。一般地，正磷酸盐易被藻类所吸收利用。多聚磷酸盐主要有聚磷酸盐和偏磷酸盐两类，其不易于被藻类直接吸收利用。但聚磷酸盐不稳定，在一定条件下可以较快的转化为正磷酸盐。

5.2.2　沉积物中氮磷的迁移转化

1. 氮的迁移转化

　　氮在沉积物和水界面的迁移和转化是一个复杂的生物化学过程。底泥中的氮循环一般发生在底泥表层。如图 5.8 所示，底泥中的有机氮在矿化作用下转变为 NH_4-N 和 NO_3-N 等无机离子，造成水体和底泥之间氮浓度差，从而促进底泥中氮释放并扩散进入水体，使水体中氮浓度和营养水平上升。与此对应，水中的无机态氮也能反向扩散进入底泥。

　　如果水体的 NO_3-N 浓度较高时，底泥厌氧层中的反硝化作用就会加强，从而使得更多的 NO_3-N 迁移至底泥厌氧层，水中 NO_3-N 浓度就会下降；当上覆水中 NO_3-N 的浓度降低时，底泥厌氧层的反硝化作用也会减缓，上覆水中 NO_3-N 进入底泥的量也会减少，从而维持着水体生态系统的营养水平（杨维东等，2008；马红波等，2003）。

　　影响底泥中氮释放的因素有很多，如 DO、温度、上覆水营养物形态、pH、有机质含量、氧化还原电位、微生物作用、底泥氮的形态以及水体扰动等。

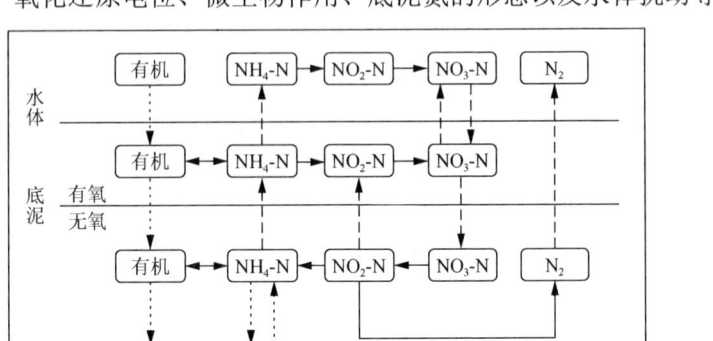

图 5.8 底泥-水界面氮迁移转化示意图（胡喆，2015）

1）DO

DO 主要通过微生物的硝化和反硝化作用直接或者间接影响底泥-水界面氮的迁移和交换。一般地，以 DO 含量为标准，可把底泥从上到下分为 4 层，即高 DO 层、亚高 DO 层、低 DO 层和厌氧层。有机质的存在能够快速消耗 DO，因此高 DO 层通常只有几毫米的厚度。因为氮化合物会在微生物的作用下相互转化，所以不同形态氮的释放能力也不尽相同。溶出的可溶解性无机氮会在底泥-水界面之间进行扩散，且如果表面水层的 DO 含量不同，可溶解性无机氮的溶解情况也不同。通常在厌氧条件下，以 NH_4-N 为主要溶出形式；在高 DO 含量时，则以 NO_3-N 为主要溶出形式，并且溶出速度要快于厌氧状态。邢雅囡等（2010）研究表明，不同 DO 水平对底泥中不同氮化合物的释放规律有着较大影响：高 DO 条件下，硝化作用增强，促使系统的 NH_4-N 向 NO_3-N 转化，并进入上覆水体，使泥水界面 NH_4-N 浓度差出现逆转，系统中的 NH_4-N 由释放转为吸附，而 NO_3-N 表现为加速释放；厌氧条件下，反硝化和氨化作用增强，泥水界面 NO_3-N 浓度差出现逆转，系统中的 NO_3-N 由释放转为吸附，NH_4-N 表现为加速释放。自然状态下，上覆水体处于好氧状态，NH_4-N 的迁移转化规律与高 DO 环境相似，而泥水界面处于兼性或厌氧环境，有利于 NO_3-N 的反硝化反应，导致水体中 NO_3-N 浓度不断降低，从而使其迁移转化规律与厌氧环境相似。

2）温度

环境温度可直接或者间接地影响底泥中硝化、反硝化以及有机物矿化速率，从而影响沉积物-水界面氮的交换能力。沉积物-水界面的吸附通常为放热过程，当温度升高时，沉积物的吸附能力下降，反之，底泥中的营养盐释放速率则升高。盛蒂等（2013）在实验设定的温度范围内，对底泥中氮的释放进行了研究。结果表明，温度越高上覆水中 TN 的含量越高。温度在 20℃和 30℃时底泥中氮的释放量明显大于 10℃时 TN 的释放量。在实验进行到第 9 天时，30℃温度下 TN 的释放量达到了峰值。究其原因，在氮的释放过程中，微生物起重要作用，底泥中的氮以有机氮为主，温度会影响微生物活性，也促进了有机氮的分解，使加速氮向水体的释放过程。反之，温度较低时微生物活性较低，一方面导致有机物的分解钙化作用减弱，另一方面使水中的氧气溶解度增大，发生硝化作用的界面层深度增加，底泥释放出的 NH_4-N 中一部分被转化为 NO_3-N，减缓了 NH_4-N 的释放速率。

3）上覆水营养盐浓度

上覆水以及间隙水之间营养盐的浓度差异决定了其扩散方向和速度。当上覆水中 NO_3-N 浓度偏高时，其从上覆水体向底泥转移并被反硝化；而当底泥间隙水中 NH_4-N 浓度偏高时，则从底泥向上覆水中转移并发生硝化作用。Usui 等（2001）采用 N^{15} 同位素示踪技术进行实验，通过对河口底泥（Tama 河口，日本）中硝化以及反硝化过程中 N_2O 的变化进行研究发现，上覆水中 NO_3-N 浓度以及 DO 含量的增加会刺激硝化和反硝化作用。

4）pH

pH 主要会影响间隙水中 NH_4-N 的迁移转化过程以及底泥中微生物的活性。底泥中氮的释放除了受生物作用外还受化学作用的影响，沉积物释放的 NH_4-N 会首先扩散至间隙水当中，然后再逐步扩散至沉积物的表面，最后进一步的向水体中扩散。通过改变间隙水的 pH 来打破沉积物中氮固定与释放之间的动态平衡，从而达到加速间隙水中 NH_4-N 向沉积物表面以及水体中的扩散。盛蒂等（2013）研究表明，酸性或碱性条件下均有利于底泥中氮的释放，酸性或碱性越强影响越大，中性条件下 TN 的释放量最小。

5）水体扰动

水体扰动也是底泥中氮迁移转化的影响因素，尤其对于浅水型城市景观水体，扰动的影响比深水型水体更加明显。本书考察扰动对昆明市翠湖底泥氮释放的影响。如图 5.9 所示，以自来水作为底泥释放的上覆水，分别在静态和动态扰动条件下测定上覆水中 TN 浓度，通过监测发现，动态实验的上覆水 TN 浓度始终高于静态实验，由此说明水力扰动有助于底泥与上覆水的交换强度，从而促进了底泥的 TN 的释放。

李一平等（2004）通过对不同扰动条件下底泥释放速率的研究，结果显示，随着流速的增大，底泥释放率呈上升趋势。当流速达到 60～70cm/s 时，上覆水中 TN 浓度和释放率均产生了一个较大的突增，底泥中的营养物质大量释放出来，此时 TN 浓度约为 11.27mg/L，是初始状态的 3 倍多；与此同时，TN 的释放率也是初始状态的 10～20 倍，这说明了水动力作用在湖泊内源氮循环中起着非常重要的作用。

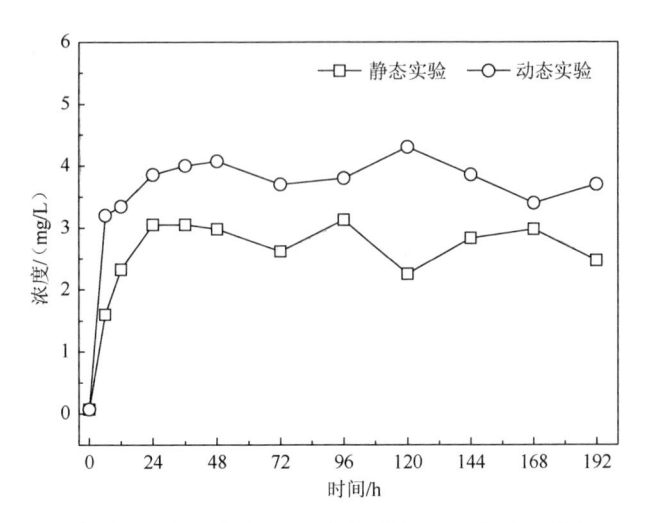

图 5.9　昆明市翠湖底泥不同条件下氮素的释放特性

2. 磷的迁移转化

与氮不同的是磷在人工水体中的迁移转化仅限于水体和沉积物之间，不会逸散至空气中。对于外部磷源得到有效控制的水体来说，底泥中磷的释放对藻类的生长，以及加速水体的富营养化有十分显著的促进作用。磷在沉积物-水界面的扩散是由内、外部因素共同作用的，并且在一定条件下是可以相互促进的。其中内部因素主要包括：底泥性质、成分以及主要的结合形式。一般地，底泥中的磷在长期的化学作用下可积累为不同形态，一般分为无机态和有机态磷，其中主要的无机态有：易交换态磷（NH_4Cl-P），金属（铁、锰）结合态态磷（$NaOH-P$），还原态磷（BD-P），钙结合态磷（HCL-P）。各种赋存形态的稳定性不同，其中 BD-P 易在厌氧（还原性环境下）释放，从而成为潜在的污染源。水体中的有机磷进入底泥后，矿化分解为可溶性的无机磷。其释放到底泥的间隙水中，造成间隙水中溶解性磷的含量升高，由于存在浓度梯度，有一部分间隙水中的溶解性磷扩散到上覆水体中，另一部分由于扩散阻力的作用向底泥沉积物中聚集。

底泥中铁的氢氧化物和氧化物对磷酸盐有较强的亲和性，能限制间隙水中的磷酸盐向上覆水体中扩散，该作用与底泥的氧化还原电位相关。底泥在氧化条件下时，只存在少量的磷释放到上覆水体中；而在还原条件下时，由铁的氧化物释放的磷可以直接从间隙水中进入上覆水体中。

总体而言，影响水-底泥界面磷交换的主要因素有 DO 和氧化还原电位、温度、酸碱性、藻类以及水体扰动等。

1）DO 和氧化还原电位

DO 和氧化还原电位主要通过影响微生物的新陈代谢和铁、锰等的氧化还原，进而来改变磷在沉积物-水界面上的迁移转化。在 DO 浓度较低时，底泥表层的氧化还原电位也比较低，铁、锰的氧化物易被还原并释放进入水中，此时铁、锰吸附以及固定的磷也将被溶解出来。同时厌氧微生物对磷的需求量较少，导致更多的磷被释放到水体中。而且，过低的 DO 会使三价铁还原为二价铁，此时与铁氢氧化物相结合的磷将会被释放并进入水体。如图 5.10 所示，亢增军（2013）通过对底泥中磷的原位化学控制实验的结果表明，在厌氧条件下，磷的累积释放量随着时间的延长不断增加，且底泥中磷的释放量明显要高于好氧条件。

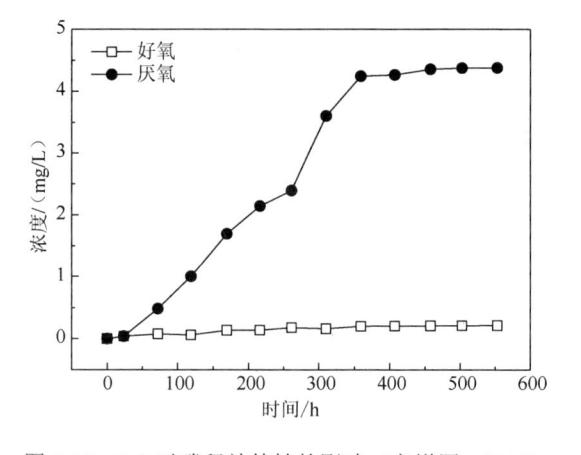

图 5.10　DO 对磷释放特性的影响（亢增军，2013）

董浩平等（2004）研究表明，当表层底泥氧化还原电位较高时（>350mV），水体中的磷酸盐会被 Fe^{3+} 固定，Fe^{3+} 和磷酸盐结合成为磷酸铁，磷酸铁不溶于水，阻止了底泥磷的释放，同时上覆水中可溶性的磷被氢氧化铁胶体吸附，并逐渐沉降至底泥表层；而当表层底泥氧化还原电位较低时（<200mV），底泥磷的释放能力增加，这主要是因为 Fe^{3+} 易被还原为 Fe^{2+}，使磷酸铁转化为可溶态化合物，被磷酸铁吸附的磷酸盐解析并释放到上覆水中，与此同时，氢氧化铁转化为氢氧化亚铁，由不溶态转化为可溶态，上覆水中 TP 浓度不断增加。

2）温度

一般而言，温度升高会促进底泥的各种物理化学过程以及增加底泥生物的活性。温度与底泥磷的释放速率呈正相关，温度越高，磷释放量越大。王庭健等（1994）通过对南京玄武湖中底泥磷的释放特性研究证明，35℃时底泥磷的释放速率是25℃时的 2 倍左右。温度升高，能增强微生物对有机物的分解，导致 DO 浓度和氧化还原电位的降低，并将 Fe^{3+} 还原为 Fe^{2+}，此时磷会从 $FePO_4$ 和 $Fe(OH)_3$ 的沉淀中释放出来，因此夏季底泥中磷的释放量要明显高于冬季。

选取西安市内三个基于不同水源补水下的人工水体，对其不同温度下的潜在释放风险做了相应的研究。如图 5.11 所示，3 个水体的磷释放速率随温度升高而增快，同时其释放量也随温度升高而增大。

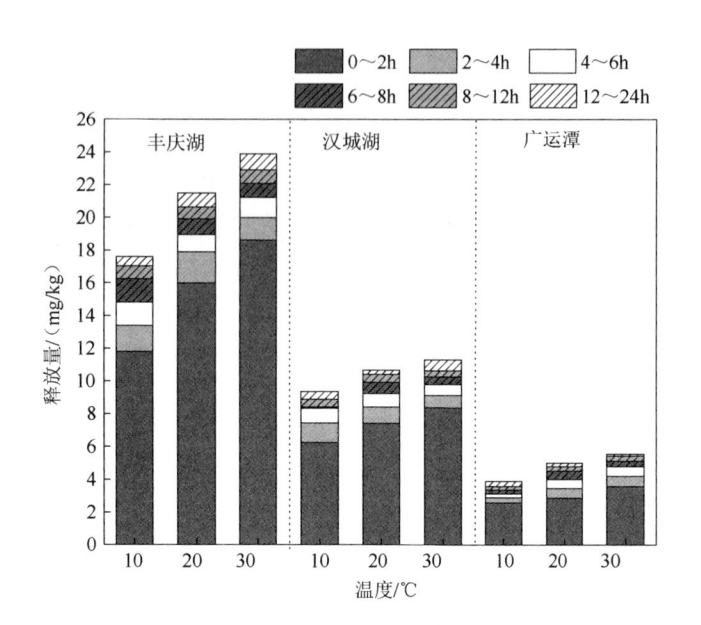

图 5.11　不同温度下西安市丰庆湖、汉城湖以及广运潭底泥 TP 的释放特征

　　吸附与释放平衡时的浓度（EPC_0）是表征沉积物吸附或释放磷的重要参数，高 EPC_0 意味着高释放风险。基于图 5.11 的释放过程，计算了不同温度下的 EPC_0 值，如图 5.12 所示，EPC_0 值为拟合曲线在 X 轴的截距。可以看出，三个湖的 EPC_0 值均随着温度的升高而增大，而丰庆湖的 EPC_0 值在三个湖中最高，且在温度为 30℃下其 EPC_0 高达 0.1mg/L，即当其上覆水中磷浓度<0.1mg/L 时，底泥即表现为内源，且随着温度的升高底泥释放磷的风险也随之加大。

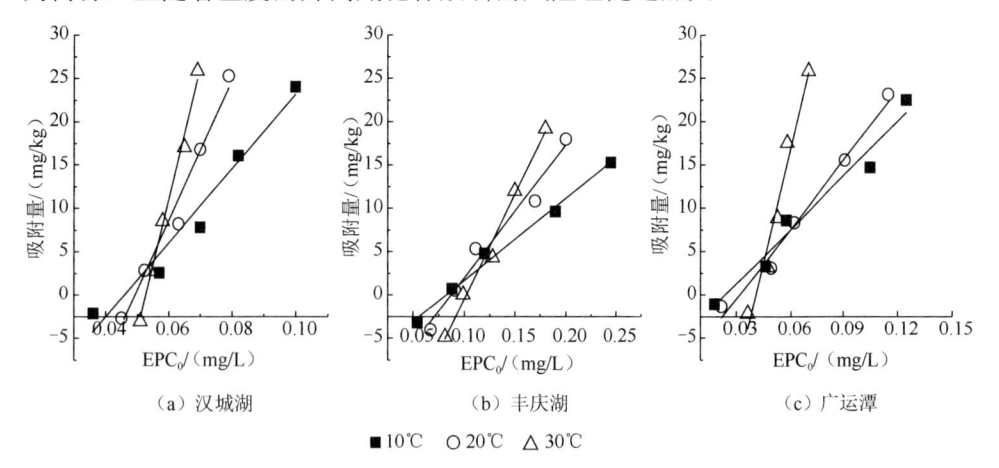

图 5.12　不同温度下西安市三个水体底泥释放实验的 EPC_0

3）pH

当无其他因素影响时，pH 为 7 左右会抑制底泥中磷的释放。偏酸和偏碱环境均能促进底泥中磷的释放。pH 较低时，PO_4^{3-}-P 主要以溶解释放为主；pH 较高时，则以离子交换为主，被束缚的 PO_4^{3-} 与阴离子发生竞争，底泥磷的释放增强。取太湖四个不同点位的底泥，进行 pH 对底泥中磷释放的影响研究（图 5.13），结果表明，极端的 pH 会改变底泥沉积物特性，进而影响磷的释放。基本趋势表现为，pH 在 2~6，释放速率随着 pH 升高而降低，而当其 pH 在 6~12 时，随着 pH 升高其释放速率也随之增加。因此，酸性和碱性条件下均有利于底泥磷的释放，但碱性条件更有利于其释放。

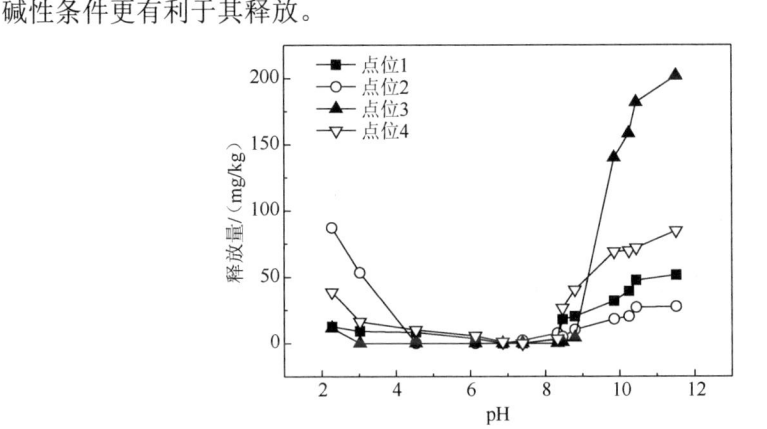

图 5.13　pH 对磷释放的影响（Jin et al., 2006）

4）水体扰动

当水体发生扰动时，底泥中磷的释放量要远远高于静止状态下磷的释放量。李一平等（2004）在太湖底泥释放动力学研究中发现，底泥磷的释放速率与水体流速为指数增长的关系。当水体流速较低时，底泥磷释放速率无明显变化，主要是由于底泥只是受到了轻微的扰动，只有间隙水中的营养物质在释放，而底泥并未大量悬浮。而当水体流速较高时，随着流速的增大，上覆水中 TP 浓度和底泥释放率较前一阶段有明显上升，主要是由于此时已有部分底泥开始大量运动，小颗粒悬浮到了上覆水体中，带动了吸附在其上的营养物质进入水中，同时，下层的底泥间隙水也得以大量释放，致使水体 TP 浓度升高。这充分说明了水动力作用在湖泊内源磷循环中起着非常重要的作用。

本书考察了扰动对昆明翠湖底泥中磷的释放影响。释放实验分为静态和动态两组，两组的上覆水为自来水。图 5.14 所示为上覆水 TP 浓度的变化曲线。可以看出，动态组释放量大于静态组，说明扰动促进了底泥中 TP 的释放。这一结果表明，水力扰动加快了补水与上覆水中磷的交换，加大了沉积物与上覆水之间的磷物质的交换强度，有助于上覆水与沉积物界面含磷颗粒的再悬浮、溶解态磷及磷酸盐释放行为。

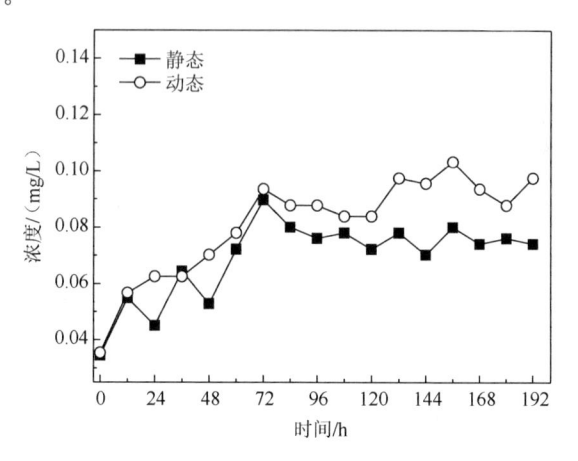

图 5.14　不同条件下昆明市翠湖底泥磷的释放特性

5）藻类生长

藻类的生长会利用水体中的磷酸盐，从而导致水中浓度降低，与底泥之间形成了浓度差。为了探究藻类生长对底泥中磷释放的影响，Cao 等（2016）比较了四种条件下上覆水中藻类和溶解性可反应磷（souble reactive phosphate，SRP）的含量变化，这四种条件分别为：W-只有水；AW-藻+水；SW-底泥+水；SWA-底泥+水+藻。如图 5.15 所示，在 SWA 中，Chl-a 浓度和上覆水中 SRP 浓度均为最高。因此，藻类繁殖生长能为底泥中 P 向水中释放提供驱动力，从而使得更多的磷从底泥迁移至上覆水中。

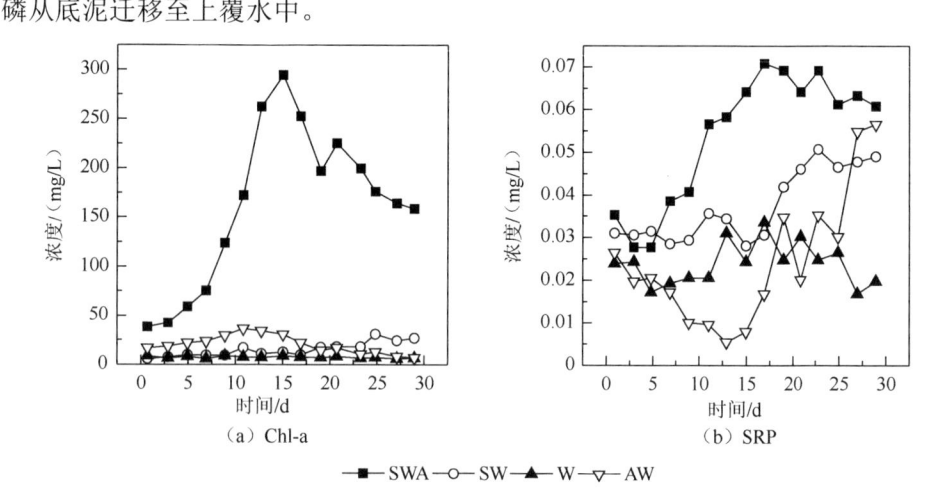

图 5.15　藻类生长对磷释放的影响（Cao et al., 2016）

5.3　氮磷营养物对藻类繁殖的影响

氮和磷是藻细胞内部核酸、磷脂、蛋白质和三磷酸腺苷等的基本组成元素，在能量代谢中起着非常重要的作用。水体中氮和磷的含量，不但影响着浮游藻类细胞对营养的摄取能力与生化组成，同时还关联着藻类的群落结构以及初级生产力。

氮在水体中分为无机氮和有机氮两类。前者主要有 NH_4-N、NO_2-N 和 NO_3-N，后者是指含氮化合物，如氨基酸、尿素与蛋白质等。这些物质被初级生产者利用的过程不尽相同，NH_4-N 和 NO_3-N 是被利用最多的。有学者通过正交试验，研究了不同营养水平下的 NO_3-N、NO_2-N 以及 NH_4-N 随藻类生长的变化情况。结果表明，在无机氮的利用中藻类倾向于先吸收 NH_4-N。磷元素在水体中主要以正磷酸盐、聚磷酸盐、有机磷和偏磷酸盐的形态存在，其中大部分以正磷酸盐形态存在，正磷酸盐对于藻类等初级生产者是最为重要的磷形态。

氮和磷在水体中呈现复杂的动态平衡，这一平衡涉及到分布、分解、释放、循环、生物吸收、回归、沉淀等过程和环节。研究这些过程和环节的规律，对研究富营养化过程具有重要意义。氮和磷是藻类繁殖的主要影响因子，对不同氮磷浓度水平下，以及不同形态的氮磷对藻类繁殖规律进行研究很有必要。

5.3.1　磷因子的影响规律

藻类主要由 C、O、H、N 和 P 等元素组成，环境中某种元素过度缺乏将会影响藻类的正常生长，这就是不同营养限制的概念。磷元素的缺乏会妨碍藻类正常生理代谢活动，从斯托姆提出的藻细胞经验化学分子式 $C_{106}H_{263}O_{100}N_{16}P$ 中可以看出，磷元素占藻的相对分子质量的比例小于其他四种元素。根据李比希最小因子定律，可以解释藻类生产量主要取决于藻类所在水环境中磷的浓度。在富营养化过程的前期，磷作为藻类增殖的限制性因子，其在水体中含量的升高，将会引起藻类大量繁殖。

磷元素在水体中主要以正磷酸盐、聚磷酸盐、有机磷和偏磷酸盐的形态存在，其中大部分以正磷酸盐形态存在，正磷酸盐对于藻类等初级生产者是最为重要的磷形态。能够被藻类直接利用的磷以及通过自然发生过程能够转化为藻类可吸收状态的磷，被称为生物可利用磷。通过缓慢地矿化过程或是分解作用，聚合磷酸盐和有机磷化合物也能够生成生物有效磷。

1. 磷浓度对藻类生长的影响

以 KNO_3 为氮源，保证实验过程中氮源充足；以 K_2HPO_4 为磷源，设置 TP 浓度分别为 0.02mg/L、0.05mg/L、0.1mg/L、0.2mg/L、0.4mg/L、0.5mg/L、1mg/L

和 2mg/L，考察磷浓度对藻类繁殖影响。如图 5.16 所示，结果表明，低磷浓度条件下（TP 浓度为 0.02～0.05mg/L），藻类增殖较慢，TP 浓度变化与藻类生长无明显关系；中磷浓度条件下（TP 浓度为 0.1～0.4mg/L），磷浓度的变化与藻类的增殖速度明显相关，浓度越高，藻类繁殖越快；与低、中磷浓度条件相比，高磷浓度条件下（>0.4mg/L）藻类生长量大幅增加，但在此浓度条件下，TP 浓度的进一步升高并没有显著促进藻类生长。

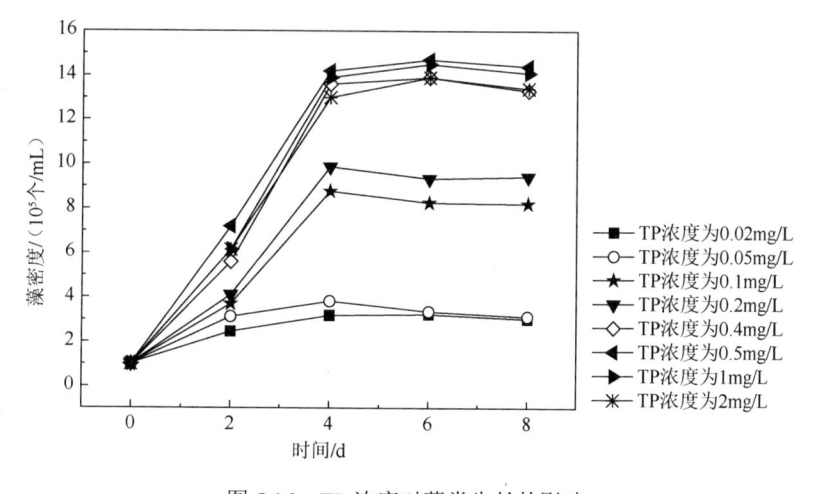

图 5.16　TP 浓度对藻类生长的影响

　　另外，本书还开展了不同氮浓度和不同磷浓度的正交实验，当初始 TN 浓度分别为 2.5mg/L、5mg/L、10mg/L 和 15mg/L 时，TP 浓度设置为 0.02mg/L、0.05mg/L、0.1mg/L、0.2mg/L、0.5mg/L、1mg/L 以及 2mg/L。实验重点考察了磷浓度对比增长率的影响。由图 5.17 可知，七组磷浓度下藻平均比增长率有明显差异，随着

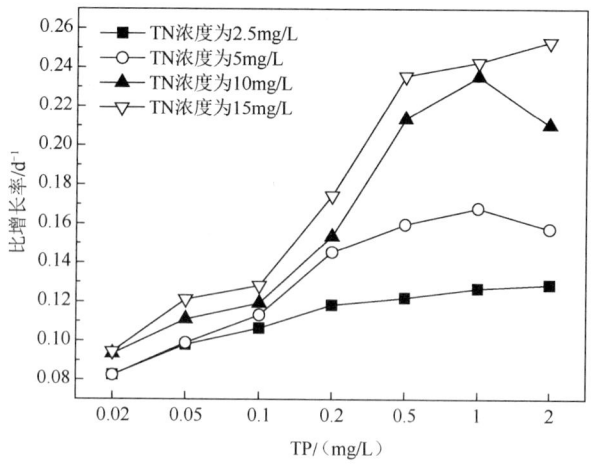

图 5.17　不同 TN 浓度下 TP 浓度对藻类生长的影响

TP 浓度的增加，比增长率呈现正增长。说明在所有 TN 浓度条件下，TP 浓度变化对藻类生长速率有明显影响。

除此以外，通过实验结果还可以总结，对藻生长速率有明显促进效果的磷浓度范围为 0.02~1mg/L，并且，当 TN 浓度为 5mg/L 和 10mg/L 时，这种影响更加明显，不过在 5mg/L 和 10mg/L 这两个 TN 浓度条件下，过高浓度的磷（>1mg/L）会抑制藻类生长。

2. 不同磷源对藻类生长的影响

地表水体中的溶解磷主要为无机磷（占 60%~80%），无机磷主要包括正磷酸盐和多聚磷酸盐。浮游植物对不同形态磷酸盐的代谢机理不同，其中正磷酸盐是最容易被浮游植物吸收，且对浮游植物生长促进作用显著的一种磷酸盐。多聚磷酸盐主要有聚磷酸盐和偏磷酸盐两类，其不易于被藻类直接吸收利用。但聚磷酸盐不稳定，在一定条件下可以较快的转化为正磷酸盐。

钱善勤等（2008）选取三种不同形态的磷酸盐：磷酸氢二钾（K_2HPO_4）、焦磷酸钠（$Na_4P_2O_7$）和三聚磷酸钠（$Na_5P_3O_{10}$）作为磷源，TP 浓度均设置为 5.44mg/L，研究在相同 TP 浓度条件下，铜绿微囊藻与蛋白核小球藻对 3 种不同形态磷盐的吸收利用能力。图 5.18 所示表明，铜绿微囊藻和蛋白核小球藻均能利用 3 种不同形态的磷盐进行生长，但是在磷酸氢二钾中铜绿微囊藻和小球藻的生长要显著优于其他磷盐条件。

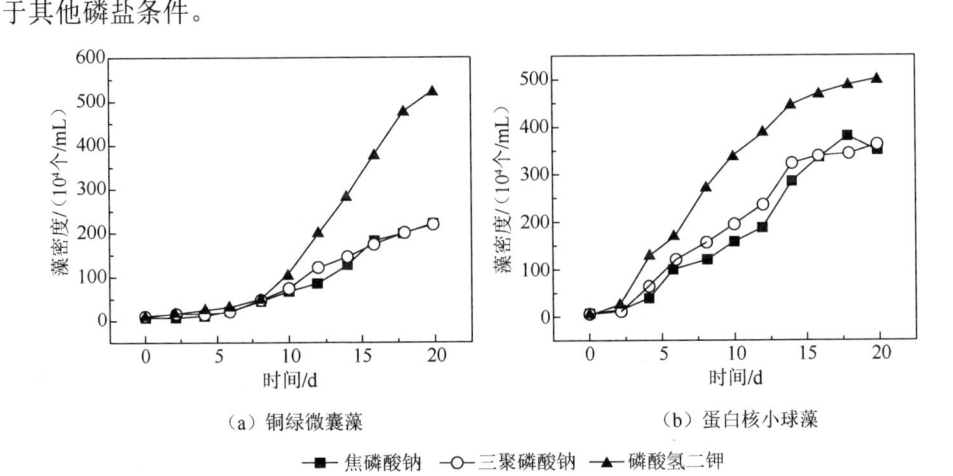

（a）铜绿微囊藻　　　　　　　　（b）蛋白核小球藻

■ 焦磷酸钠　　○ 三聚磷酸钠　　▲ 磷酸氢二钾

图 5.18　不同形态磷对铜绿微囊藻和蛋白核小球藻生长的影响（钱善勤，2008）

另外，一些研究者也认为，有机态磷在藻类生长中同样发挥重要作用。有学者在研究不同磷源对铜绿微囊藻生长的影响时发现，甘油磷酸钠比磷酸氢二钾更有利于对数期铜绿微囊藻的生长（苏春风等，2013；邹迪等，2005）。异胶藻在无机磷、蛋黄卵磷脂及6-磷酸葡萄糖条件下都能很好地生长，但该藻在培养初期更容易利用大分子的卵磷脂。

为了进一步了解不同磷源对藻类生长的影响，本书研究了分别以磷酸氢二钾、甘油磷酸钠、卵磷脂代表无机磷、小分子有机磷以及大分子有机磷源对铜绿微囊藻的生长影响。

从图5.19中可以看出，以无机磷磷酸氢二钾为磷源时溶解性正磷酸盐含量总趋势是在减少的，主要由于藻细胞在接触到大量可直接利用的无机磷酸盐时，藻细胞迅速调整细胞状态，使细胞处于较为活跃的吸磷状态，为后期藻细胞的大量增殖做能量与物质准备。高浓度的无机磷酸盐大量直接进入细胞内促进藻细胞的增殖，藻细胞数量大量增加而单个藻细胞的体积增长有限，藻细胞吸收的磷主要用于增殖，部分磷酸盐合成聚磷储存在细胞中。

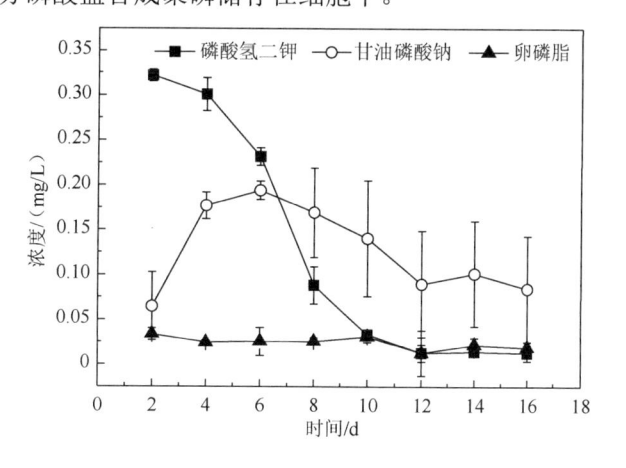

图5.19　不同磷源下磷酸盐浓度随时间的变化曲线

一般地，碱性磷酸酶活性（alkaline phosphate activities，APA）与水体富营养化程度成正相关，当溶解性无机磷含量很低时碱性磷酸酶会被激活，因此碱性磷酸酶活性的检测有助于分析藻细胞对磷源的吸收转化状况。研究发现铜绿微囊藻的生长速度取决于胞内磷而不是胞外磷，磷饥饿细胞可在2~3h内吸收大量的磷，一直达到自身质量的2%。碱性磷酸酶属于胞外酶，其主要功能是从外界向细胞提供磷源，在细胞内磷源相对充足时酶的活性比较低。APA与磷营养水平之间呈明显的负相关关系，这种关系常被一般性地称作"抑制-诱导机制"。如图5.20中所示，起始阶段的APA量很少，而后逐渐增多且增长速率较快。由于磷酸氢二钾可以被藻类直接吸收利用，在起始阶段藻细胞中已经吸收了大量的磷于细胞内部，此时APA含量很低；随着藻细胞的生长增殖需要消耗大量的磷源，藻细胞内磷源不足，而APA也随之逐渐增加。当藻细胞进入对数增长期时，藻细胞大量增殖，溶解性正磷酸盐的含量急剧减少直至耗尽，而APA发生跃增。关于APA的调控机理研究发现，浮游植物体内的碱性磷酸酶是一种诱导酶，在磷限制时才会被诱导激活，后来研究发现高浓度下溶解态无机磷对 APA 的影响微不足道，在溶解态无机磷浓度很低时，碱性磷酸酶的活性才会被迅速提高。

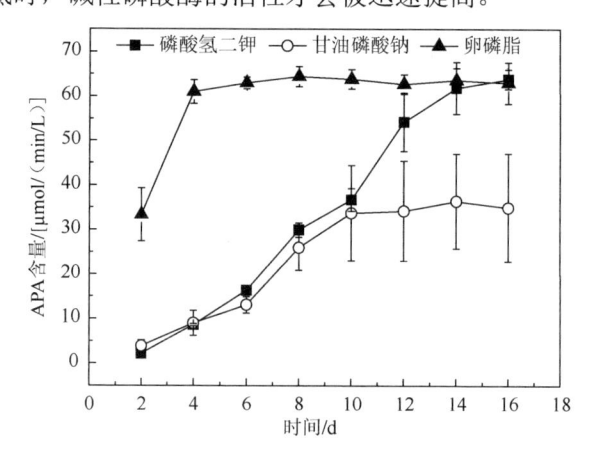

图 5.20 不同磷源培养下碱性磷酸酶活性随时间的变化曲线

结合图 5.19 和图 5.20 可以发现，以小分子有机磷甘油磷酸钠为磷源时，溶解性正磷酸盐先增加后减少。与之对应，起始阶段的 APA 量很少，而后逐渐增多但增长缓慢。甘油磷酸钠为小分子有机磷，需要被 APA 水解才能转化为磷酸盐。APA 增加为藻细胞提供了相对充足的磷酸盐，随着正磷酸盐的不断积累，APA 也逐渐趋于稳定。

以大分子有机磷卵磷脂为磷源时，由于溶解性正磷酸盐缺乏，APA 一直处于较高水平。研究显示，蓝藻在大分子有机磷作为磷源的情况下，培养基中的 APA 活性会迅速提高，磷饥饿条件下的藻细胞需要大量吸收磷，由于卵磷脂较难分解，产生的磷酸盐数量有限，导致 APA 含量较高且比较稳定。

由图 5.21 可以看出，不同磷源下藻细胞生物量间存在显著性差异（$P<0.05$）。以磷酸氢二钾为磷源时，培养期内最大藻细胞数量可达到 4.95×10^6 个/mL，显著高于以有机磷为磷源时的最大藻细胞数量。以小分子有机磷甘油磷酸钠为磷源时，对数培养期内藻细胞数量增长较以无机磷时缓慢，最大藻细胞数量可以达到 3.86×10^6 个/mL。以大分子有机磷卵磷脂为磷源时，在整个培养期间藻细胞增长最慢，藻细胞数量增加不明显。

已有研究表明，无机磷比小分子有机磷的利用效果好，其中正磷酸盐是最易吸收和利用的一种磷源，而小分子有机磷和大分子有机磷都需经过诸如碱性磷酸酶等水解转化为磷酸盐后方可被利用，并且小分子有机磷比大分子有机磷转化为磷酸盐更为容易（苏春风等，2013；邹迪等，2005；张民等，2002）。不同磷源下藻细胞对数生长期的持续时间也有所差异。以磷酸氢二钾为磷源时，藻细胞的对

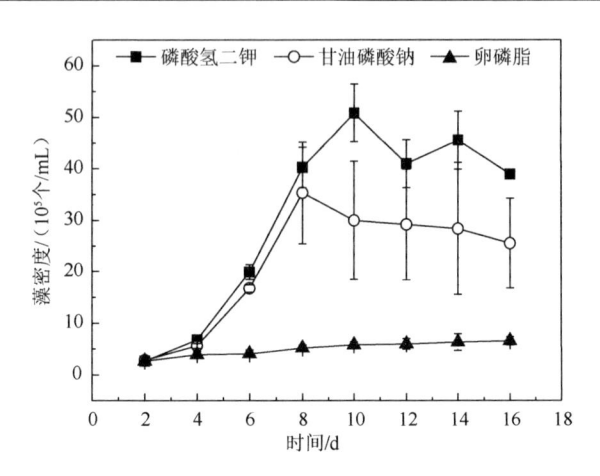

图 5.21　不同磷源下藻生长曲线

数生长期持续时间较长：第 4 天开始到第 16 天结束；以甘油磷酸钠为磷源时，对数生长期持续时间稍短：第 4 天开始第 10 天结束；以卵磷脂为磷源时，对数生长期持续时间非常短：第 4 天开始第 6 天结束。

5.3.2　氮因子的影响规律

1. 不同氮浓度对藻类繁殖的影响

如图 5.22 所示，王静（2016）通过实验，研究了在几个代表性 TP 浓度下，不同 TN 浓度对藻类生长特性的影响。

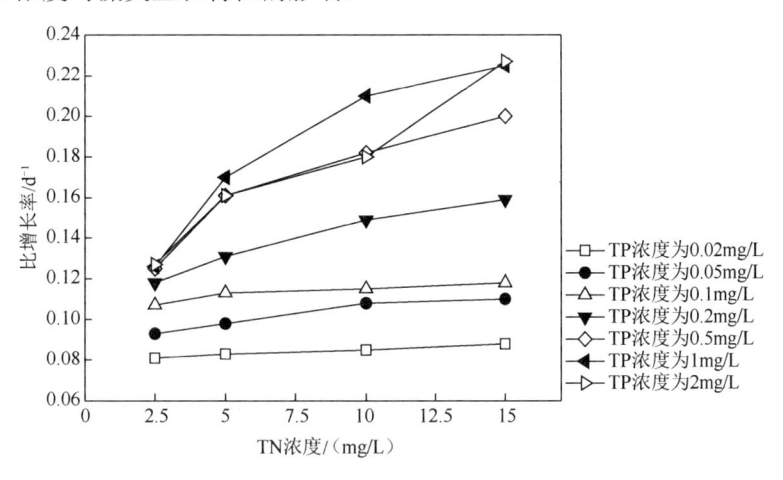

图 5.22　不同 TN 浓度对藻类比增长率的影响

当 TP 浓度为 0.02mg/L 时，TN 浓度为 2.5mg/L、5mg/L、10mg/L 和 15mg/L 条件下，藻平均比增长率分别为 $0.082d^{-1}$、$0.082d^{-1}$、$0.084d^{-1}$ 和 $0.085d^{-1}$，不同 TN

浓度之间并没有显著差别。当 TP 浓度升高到 0.05mg/L 时，不同 TN 浓度下的藻平均比增长率的差异开始显现出来，TN 浓度与比增长率呈现正相关关系。随着 TP 浓度从 0.05mg/L 提高到 0.5mg/L，TN 浓度增大对藻类生产的促进作用逐渐明显。当 TP 浓度为 0.5mg/L、1mg/L 和 2mg/L 时，TN 浓度的变化对藻类生长影响的差异已经很明显，TN 浓度和比增长率的正相关性也更加显著。

　　图 5.23 为李鑫等（2009）在 TP 浓度为 1.3mg/L 时，不同 TN 浓度下藻类生长曲线。可以看出，随着 TN 浓度从 2.5mg/L 升高至 25mg/L，最大藻密度逐渐升高，其中 TN 浓度为 25mg/L 时，最大藻密度达到 $>10^7$ 个/mL。因此，TP 浓度较高时，增加 TN 浓度对藻类生长有明显的促进作用，这是因为磷浓度的升高，能够促进藻类对氮元素更多的吸收。这一结论与众多相关研究的结论相吻合。

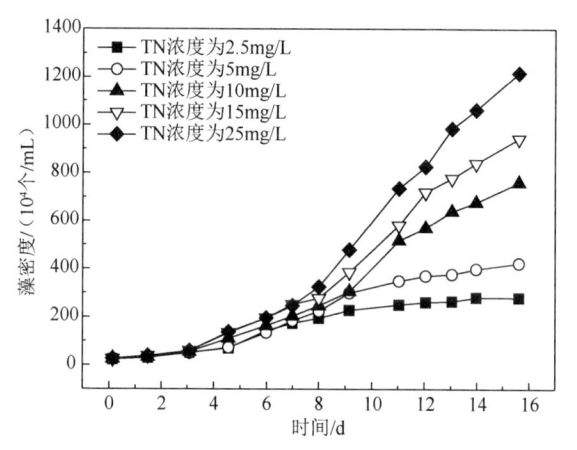

图 5.23　不同 TN 浓度对藻密度变化的影响（李鑫，2009）

2. 不同氮形态对藻类繁殖的影响

　　氮是 Chl-a 的主要成分，对植物光合速率、暗反应主要酶的合成以及光呼吸等都有明显的作用，直接或间接影响着光合作用。细胞利用氮源时，Chl-a 合成量随着细胞内含氮量的增大而升高。相反，细胞对氮源利用减少后 Chl-a 含量则随之减少。如前所述，在不同补水水源中氮素的形态也不尽相同，而在城市景观水体中，不同形态的氮对藻类繁殖影响也存在差异。已有的研究主要集中在 NH_4-N 和 NO_3-N 两种无机氮形态对藻类的生长影响。有研究表明，相对于其他形式的氮，藻细胞更易吸收 NH_4-N，但通常又认为高浓度 NH_4-N 抑制微囊藻的生长（陈文煊等，2008）。唐全民等（2008）指出 NH_4-N 浓度大于 0.5mmol/L（7mg/L）时，藻细胞比生长速率略降低，达到 40mmol/L，微囊藻的生长则受到严重抑制。张突等（2007）的研究认为这一抑制作用主要在于，较高的 NH_4-N 浓度抑制藻细胞谷氨酰胺合成酶的活性，进而影响氨基酸的代谢和蛋白质的合成，同时较高的氮浓度不利于蓝藻糖分积累。

张亚丽等（2011）研究了 NH$_4$-N 和 NO$_3$-N 影响微囊藻生长特性的差异。如图 5.24 所示，当 NH$_4$-N 浓度处于 0.05～2mg/L 范围时，微囊藻最大生物量和比增长率均随 NH$_4$-N 浓度的增加而逐步增大，与低浓度组相比有明显差异，但当 NH$_4$-N 浓度为 10mg/L 时，最大生物量和比增长率略有下降。而 NO$_3$-N 浓度的升高能明显促进微囊藻的生长，各浓度组存在显著性差异。另外如图 5.25 所示，在各个浓度下，NO$_3$-N 的比增长率均表现为较高。

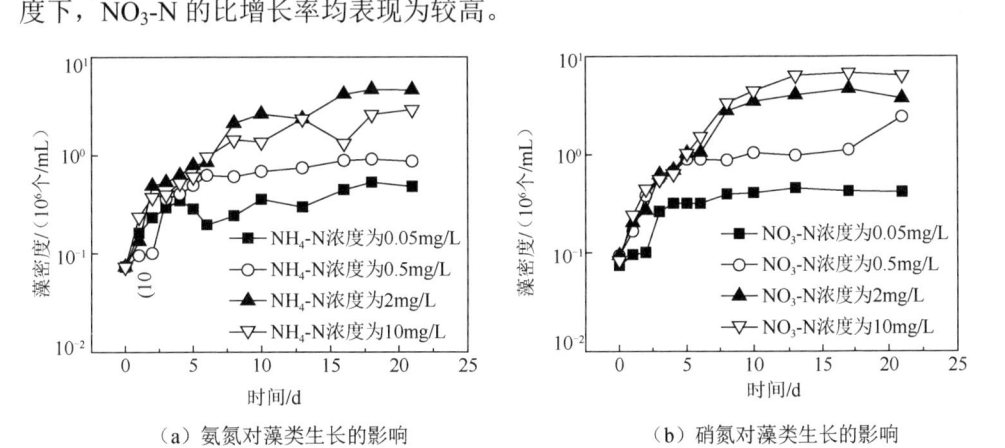

（a）氨氮对藻类生长的影响　　　　　（b）硝氮对藻类生长的影响

图 5.24　不同形态氮对藻类生长的影响（张亚丽，2011）

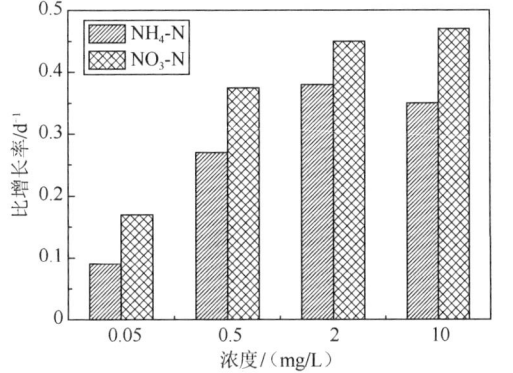

图 5.25　不同浓度下氨氮和硝氮对藻类比增长率的影响（张亚丽，2011）

5.3.3　氮磷比的影响规律

在水生生态系统中，氮磷比（N/P）能表征营养盐对藻类生长的限制水平，因此常被作为预测藻密度的变化和季节性种群演替的重要指标。但是对于氮和磷这两种营养元素，何者会成为藻类植物生长的限制因子，目前尚没有统一的定论。Redfield 定律认为，藻类细胞组成的元素比例为 C∶N∶P=106∶16∶1，如果 N/P

超过 16，磷被认为是限制性因素；反之，当 N/P 小于 10 时，氮通常被考虑为限制性因素；而当 N/P 在 10～20 时，限制性因素则变得不确定。通常情况下，淡水属于高氮低磷性水体，海水属于低氮高磷性水体，在淡水和海水的交汇处 N/P 的问题尤其受到关注。但是，由于藻类对氮磷吸收率的不同，N/P 对藻类生长的影响并不表现在一个确定值上，也不能用该比例来确定一个特定水环境中影响藻类生长的限制性因素，而应结合氮和磷质量浓度与 N/P 进行综合考虑（封丽等，2011；丰茂武等，2008）。

　　本书研究了不同磷浓度下，不同 N/P 比对铜绿微囊藻生长特性的影响。图 5.26 所示为在不同 TP 浓度下 6 个 N/P 条件对铜绿微囊藻细胞的影响。可以看出，N/P≤8 时，藻密度随着 N/P 的增加而增加；当 N/P≥8 时，藻密度随着 N/P 的增加变化不明显。这说明铜绿微囊藻的生长不仅受到氮和磷浓度的影响，同时也受到了 N/P 的约束，当 TP 浓度在 0.1mg/L 以上时，N/P 对藻繁殖的影响比较明显，N/P 在 8、16 和 40 时对藻繁殖的影响远大于其他比例，经比较发现，8 和 16 是铜绿微囊藻繁殖的最佳 N/P 比例。

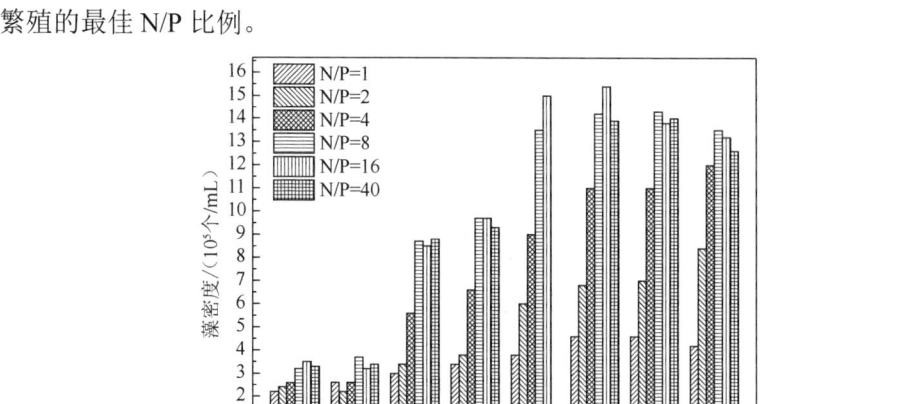

图 5.26　不同 TP 浓度下 N/P 对藻类繁殖的影响

参 考 文 献

白文辉, 王晓昌, 王楠, 等, 2017. 北方高盐景观水体氮磷时空分布特征及富营养化评价[J]. 环境工程, 35(4): 120-124.

陈文煊, 王志红, 2008. 不同形态氮对富营养化水源藻华暴发的潜在影响[J]. 给水排水, 34(9): 22-29.

陈永川, 汤利, 2005. 沉积物-水体界面氮磷的迁移转化规律研究进展[J]. 云南农业大学学报, 20(4): 527-533.

陈友媛, 慧二青, 金春姬, 等, 2003. 非点源污染负荷的水文估算方法[J]. 环境科学研究, 16(1) : 10-13.

董浩平, 姚琪, 2004. 水体沉积物磷释放及控制[J]. 水资源保护, 20(6): 20-23.

丰茂武, 吴云海, 冯仕训, 等, 2008. 不同氮磷比对藻类生长的影响[J]. 生态环境, 17(5): 1759-1763.

封丽, 张君, 穆斌, 等, 2011. 小球藻生长动力学特征研究[J]. 三峡环境与生态, 33(5): 6-8.

高光, 高锡芸, 秦伯强, 等, 2000.太湖水体中碱性磷酸酶的作用阈值[J]. 湖泊科学, 12(4): 353-358.

郭红兵, 2016. 城市水体营养物迁移转化规律与富营养化主控因子研究[D]. 西安: 西安建筑科技大学.

胡喆, 2015. 南四湖沉积物——水体界面氮磷迁移转化规律研究[D]. 济南: 山东建筑大学.

蒋云龙, 2015. 北方缺水城市再生水景观湖藻类生境对水体富营养化的影响[D]. 西安: 西安建筑科技大学.

亢增军, 2013. 底泥中磷的原位化学控制试验研究[D]. 西安: 西安建筑科技大学.

李春亭, 苏春宏, 焦有权, 等, 2014. 北京景观水环境综合治理研究[J]. 北京农业职业学院学报, 128(2): 31-34.

李克强, 王修林, 韩秀荣, 等, 2007. 莱州湾围隔浮游生态系统氮、磷营养盐迁移-转化模型研究[J]. 中国海洋大学学报, 37(6): 987-994.

李克强, 王修林, 石晓勇, 等, 2009. 胶州湾围隔浮游生态系统氮、磷营养盐迁移-转化模型研究[J]. 海洋学报, 29(5): 76-83.

李强, 2013. 巢湖流域氮磷的分布特征及其相关性研究[D]. 武汉: 武汉纺织大学.

李如忠, 刘科峰, 钱靖, 等, 2014. 合肥市区典型景观水体氮磷污染特征及富营养化评价[J]. 环境科学 35(5): 1718-1726.

李鑫, 胡洪营, 杨佳, 等, 2009. 再生水用于景观水体的氮磷水质标准确定[J]. 生态环境学报, 18(6): 2404-2408.

李一平, 逄勇, 2004. 水动力条件下底泥中氮磷释放通量[J]. 湖泊科学, 16(4): 318-324.

刘瑶, 吴康, 张大群, 2014. 景观水体富营养化与藻类过度生长控制技术的应用研究[J]. 给水排水, (s1): 131-134.

柳瑞翠, 姜付义, 2004. 富营养化藻类及其控制方法的探讨[J]. 青海环境, 14(2): 89-91.

栾玉婷, 2008. 景观型湖泊富营养化规律模拟及预测研究[D]. 成都: 西南交通大学.

罗军, 王晓蕾, 杨翃, 等, 2005. 太湖梅梁湾上空颗粒态磷浓度 2003 年春季的变化[J]. 湖泊科学, 17(2):151-156.

马红波, 宋金明, 吕晓霞, 等, 2003. 渤海沉积物中氮的形态及其在循环中的作用[J]. 地球化学, 32(1): 48-54.

牛明改, 2003. 水体富营养化藻类资源竞争与种群演替规律的初探[D]. 苏州: 苏州大学.

钱善勤, 孔繁翔, 史小丽, 等, 2008. 不同形态磷酸盐对铜绿微囊藻和蛋白核小球藻生长的影响[J]. 湖泊科学, 20(6): 796-801.

任玉芬, 王效科, 欧阳志云, 等, 2013. 北京城市典型下垫面降雨径流污染初始冲刷效应分析[J]. 环境科学, 34(1): 373-378.

盛蒂, 朱兰, 保庞波, 2013. 城市湖泊底泥营养盐释放特性研究[J]. 重庆科技学院学报:自然科学版, 15(3): 96-99.

苏春风, 代瑞华, 刘会娟, 等, 2013. 不同磷源及其浓度对铜绿微囊藻生长和产毒的影响[J]. 环境科学学报, 33(9): 2546-2551.

唐全民, 陈峰, 向文洲, 等, 2008. 铵氮对铜绿微囊藻(Microcystisaeroginosa)FACHID05 的生长、生化组成和毒素生产的影响[J]. 暨南大学学报(自然科学版), 29(3): 290-294.

王静, 2016. 不同水源条件下氮磷营养物对铜绿微囊藻生长的影响研究[D]. 西安: 西安建筑科技大学.

王钦, 2008. 玉渊潭及太湖沉积物氮磷及金属年际变化及其影响研究[D]. 长春: 吉林大学.

王庭健, 苏睿, 金相灿, 等, 1994. 城市富营养湖泊沉积物中磷负荷及其释放对水质的影响[J]. 环境科学研究, (4): 12-19.

王秀朵, 金朝晖, 赵乐军, 等, 2010. 降雨径流对天津景观河道水体的污染分析[J]. 中国给水排水, 26(15): 51-53.

王艳, 唐海溶, 2006.不同形态的磷源对球形棕囊藻生长及碱性磷酸酶的影响[J].生态科学, 25(1): 38-40.

王叶姣, 2016. 城市尾水补给的景观水体磷控制技术研究[D]. 保定: 河北大学.

邢雅囡, 阮晓红, 赵振华, 2010. 城市重污染河道环境因子对底质氮释放影响[J]. 水科学进展, 21(1): 120-126.

徐竟成, 王宇, 傅婷, 2011. 大气干湿沉降对城市景观水体水质影响的评价[J]. 四川环境, 30(3): 49-54.

杨红, 李春新, 印春生, 等, 2011. 象山港不同温度区围隔浮游生态系统营养盐迁移-转化的模拟对比[J]. 水产学报, 35(7): 1030-1035.

杨维东, 钟娜, 刘洁生, 等, 2008.不同磷源及浓度对利玛原甲藻生长和产毒的影响研究[J]. 环境科学, 29(10)：2760-2765.

张洪芬, 2005. 天津泰达再生水景观河道氮磷营养盐沉积规律及水体水质保持策略研究[D]. 长春: 吉林大学.

张民, 史小丽, 蒋丽娟, 等, 2002. 两种外源性磷及震荡对铜绿微囊藻生长的影响[J]. 应用与环境生物学报, 8(5): 507-510.

张突, 陈荔, 洪华生, 等, 2007. 硝酸盐浓度对南极亚历山大藻毒素含量和组成的影响[J]. 厦门大学学报(自然科学版), 46(1): 115-119.

张晓萍, 2009. 氮磷对再生水为水源景观水体中藻类的影响研究[D]. 北京: 北京工业大学.

张亚丽, 李涵, 许秋瑾, 等, 2011. 不同形态氮对微囊藻 Chl-a 合成及产毒的影响[J]. 湖泊科学, 23(6): 881-887.

郑立国, 杨仁斌, 王海萍, 等, 2013. 组合型生态浮床对上覆水和沉积物之间氮磷的影响[J]. 环境科学, 34(8): 3064-3070.

邹迪, 肖琳, 杨柳燕, 等, 2005. 不同形态磷源对铜绿微囊藻与附生假单胞菌磷代谢的影响[J]. 环境科学, 26(3): 118-121.

CAO X, WANG Y, HE J, et al., 2016. Phosphorus mobility among sediments, water and cyanobacteria enhanced by cyanobacteria blooms in eutrophic Lake Dianchi[J]. Environmental pollution, 219:58-60.

JIN X, WANG S, PANG Y, et al., 2006. Phosphorus fractions and the effect of pH on the phosphorus release of the sediments from different trophic areas in Taihu Lake, China[J]. Environmental pollution, 139(2):288-295.

USUI T, KOIKE I, OGURA N , 2001. N$_2$O production, nitrification and denitrification in an estuarine sediment[J]. Estuarine coastal & shelf science, 52(6): 769-781.

第6章 藻类生长的微量元素作用机制

6.1 微量元素的典型来源及分布

大量研究表明，氮磷营养物超标是造成水体富营养化的主要原因（李冰，2013）。但在某些特定条件下，微量元素在水体富营养化过程中也具有特殊的贡献（倪金俤等，2011；黄振芳等，2009；李威等，2008）。城市水体由于其地理位置的特殊性，人类活动对其水质具有显著的影响。人类活动往往会引起各种微量元素进入水体，因而探究水体微量元素来源及其形态，了解其对水体富营养化的影响是极其必要的。

6.1.1 水体中微量元素的界定

微量元素是指含量较低，但又具有某些重要作用而不可忽略的元素，主要是金属元素。例如，铁（Fe）、锰（Mn）、锌（Zn）、铜（Cu）和钼（Mo）等。本书选取西安市 10 个有代表性的景观水体（汉城湖、思源湖、曲江南湖、未央湖、护城河、广运潭、兴庆湖、丰庆湖、太液池以及黑河水库）对其水体中 11 种元素（Fe、Mn、Zn、Cu、Mo、Ce、Si、K、Ca、Mg、Na）的存在状态进行了调研，结果如图 6.1 所示。

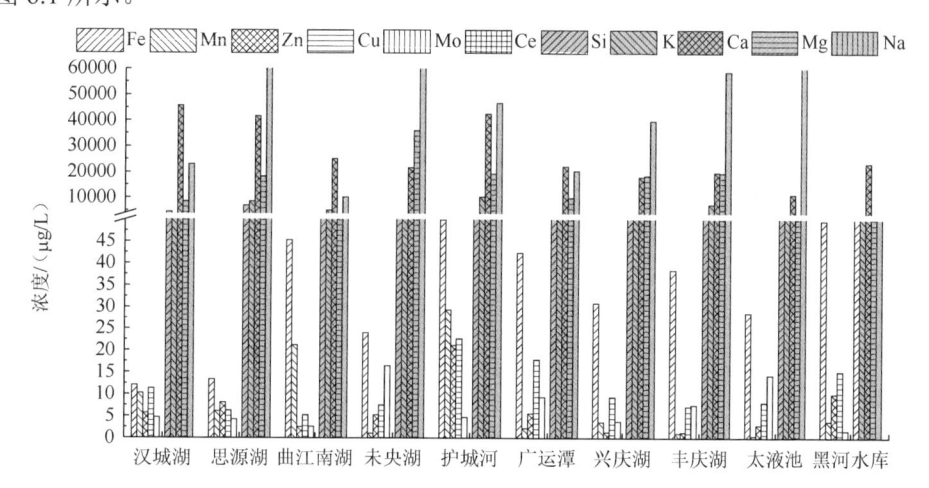

图 6.1 西安市典型城市景观水体中主要金属元素的存在水平

截至目前，在富营养化相关的研究中，国内外并没有清晰的界定微量元素的种类。因此，本书中将浓度低于 1mg/L 的元素列为微量元素，分别为 Fe、Mn、Zn、Cu 和 Mo 五种元素。通过对现有相关文献的查询，这 5 种微量元素在藻类生长过程中均具有重要的作用，可能影响到藻类的光合作用、氮磷吸收、酶代谢等过程。因此，将这 5 种元素确定为对藻类生长具有典型影响的特征微量元素。

程青（2015）对西安市汉城湖、兴庆湖、南湖以及广运潭四个城市水体的微量元素含量做了连续监测调查，结果如表 6.1 所示。

表 6.1　西安市城市水体微量元素含量调查结果（程青，2015）（单位：μg/L）

微量元素	汉城湖	兴庆湖	南湖	广运潭
Fe	12.05～156.55	31.48～61.93	32.85～70.12	38.12～121.27
Mn	1.27～13.35	4.22～19.12	0.56～12.98	2.23～16.07
Zn	5.69～85.02	1.63～56.0	2.40～25.94	4.77～83.90
Cu	11.48～17.48	4.25～9.64	2.72～8.17	4.10～18.14
Mo	4.74～7.90	0.80～3.98	0.78～8.17	5.55～14.45

调查结果表明：几个水体中不同微量元素浓度差距较大，不同元素含量体现出以下规律：Fe 和 Zn 元素在水体中含量相对其他三种元素较高，变化范围也较大，浓度从几微克每升至几百微克每升；Mn、Cu 和 Mo 元素属于含量较低的微量元素，在水体中浓度最小为零点几每升至几微克每升，最大值也只有十几微克每升。

不同水体中各种微量元素的季节性变化差异很大。汉城湖水体中 Mn 和 Zn 在夏季最大，Mo 和 Cu 秋季最大，此四种元素浓度均在秋季时最小；与其他四种元素不同，Fe 元素表现为春季最高，夏季最小。南湖中 Fe 和 Zn 在春季时最大，在冬季和秋季时最小，Mo 和 Cu 元素在冬季时最大，在春季时最小；Mn 元素与其他四种元素存在较大差异，在藻类增殖旺盛的夏季时最大，冬季时最小。兴庆湖 Mn 和 Zn 元素在夏季是最大，在秋季时最小；Mo 和 Cu 在秋季时取得最大值，在春、夏季节时最小；Fe 元素在春季最大，秋季最小。广运潭中 Fe 和 Mo 元素在冬季时最大，在春季时最小；Mn 和 Zn 在夏季时最大，秋季最小；Cu 元素在秋季最大，春季最小。各种元素季节性变化的差异受到污染源、水体浮游植物、周边环境等诸多因素的影响，因而具有其独特性。

6.1.2　微量元素的典型来源

水体中的微量元素主要包括自然来源和人为来源两大类。其中，自然来源是指在地质构造活动、岩石风化和侵蚀等自然条件作用下，环境中的微量元素进入水体中，形成了微量元素的自然分布状态（即环境本底值）。人为来源主要包括排污、雨水径流水和人类游玩等引入的微量元素。

程青（2015）对西安市汉城湖、兴庆湖、南湖以及广运潭四个城市水体的微量元素间相关性分析结果表明：Fe、Mn、Zn 和 Zn、Cu、Mo 这两组三种元素两两间呈显著正相关，推测这 5 种元素可能与地球化学特征相同、来源相似，因而可能产生复合污染。Fe、Mn 的来源主要为岩石圈中矿物的溶解和释放。Cu 和 Zn 都是过渡性元素，Zn 最外层电子排布具有 18 电子铜型结构，为亲铜元素，在离子活性、电子价层、离子大小、络合物稳定性等方面均有相似性。Cu、Zn 其人为污染主要来源于有色金属矿业开采及其加工业、电镀产业、涂料染料工业和交通运输业，生活污水排放、杀虫剂的使用和垃圾焚烧等也是污染来源。经实际调查，西安市景观水体中微量元素的污染更多的来源于工业废水、生活污水的任意排放以及农业面源污染等原因。

综上所述，微量元素的来源应主要包括以下五类：地质地貌风化作用、垃圾和废渣堆的金属淋溶、动物和人体排泄物、金属加工、采矿和冶金工业等。对于城市水体，在不考虑污染源直接排入水体的条件下，微量元素通过以下方式进入水体。

1）水体补水

由于常规水资源短缺，再生水已成为重要的补水水源。再生水源于城市污水，在现行的标准中，并没有将微量元素作为控制性指标，因此再生水补水可能会造成水体微量元素的上升。

2）地表径流

由于大气沉降作用，空气中的污染物缓慢沉降并积累在城市硬化表面，汽车尾气中含有多种金属元素，是地表污染物的一个重要来源。在降雨径流的冲刷下，这些污染物有可能进入就近的城市景观水体。

3）大气输入（干湿沉降）

悬浮于大气中的各种粒子（表面吸附着各种微量元素）以其自身速度（干沉降）或随降水冲刷（湿沉降）也会进入水体中。

本书对昆明市翠湖、西安市汉城湖和上海市滴水湖的微量元素来源进行长期的检测和分析，表 6.2 总结了不同来源对入湖微量元素的贡献。可以看出，补水是微量元素最主要的来源，对于湖面较大水体（滴水湖），地表径流、干湿沉降的作用也是其重要来源。

表 6.2　三个典型水体微量元素来源及占比　　　　　　（单位：%）

微量元素	来源	翠湖	汉城湖	滴水湖
Fe	水体补水	85	96	76
	地表径流	11	2	15
	湿沉降	3	1	6
	干沉降	1	1	3
Mn	水体补水	93	95	73
	地表径流	3	2	13
	湿沉降	2	2	8
	干沉降	2	1	6

续表

微量元素	来源	翠湖	汉城湖	滴水湖
Zn	水体补水	92	96	78
	地表径流	4	2	13
	湿沉降	2	1	5
	干沉降	2	1	4
Cu	水体补水	89	94	79
	地表径流	8	3	11
	湿沉降	2	2	6
	干沉降	1	1	4
Mo	水体补水	88	95	83
	地表径流	9	3	7
	湿沉降	2	1	5
	干沉降	1	1	5

6.1.3 微量元素的主要赋存形态

水体中的金属与悬浮物、沉积物或土壤的主要成分发生吸附而结合在一起形成微量金属元素的各种化学形态，根据目前的研究结果，微量元素在水体中的形态主要分为四种：可交换态、碳酸盐结合态、易还原态以及有机结合态。本书对翠湖、汉城湖和滴水湖中微量元素的赋存形态进行了分析，结果如图 6.2 所示。

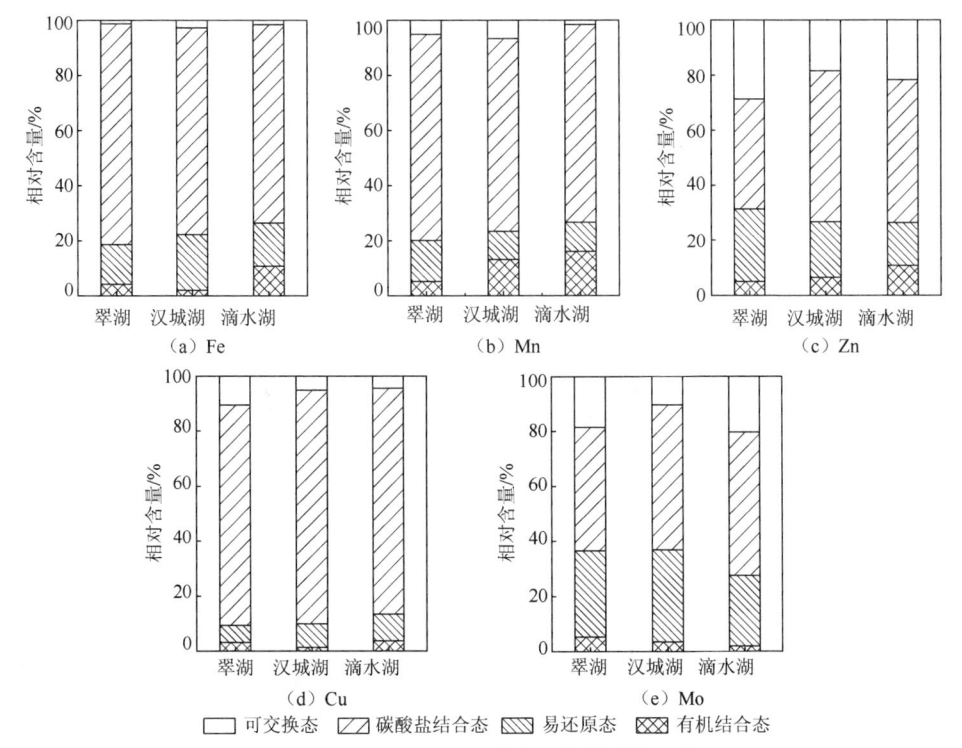

图 6.2 三个典型水体微量元素的赋存形态

在汉城湖、翠湖及滴水湖中，对 Fe、Mn、Zn、Cu、Mo 五种元素而言，碳酸盐结合态都是其最主要的形态，占据着元素总量的 40% 以上，较其他三种元素而言，Zn、Mo 两种元素碳酸盐结合态占其总量的比例较小，可交换态的含量也占其总数的一定比例。此外，天然补水的汉城湖和滴水湖中有机结合态普遍高于一级 A 补水的翠湖。微量元素在水相和固相之间的迁移转化通过吸附、解吸、水解以及沉淀等作用来完成，这些过程受水环境中的 pH、有机质、TN 和 TP 等环境因子的影响，且影响程度各不相同。

6.1.4　微量元素的分布特征

1. 微量元素的季节性变化

图 6.3 是滴水湖湖水中不同种类微量元素浓度随季节的变化图。由图可知，微量元素 Cu、Mo 的季节浓度变化相差不大，基本未表现出明显的季节变化规律，并且四个季节的浓度值都很低；Zn 的浓度明显高于其他微量元素且在春季到秋季呈明显的上升趋势，这除了受到补水水源影响外可能和人类活动有很大的关系；Mn 的浓度也很高且在秋季浓度达到最大；Fe 的浓度在夏季达到最大（罗东，2015）。

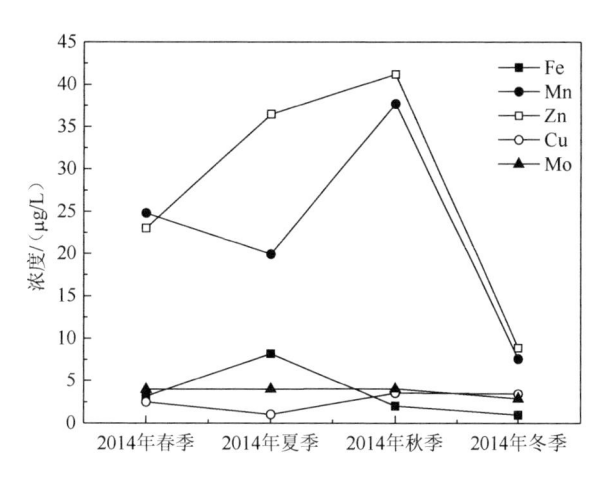

图 6.3　滴水湖湖水中不同种类微量元素浓度随季节的变化图

图 6.4 是汉城湖湖水中不同种类微量元素浓度随季节的变化图。由图可知，微量元素 Cu、Mo 的季节浓度差距相差不大，未表现出明显的季节变化规律；Fe 在冬季到夏季呈上升趋势，但从夏季到冬季则表现为下降的趋势，且在夏季浓度达到最大，这个主要是受到补水水源的影响；Fe、Mn、Zn、Cu、Mo 都是在冬季浓度最低，Fe、Mn、Zn 的变化幅度明显大于 Cu、Mo 的变化幅度并且含量也高。

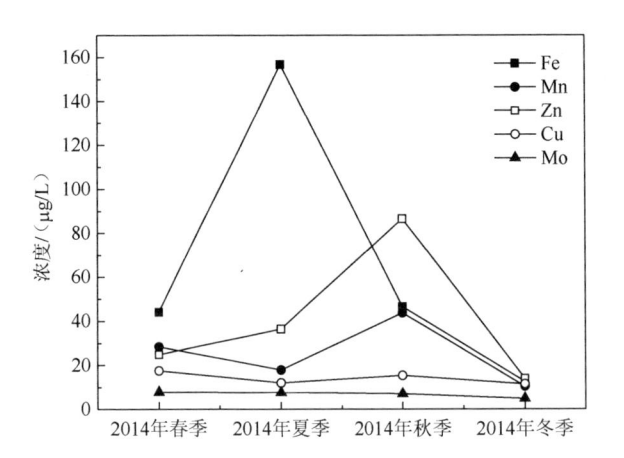

图 6.4 汉城湖湖水中不同种类微量元素浓度随季节的变化图

图 6.5 是翠湖湖水中不同种类微量元素浓度随季节变化图。由图可知，Cu、Mo 在 4 个季节浓度差距相差不大，未表现出明显的季节变化规律，并且浓度很低；Zn 的浓度相对高于其他微量元素且在春季到秋季呈明显的上升趋势，主要受到补水中微量元素浓度的影响；Fe 的浓度在这四个季度一直呈现降低的趋势，这个除了受到补水水源的影响外还与水体中微量元素 Fe 的沉积有关；Mn 的浓度主要也是受到补水中微量元素浓度作用的影响，因此表现为在春季到夏季逐渐上升，之后出现下降。Fe、Mn、Zn 的浓度明显高于 Cu、Mo 的浓度。

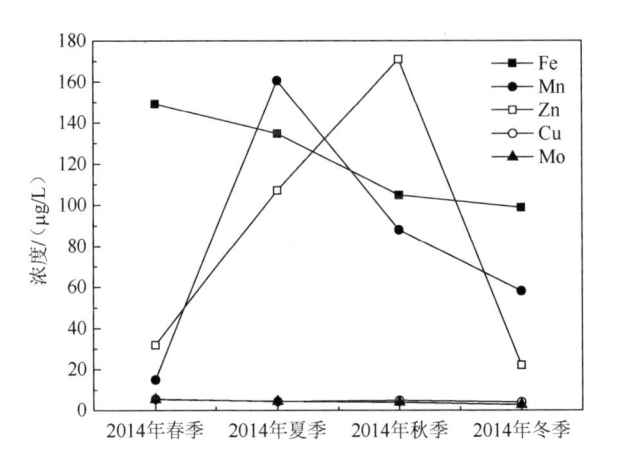

图 6.5 翠湖湖水中不同种类微量元素浓度随季节的变化图

比较上海市滴水湖、西安市汉城湖、昆明市翠湖同种微量元素浓度随季节变化，发现微量元素 Zn 的变化幅度都比较大，可能是受到补水水源中微量元素浓度的影响；其次是汉城湖、翠湖中的微量元素 Fe，滴水湖中的微量元素 Mn。三个湖水中微量元素 Fe、Mn、Zn 是存量较高的微量元素，且随季节变化规律明显，夏秋季节湖水中的浓度明显高于冬春季节；Cu 和 Mo 是景观水体中存量较低的微量元素，且没有明显的季节变化规律（罗东，2015）。

2. 微量元素的富集特征

相关研究表明，进入水体后的微量元素溶解于水中的量很低，大多数被固相（沉积物和悬浮物）吸附富集，且最终累积于沉积物中。沉积物是微量元素的蓄积库，是水环境中某些微量元素的指示剂，能较好地反映水环境中微量元素的浓度状况。沉积物对微量元素的浓缩程度可以用浓缩系数来表示：

$$R = C_s / C_w$$

式中，R 为沉积物浓缩系数；C_s 为沉积物中微量元素浓度（μg/L）；C_w 为水中微量元素浓度（μg/L）。

上海市滴水湖沉积物中微量元素的浓缩系数见图 6.6。由图可知，微量元素 Fe 的浓缩系数最高，平均值为 42089，微量元素 Mn、Zn 和 Cu 的浓缩系数平均值为 69、7 和 23，而微量元素 Mo 的浓缩系数最低仅为 1.4。综上可见，上海市滴水湖中微量元素 Fe 出现了明显的富集。

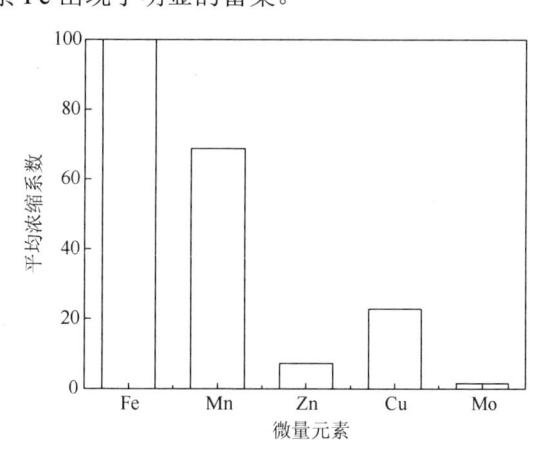

图 6.6 上海市滴水湖沉积物中微量元素的平均浓缩系数

西安市汉城湖沉积物中微量元素的浓缩系数见图 6.7。由图可知，微量元素 Fe 的浓缩系数最高，平均值为 1074，微量元素 Mn、Zn、Cu 和 Mo 的浓缩系数平均值为 52、18、7 和 10。因此，西安市汉城湖中也是微量元素 Fe 出现了明显的富集。

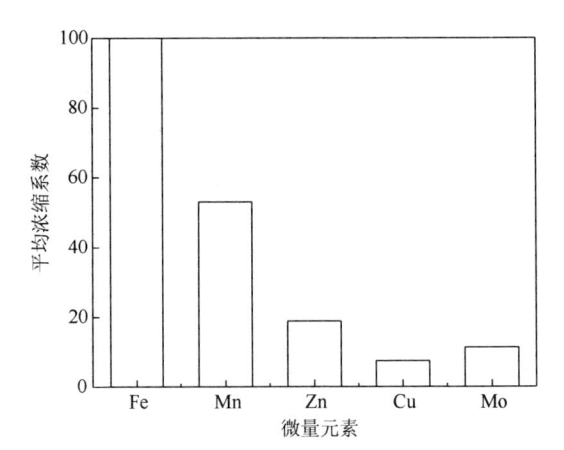

图 6.7　西安市汉城湖沉积物中微量元素的平均浓缩系数

　　昆明市翠湖沉积物中微量元素的浓缩系数见图 6.8。由图可知，微量元素 Fe 的浓缩系数最高，平均值为 1140，微量元素 Mn、Zn 和 Cu 的浓缩系数平均值为 33、11 和 5.4，而微量元素 Mo 的浓缩系数最低仅为 1.3。因此，昆明市翠湖中 Fe 也呈现明显的富集特征。

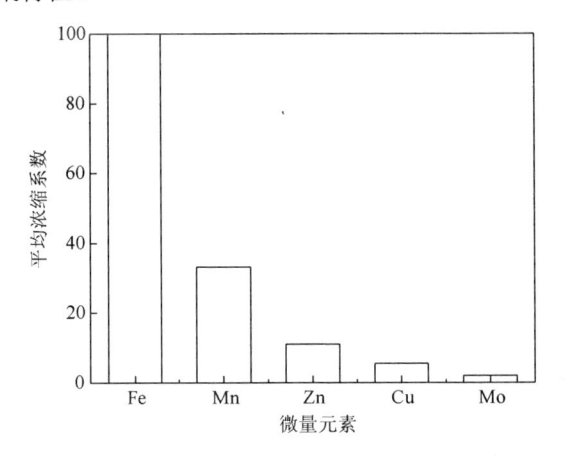

图 6.8　昆明市翠湖沉积物中微量元素的平均浓缩系数

　　比较上海市滴水湖、西安市汉城湖、昆明市翠湖三个景观水体沉积物中不同种类微量元素的平均浓缩系数，不难发现都是微量元素 Fe 出现了较大的富集，而其他种类的微量元素富集量较小，这和检测的沉积物中微量元素 Fe 浓度远大于其他种类的微量元素是一致的。另外，不同湖体不同元素之间浓缩系数也有较大差别，这个主要是因为沉积物粒径、pH 和 TOC 等都会影响沉积物对微量元素的浓缩吸附。

6.2　水中典型微量元素对藻类生长的影响

微量元素是藻类在正常的生命活动过程中必需的元素。藻体的组成中亦需要这些元素，与其他元素共同构成藻细胞内的酶活性基团，微量元素对于藻类的主要作用机理是以辅助因子的身份参与藻体内部的生物和化学反应。尽管这些微量元素在浮游植物体内的含量较少，但它们在生物体内却发挥着至关重要的作用。

微量元素对藻类增殖的影响最初是由 John Martin 的"铁假说"开始的。很多学者通过大量的海洋调查结论，提出了著名的 HNLC 理论，即在大约 20% 的海洋区域存在着 NO_3-N 含量过剩（大于 2μmol），而 Chl-a 浓度很小（小于 0.5μg/L）的情况，Martin 推测这可能是由于 Fe 缺乏导致的藻类光合作用能力下降（Boyd et al.，2000）。此后，为了验证 Martin 的推测，很多研究者们设计了多种实验方案来验证，这就是著名的"加铁实验"（Boyd et al.，2004）。"加铁实验"从方式上基本上可分为 3 种：瓶子加铁实验、连续加铁培养实验以及现场中尺度加铁实验。三种方式的"加铁实验"证明了在 HNLC 海洋区域，Fe 确实限制了藻类的增殖，从而引起了研究者们对微量元素在藻类增殖中作用的兴趣。

随着对藻类增殖的研究的深入，藻类增长潜力（algal growth potential，AGP）实验成为研究其他营养物质对藻类增殖影响的标准实验，并且作为研究水体富营养化问题的一个重要手段被广泛采用，已被列为标准方法。本节通过 AGP 实验，研究了 Fe、Mn、Zn、Cu、Mo 五种微量元素对藻类生长特性的影响。

6.2.1　Fe 元素对藻类生长的影响及作用机理

铁（Fe）作为藻类生长发育所必需的矿质营养元素之一，在光合作用、呼吸作用、固氮作用、蛋白质与核酸合成等生理代谢过程的电子传递及酶促反应中发挥着极为重要的作用（赵珊等，2010）。低 Fe 浓度环境下，藻类光系统 II 接受的能量总体上呈减少趋势，最大光能转化效率明显降低，限制了藻类的生长（欧明明等，2002）。Fe 元素限制条件下藻细胞耗散大量能量，即 Fe 元素限制会影响藻细胞的呼吸作用，同样也会降低光合作用效率。Fe 元素对细胞固氮作用的影响主要是由于藻细胞亚硝酸盐和硝酸盐还原酶系统需要 Fe 元素的参与，在一定条件下增加 Fe 元素对提高亚硝酸盐、硝酸盐的还原效率、转移速率均有明显的作用（陈仕光等，2010a）。Fe 元素对蛋白质与核素等生理代谢过程的影响主要在于 Fe 元素缺乏会引起叶绿素、藻蓝蛋白、藻红蛋白和藻青蛋白等相关基因在缺铁环境下难以表达（刘静，2008）。综上所述，Fe 元素对藻类增殖具有重要作用，在一定的条件限制下 Fe 元素会成为藻类生长繁殖的限制因素。

1. Fe 对铜绿微囊藻生长的影响

以柠檬酸铁铵为铁源，设定 7 个不同 Fe 浓度梯度进行藻类生长潜力实验。结果如图 6.9 所示。Fe 浓度为 10μg/L 和 50μg/L 时，在整个培养周期内，藻细胞的增长量很小，最大藻密度值分别为 $2.35×10^5$ 个/mL 和 $3.33×10^5$ 个/mL，藻密度值都未达到水体富营养化时的临界值（$1～10^6$ 个/mL）；在其他浓度下培养液中藻生物现存量都能达到临界值，只是时间上存在差异。Fe 浓度为 500μg/L 时，藻生物现存量到达临界值时培养时间最短，大约为 8.3d；Fe 浓度为 100μg/L 时，藻生物现存量达到临界值时培养时间最长，大约为 9.9d；到达富营养化临界值所需时间的浓度排序为 500μg/L＜1000μg/L＜2000μg/L＜300μg/L＜100μg/L。各浓度条件下藻细胞进入对数生长期的时间相同，都是从第 6 天开始，只是对数增长期的持续时间略有差异。当 Fe 浓度为 500μg/L 时，获得所有实验组中最大藻密度值为 $3.17×10^6$ 个/mL。Fe 浓度为 10μg/L 和 50μg/L 时，在培养周期内其藻密度最大值仅为所有实验组最大值的 7.4% 和 13.2%；当 Fe 浓度为 100μg/L 时，其最大藻密度值为所有实验组最大值的 52.8%；Fe 浓度为 300μg/L、1000μg/L 和 2000μg/L 时，最大藻密度值分别为所有实验组最大值的 84.0%、91.6% 以及 86.5%。

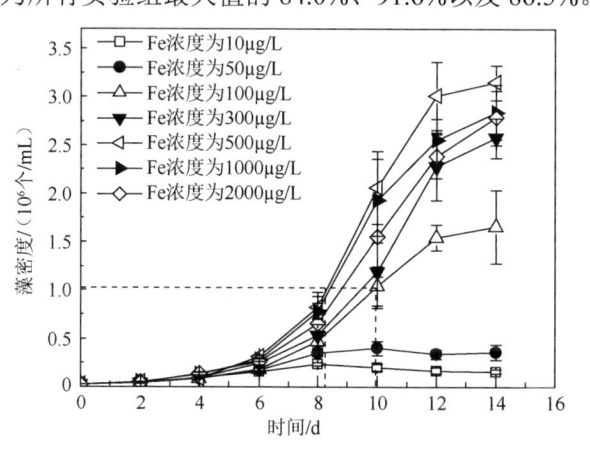

图 6.9　不同 Fe 浓度下藻密度的增长曲线

通过监测藻细胞内 Fe 含量发现（图 6.10），Fe 浓度从 10μg/L 增加到 2000μg/L，单位体积藻液中 Chl-a 含量先增加后降低，这一趋势可以分为：①Fe 浓度在 10μg/L～500μg/L 时，藻液中 Chl-a 含量及单个藻细胞内叶绿素含量都随着 Fe 浓度的增加而增大，在 Fe 浓度为 500μg/L 时取得最大值；②从 500μg/L 到 1000μg/L，单位体积藻液中 Chl-a 含量降低 14.2%，单个藻细胞内 Chl-a 含量减少 8.4%；③从 1000μg/L 到 2000μg/L，单位体积藻液中叶绿素含量略有降低，单个藻细胞内 Chl-a 含量基本维持不变。

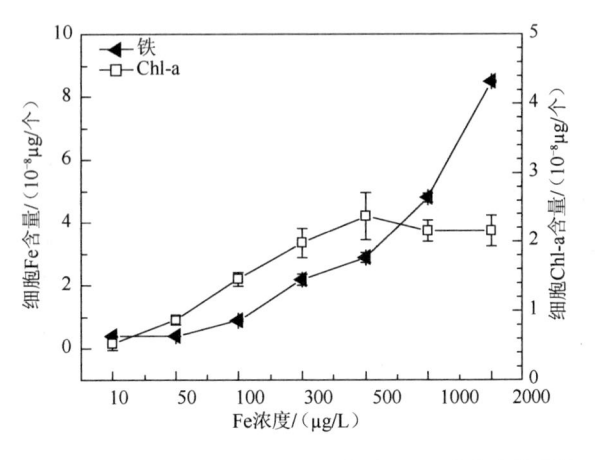

图 6.10　单细胞 Fe 含量及 Chl-a 含量随 Fe 浓度变化曲线

以上研究表明在适当的 Fe 浓度条件下，增加 Fe 浓度能很好的促进藻类对 Fe 的吸收，进而促进藻细胞光合作用能力；过高的 Fe 浓度会造成藻细胞对 Fe 的过量吸收，抑制藻类光合作用。

图 6.11（a）所示为初始 Fe 浓度变化对藻细胞组成的影响。由图可以看出，随着初始 Fe 浓度的增加，藻细胞碳含量与氮含量变化趋势相同，呈现出先缓慢增加，后稍有下降的趋势。碳与氮所占细胞含量的比例范围分别为 42.31%～44.84% 和 6.21%～10.74%。相对于碳含量和氮含量，细胞内氧含量变化则比较大。当 Fe 浓度在 10～50 μg/L 范围内时细胞内氧含量基本保持不变，Fe 浓度从 50μg/L 增至 500μg/L 时，随着 Fe 浓度增加，氧比例急剧减小，从 500μg/L 增至 2000μg/L 时略有降低。氢元素在藻细胞内含量一直处于稳定水平，基本未受到影响。这是由于 Fe 浓度对于藻细胞内硝酸盐还原过程具有很强的影响。Fe 浓度较低时藻细胞对硝酸盐的还原能力较弱，细胞对 NO$_3$-N 的吸收能力有限，造成细胞组成中氮含量偏低。随着 Fe 浓度的增加，藻细胞对 NO$_3$-N 的还原能力增强，因而造成对 NO$_3$-N 吸收量增加；过高的 Fe 含量对硝酸盐还原过程已无明显促进作用，再继续增加 Fe 浓度未对细胞内氮含量产生显著影响。图 6.11（b）所示为藻细胞有机组成中碳氮比（C/N）随 Fe 浓度的变化曲线。可以看出：随着 Fe 浓度的增加，细胞有机组成中 C/N 值从初始的 0.177 增加到 0.28 左右，这与 Tsukada 等（2006）得到的藻细胞有机组成的 C/N 范围一致。此外，在 Fe 浓度增加至 500μg/L 过程中，碳氮含量均有所增加，当 Fe 浓度>500μg/L 后氮元素含量基本保持不变，而碳元素的含量有所减少，因而 C/N 持续增加。综上可知，在 Fe 浓度<500μg/L 时，氮元素的增加速率高于碳元素，导致 C/N 增加，主要决定因素为二者共同作用；在 Fe 浓度>500 μg/L 时，碳元素含量减小导致 C/N 增加，主要决定因素为碳元素。

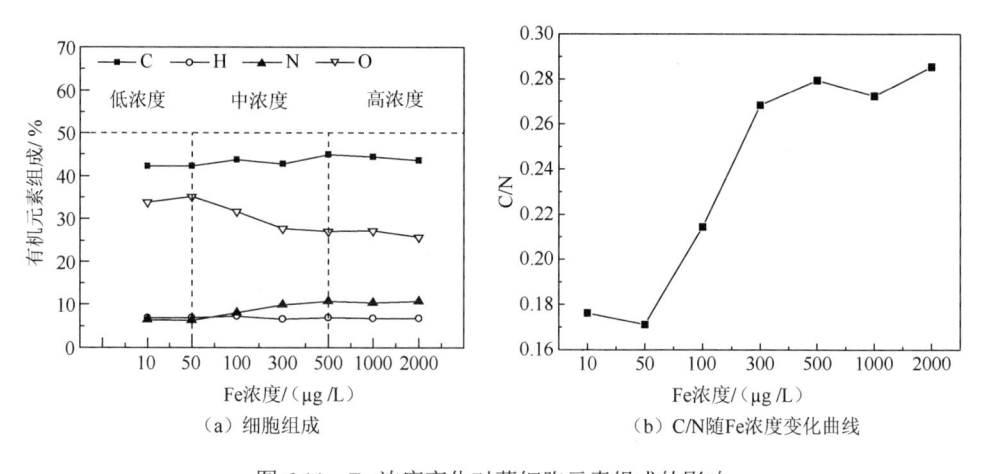

图6.11 Fe浓度变化对藻细胞元素组成的影响

基于以上结果，Fe 对铜绿微囊藻增殖的基本规律可以总结为以下几点。

（1）较低 Fe 浓度条件下（10μg/L、50μg/L），藻细胞处于严重的 Fe 缺乏状态，藻类增殖受到环境中 Fe 元素限制。Fe 缺乏，叶绿素的正常合成进程受限，影响到了藻细胞的光合作用及呼吸作用，从而限制了藻的增殖，导致生长后期出现发黄现象，Fe 也主要集中在藻细胞内。在此浓度条件下，细胞组成中 N 元素处于较高水平且略有增加，这是因为 Fe 是硝酸盐还原酶体系的共因子，参与硝酸盐还原，也引起亚硝酸盐的还原，Fe 的增加可以提高硝酸盐氮的还原水平。

（2）中等 Fe 浓度条件下（100～500μg/L），Fe 限制对藻细胞增殖的约束逐渐解除，逐渐增加的 Fe 浓度对细胞叶绿素合成过程起促进作用，光合作用恢复正常后细胞体内的其他生化过程也开始恢复，培养周期内藻液颜色未出现异常，藻密度、藻液中叶绿素浓度、单个藻细胞内叶绿素含量随着 Fe 浓度的增大而逐渐增加，并且在 500μg/L 时各项指标均达到最佳状态。在此浓度范围内，细胞组成中 N 元素的百分比逐渐降低，C、O 元素所占百分比逐渐增加，固氮作用减弱，光合作用增强。这是因为铁在碳氮的同化作用中起着催化和能量流动反应的双重作用，可以改变光合作用分布状态，从而改变胞内生化组成的比率。

（3）高 Fe 浓度条件下（1000μg/L 和 2000μg/L），由于藻细胞对金属离子的吸收缺乏主动性，当环境中 Fe 出现富余时，大量的 Fe 被吸附到细胞表面并进入细胞内，造成藻细胞对铁的过量吸收。Fe 在藻体内积累，超过了正常代谢活动的需求量，过剩的 Fe^{3+} 与细胞壁产生电荷吸附，与含硫、氮以及氧的官能团发生螯合反应等过程，对藻细胞产生毒害。繁殖后期藻液出现发黄现象，藻密度、单个藻细胞内叶绿素含量也略有降低。

另外，欧明明等（2002）还就 Fe 对铜绿微囊藻光合作用的影响做了更加深入的研究。该研究设置三组不同 Fe 浓度的培养液，其中高 Fe 组铁浓度为

$1.23×10^4$mmol/L，中 Fe 组 Fe 浓度为 12.3mmol/L，低 Fe 组未投加铁。初始藻密度约为 10^5 个/mL。各组培养 10d 后检测叶绿素的荧光参数 F_0（初始荧光值），F_m（最大荧光值）和光系统Ⅱ最大光合效率如表 6.3 所示。由此可见，光合作用的效率随着培养液中铁浓度的减少而降低，这是由于 Fe 的缺乏抑制了铜绿微囊藻细胞内光合作用的效率，因而使藻细胞基本处于光抑制过程。

表 6.3　叶绿素的荧光参数

Fe 浓度	F_0	F_m	最大光能转化效率
高浓度	0.1493±0.03	0.2611±0.06	0.4281±0.05
中浓度	0.0880±0.01	0.2434±0.07	0.2000±0.04
低浓度	0.0547±0.01	0.1505±0.02	0.1496±0.03

2. Fe 对铜绿微囊藻藻毒素合成的影响

由图 6.12 可以看出，在所有培养组中，Fe 浓度从 50μg/L 增至 200μg/L 时，各培养组的藻毒素 MC-LR 浓度均有很大程度的提高，这与藻密度曲线的趋势完全一致。

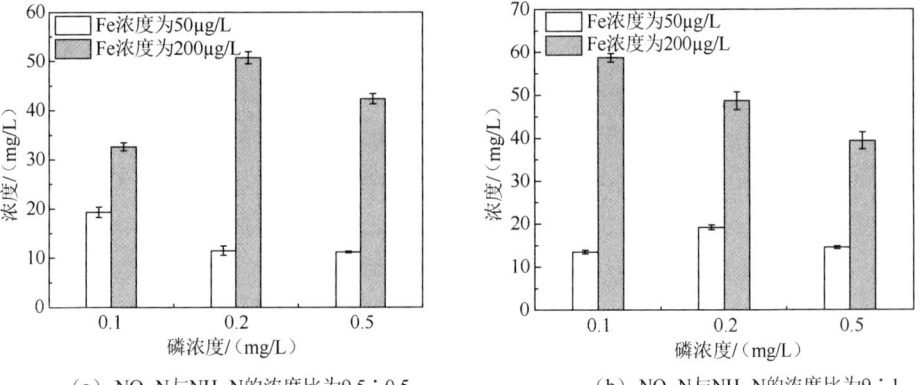

（a）NO$_3$-N 与 NH$_4$-N 的浓度比为9.5∶0.5　　　　（b）NO$_3$-N 与 NH$_4$-N 的浓度比为9∶1

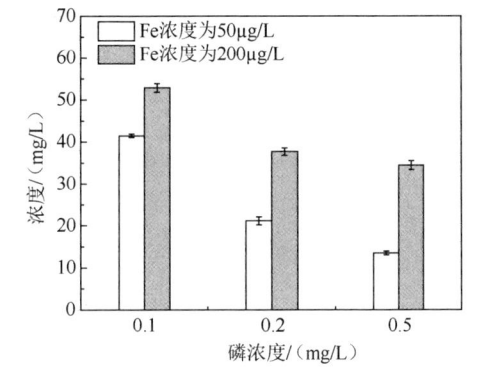

（c）NO$_3$-N 与 NH$_4$-N 的浓度比为2∶3

图 6.12　Fe 对铜绿微囊藻藻毒素 MC-LR 合成的影响

当 Fe 浓度为 200μg/L 时，整个培养周期内不同培养组中藻毒素合成的最大浓度范围在 45～60μg/L，而当 Fe 浓度为 50μg/L 时，整个培养周期内不同培养组中藻毒素合成的最大浓度范围在 12～23μg/L。Fe 浓度从 50μg/L 增加至 200μg/L 时，所有培养组中的藻毒素浓度都几乎增加了 1 倍，这说明在实验的所有的氮磷条件下，Fe 浓度为 50μg/L 时都对藻毒素的合成有着严重的限制作用，这不同于磷元素对藻毒素合成的影响。当 Fe 浓度较低时，不同磷浓度条件下部分培养组产藻毒素量之间还是存在比较显著的差异的，但很难总结出一定的规律，并没有体现出随着磷浓度的增加藻毒素合成量增加的趋势，这很可能是氮磷浓度、形态与 Fe 浓度限制共同作用的结果，其机理也比较复杂，在此不做深入探讨。

3. Fe 对铜绿微囊藻吸收营养物质的影响

如图 6.13 所示为不同培养条件下各培养组藻细胞对 NO₃-N 的吸收情况。

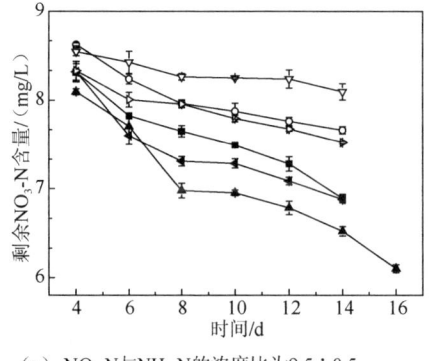

（a）NO₃-N 与 NH₄-N 的浓度比为 9.5∶0.5

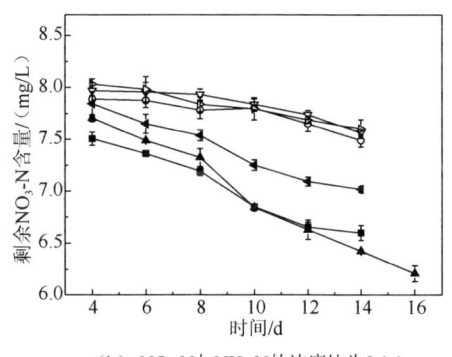

（b）NO₃-N 与 NH₄-N 的浓度比为 9∶1

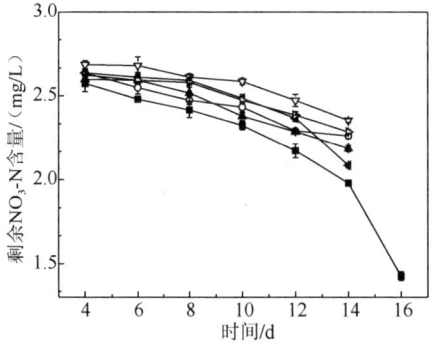

（c）NO₃-N 与 NH₄-N 的浓度比为 2∶3

- ■ P浓度为0.5mg/L；Fe浓度为200μg/L
- ○ P浓度为0.5mg/L；Fe浓度为50μg/L
- ▲ P浓度为0.2mg/L；Fe浓度为200μg/L
- ▽ P浓度为0.2mg/L；Fe浓度为50μg/L
- ◀ P浓度为0.1mg/L；Fe浓度为200μg/L
- ▷ P浓度为0.1mg/L；Fe浓度为50μg/L

图 6.13　Fe 对铜绿微囊藻营养物质吸收的影响

由图可以看出，当 NO₃-N 与 NH₄-N 的浓度比为 9.5∶0.5，Fe 浓度为 50μg/L 时，磷浓度等于 0.2mg/L 培养组培养液中剩余的 NO₃-N 含量明显高于 Fe 浓度为

50μg/L 条件下的其他培养组,这与藻密度的变化趋势是一致的。磷浓度为 0.5mg/L,
Fe 浓度为 50μg/L 是藻类增殖的一个不利条件点,这可能是由于铁元素与磷元素
对藻类增殖存在协同作用。此外,在此培养条件下 Fe 浓度为 50μg/L 组与 Fe 浓度
为 200μg/L 组剩余的 NO_3-N 含量曲线并没有明显的分为两组,这说明在此氮素条
件下铁元素含量并不能完全决定藻类的增殖及对 NO_3-N 的吸收,磷元素的影响也
很重要。当 NO_3-N 与 NH_4-N 的浓度比为 9:1,Fe 浓度为 50μg/L 培养组与 Fe 浓
度为 200μg/L 培养组培养液中剩余的 NO_3-N 含量曲线分为明显的两组,说明在此
条件下铁元素对藻类增殖及对 NO_3-N 的吸收有着决定性作用,磷元素的影响相对
较弱。以上两培养组在实验结束时培养液中剩余的 NO_3-N 含量都相对充足,最低
NO_3-N 含量也在 6mg/L 以上。

如图 6.13(c)所示,当 NO_3-N 与 NH_4-N 的浓度比为 3:2 时,不同培养组
中剩余的 NO_3-N 含量曲线之间几乎没有差异,这和 NO_3-N 与 NH_4-N 的浓度比为
9.5:0.5 时[图 6.13(a)]的结果相似,说明此条件下 Fe 元素虽然仍对藻类增殖
有着显著影响,但对 NO_3-N 的吸收影响很弱。当 NO_3-N 与 NH_4-N 的浓度比为 9:1
时,依据 Fe 浓度不同而分为两组,这说明在此培养条件下 Fe 元素对藻类增殖及
对 NO_3-N 的吸收有着决定性作用,而磷元素的作用较弱[图 6.13(b)]。

除上述结果外,藻类增殖过程氮磷及其他微量元素间对藻类增殖也存在协同
作用(郭延,2014;陈仕光等,2012)。当 Fe 浓度为 200 μg/L,NH_4-N 占 TN 含
量较低时(NH_4-N:NO_3-N≤10%时),磷浓度为 0.2mg/L 组的藻细胞增殖状况最
好,这与前人所做的铜绿微囊藻增殖与磷浓度之间的关系存在矛盾。随着 TN 中
NH_4-N 与 NO_3-N 比值的增大,最适宜磷浓度从 0.2mg/L 转变为 0.5mg/L,且 NH_4-N
占 TN 比例越高,磷取 0.2mg/L 与磷取 0.5mg/L 时藻密度之间的差距越大;而当
Fe 浓度为 50μg/L 时,只有在 NH_4-N 占 TN 含量较高时(40%),磷浓度变化才会
对细胞增殖有显著性影响。这两种情况的出现均应归因于营养物质之间的协同效应。

欧明明等(2002)还研究了不同形态的 Fe 在不同培养条件下对蛋白小球藻生
长的影响。由图 6.14 知,1 组体系一定程度上促进了藻的生长,但是其促进效果
明显比 2 组、4 组和 6 组差,其中 6 组的影响最大。这可能是由于抗坏血酸将部
分 Fe^{3+} 转化为 Fe^{2+}。藻类在吸收 Fe^{3+} 的同时也吸收了转化过后的 Fe^{2+},2 种吸收加
大了也加快了藻类对铁的吸取;也可能是由于抗坏血酸的还原作用使 Fe^{3+} 还原成
Fe^{2+} 时又发生了别的机理反应,从而使铁变成更易被藻类吸收的生物活性形态,
因此进一步促进藻类的生长。同时可以推测,胶体水合氧化铁很可能是天然海水
中转化为藻类可吸收形态的铁(如 Fe^{3+}-EDTA、Fe^{2+}-EDTA 等有机络合态铁)的
重要来源之一。因此,可以作为海洋浮游植物生长的铁源,但是,胶体水合氧化
铁对藻类生长影响不仅取决于总铁的含量,更重要的是取决于它转化成生物活性
形式的速率以及藻类的有效吸收。

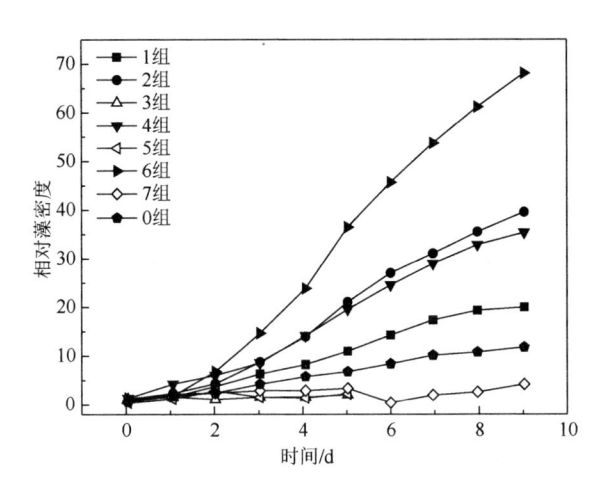

图 6.14　不同形态铁对铜绿微囊藻生长的影响（欧明明，2002）

0 组：对照组，不外加铁和有机络合剂；1 组：水合氧化铁；2 组：Fe^{3+}-EDTA；3 组：Fe^{3+}-EDTA（暗）；4 组：Fe^{2+}-EDTA；
5 组：Fe^{2+}-EDTA（暗）；6 组：Fe^{3+}-EDTA-抗坏血酸；7 组：Fe^{3+}-EDTA-抗坏血酸（暗）；其中铁的浓度为 $2×10^{-7}$mol/L

此研究表明，Fe 对小球藻生长影响的主要生物活性形态是有机络合态铁和胶体水合氧化铁，光诱导还原态 Fe^{2+} 也很重要。它们都积极促进了藻类的生长繁殖，其中 EDTA 与铁离子结合的动力学过程并不明显影响藻类吸收铁。小球藻相对生长率的提高和 Chl-a 的增加取决于铁的总量及其转变为可利用状态的速率和藻类的有效吸收。

6.2.2　Mn 元素对藻类生长的影响及作用机理

Mn 元素是藻类生长过程中硝酸还原酶的活化剂，如果在缺 Mn 情况下就会对生物利用硝酸盐产生影响（张铁明，2006）。另外，Mn 属于叶绿素的结构成分，一旦缺 Mn，叶绿素结构就会遭到破坏、甚至解体，这是因为 Mn 参与光合作用中水的光解过程，但是过量的 Mn 又会对藻细胞产生生物毒性，对叶绿素的合成产生不利的影响（王海明，2007；金琎，1991）。

1. Mn 对铜绿微囊藻生长的影响

图 6.15（a）～（e）所示分别为磷浓度等于 0.04mg/L、0.1mg/L、0.2mg/L、0.5mg/L、1.0mg/L 时，Mn 浓度变化对铜绿微囊藻生长影响的变化曲线。从图中可以看出，藻类的生长可以清晰的分成两种状态：①Mn 缺乏和过量导致的藻类生长限制和抑制；②Mn 适宜条件下的不同 Mn 浓度对藻类生长的影响。这一现象在实验的各个 TP 浓度中均有明显反映。

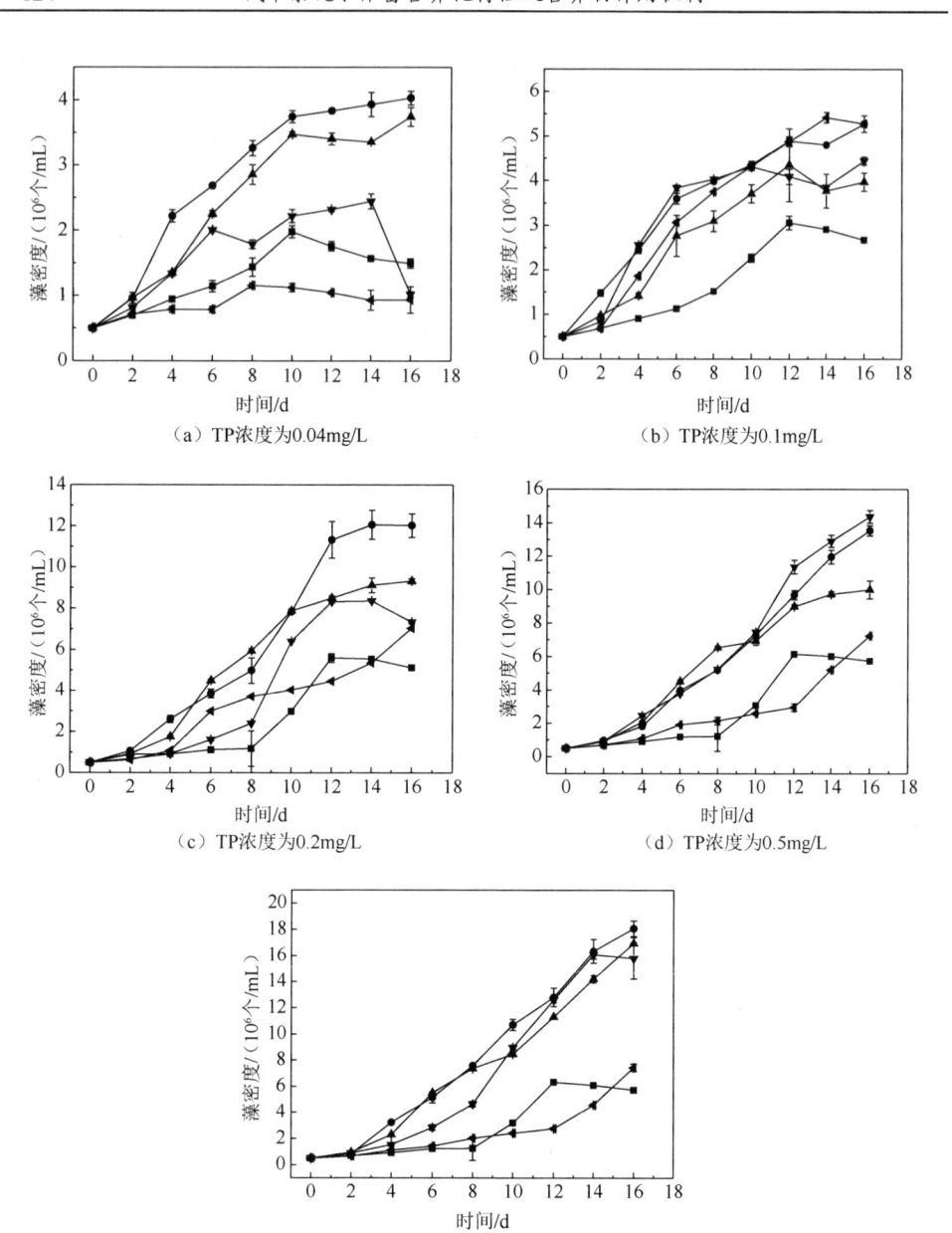

（a）TP浓度为0.04mg/L

（b）TP浓度为0.1mg/L

（c）TP浓度为0.2mg/L

（d）TP浓度为0.5mg/L

（e）TP浓度为1.0mg/L

■ Mn浓度为0　　　● Mn浓度为20μg/L　　　▲ Mn浓度为80μg/L

▼ Mn浓度为200μg/L　　◄ Mn浓度为1000μg/L

图6.15　不同磷浓度条件下 Mn 对铜绿微囊藻生长的影响

（1）Mn 缺乏和过量导致的藻类生长限制和抑制。当 Mn 浓度为 0 和 1000μg/L 时，在所有磷浓度条件下，与其他 Mn 浓度条件相比，藻细胞增殖均受到明显限制（抑制）。在 TP 浓度为 0.04mg/L 时，Mn 浓度为 2000μg/L 组藻细胞受到的抑制作用要明显强于 Mn 浓度为 0 时藻细胞受到的限制作用。当 TP 浓度≥0.1mg/L时，情况发生了变化，Mn 浓度为 2000μg/L 的藻密度在较长时间内大于 Mn 浓度为 0 的藻密度，且最大藻密度值也大于 Mn 浓度为 0μg/L 时的藻密度值。

Mn 缺乏时对藻类增殖的影响比较简单，Mn 元素缺乏会造成细胞内硝酸还原酶活性减弱，且由于 Mn 是叶绿素的重要组成部分，也会导致叶绿素合成受阻，影响藻细胞光合作用。

Mn 过量时对藻细胞影响的机理则比较复杂。当 Mn 元素过量时，对细胞增殖的影响主要有两种方式：①藻细胞对 Mn 元素的过量吸收；②影响藻细胞对其他阳离子的吸收。藻细胞对 Mn 元素的吸收主要分为两个过程：表面吸附和主动运输。外界环境中过量的 Mn 造成吸附在藻细胞表面的 Mn^{2+} 量骤增，从而引起过量的吸收，而细胞内过量的 Mn 会造成细胞中毒，蛋白质失活，某些生化过程不能正常进行。与此同时，细胞表面的二价阳离子结合位点是有限的，过量的 Mn^{2+}吸附在藻细胞表面会造成其他二价阳离子结合位点不足，从而影响藻细胞对 Ca^{2+}、Mg^{2+} 等必需元素的吸收，对细胞的正常生命活动产生影响。

（2）Mn 适宜条件下的不同锰浓度对藻类生长的影响。当 Mn 浓度在 20μg/L至 200μg/L 范围内时，随着磷浓度的增大，Mn 浓度取 20μg/L、80μg/L 和 200μg/L组之间的差异性逐渐减小。当 TP 浓度为 0.04mg/L、0.1mg/L 及 0.2mg/L 时，在20μg/L、80μg/L 和 200μg/L 三个 Mn 浓度梯度下的藻密度之间均存在极显著性差异。当 TP 浓度为 0.5mg/L 时差异性减弱，但经统计学检验，仍存在显著性差异。当 TP 浓度为 1.0mg/L 时，差异性再次减弱，甚至几乎不存在显著性差异。

出现这种情况的原因可能是由于细胞增殖受到诸多因素的影响，在较高的磷浓度条件下，藻细胞对微量元素的适应能力增强，这使得微量元素在藻类增殖过程的作用减弱。此外，磷浓度较高时藻密度在培养后期所达到的藻密度值很大，在有限的空间下藻细胞之间的相互影响同样会成为影响藻细胞增殖的重要因素。

研究结果表明 Mn 对铜绿微囊藻的增殖具有显著影响，当 Mn 浓度在 20～80μg/L 时对藻细胞增殖的促进作用最显著。对西安市两个城市水体的 Mn 浓度变化进行了长期跟踪调查，调查结果间接地验证了实验结论。从图 6.16（a）和（b）可以看出，这两个水体的 TN 浓度在一年中的变化趋势基本相同，在 1～3 月藻类藻华暴发期之前两个水体的 TN 浓度值大小也基本相同。图 6.16（b）中 TP 浓度的变化曲线可以看出在全年范围内高新湖的 TP 浓度在 0.02～0.33mg/L，高于桃花潭的 TP 浓度为 0.008～0.22mg/L，且在每个取样时间点高新湖 TP 浓度均高于桃花潭。在不考虑微量元素的作用条件下，依据现有的氮磷与藻细胞增殖之间的关系，高新湖的藻类增殖情况应明显高于桃花潭，这是由其较高的磷营养条件决定的。图 6.16（c）所示的叶绿素浓度代表两个水体的藻类增殖状况。从图可以看出调查结果与依据氮磷条件推测得到的结论恰好相反，桃花潭的藻类繁殖状况在全年范围内均高于高新湖，且在 4 月和 10 月出现两个峰值，这样看似矛盾的结果在将 Mn 元素的作用考虑进去后则变的很容易解释。在图 6.16（d）中，两个水体的 Mn 浓度在全年范围内除桃花潭在 3 月和 9 月出现两个峰值点外，其他时间段并无显著差异，但结合图 6.16（c）中 Chl-a 的峰值点可以看出，Mn 浓度的这两个峰值点很可能是导致两个水体藻类繁殖出现显著差异的直接原因。

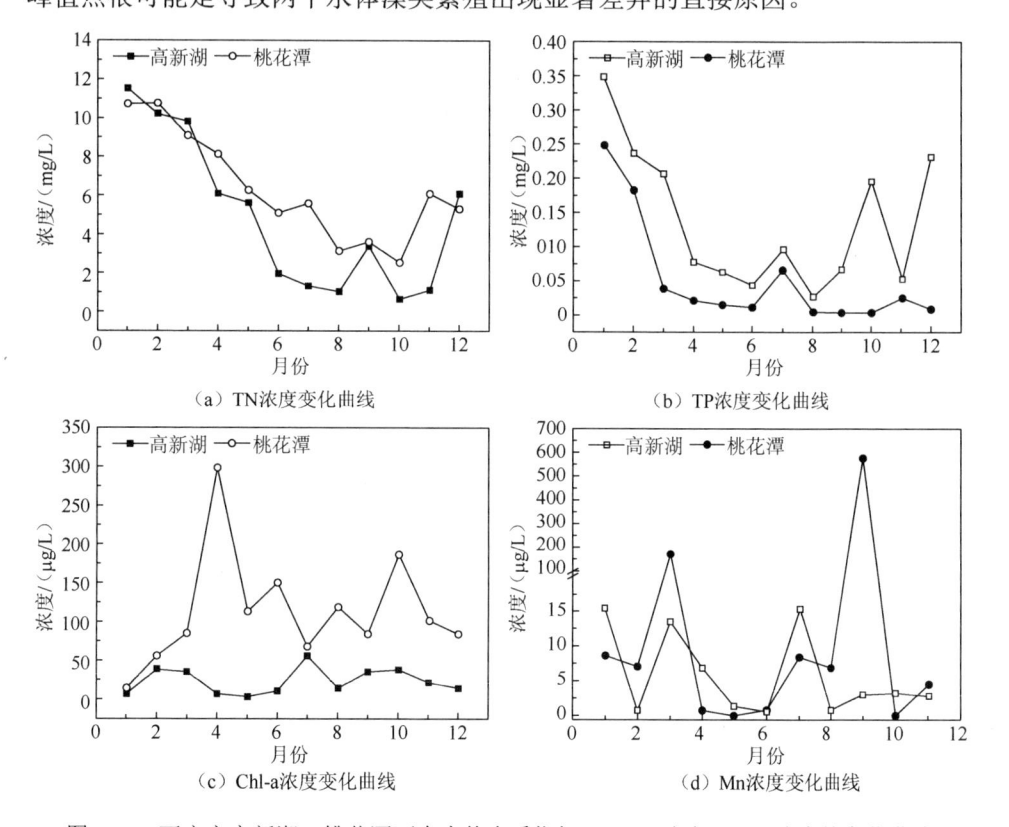

图 6.16　西安市高新湖、桃花潭两个水体水质指标、Chl-a 浓度及 Mn 浓度的变化曲线

2. Mn 对铜绿微囊藻藻毒素合成的影响

图 6.17 所示为不同培养条件下藻毒素 MC-LR 产量随培养时间的变化曲线。从图中可以看出：①当磷浓度在 0.1～0.5mg/L 时，随着磷浓度的增加，Mn 浓度为 20μg/L、80μg/L、200μg/L 培养组的藻毒素 MC-LR 产量均有显著增加，且藻毒素 MC-LR 产量明显高于 Mn 浓度为 0 和 1000μg/L 时；②Mn 浓度为 20μg/L 和 80μg/L 是藻毒素合成最适宜的两个实验浓度：在培养第 16 天时，Mn 浓度为 20μg/L 的藻毒素总产量随着磷浓度从 0.1mg/L 增加到 0.5mg/L 增加了 2 倍多；Mn 浓度为 80μg/L 组的藻毒素 MC-LR 总产量增加量均也接近 2 倍。因此，在 Mn 浓度处于

20～80μg/L 时，磷元素的增加可以有效的促进藻毒素产量的增加，即 Mn 浓度取 20～80μg/L 是藻毒素合成的最适宜浓度区间。

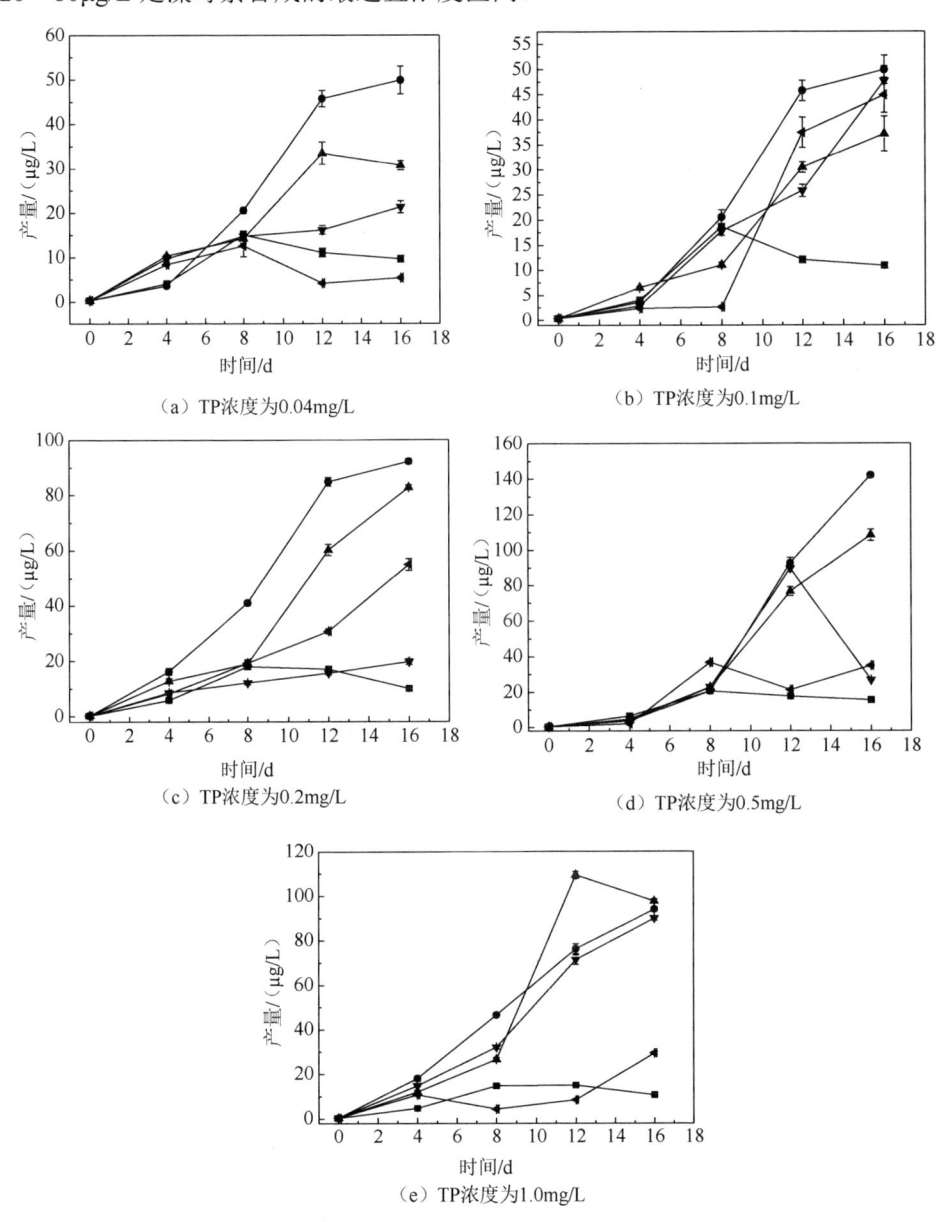

（a）TP浓度为0.04mg/L

（b）TP浓度为0.1mg/L

（c）TP浓度为0.2mg/L

（d）TP浓度为0.5mg/L

（e）TP浓度为1.0mg/L

■— Mn浓度为0　　　●— Mn浓度为20μg/L　　　▲— Mn浓度为80μg/L
▼— Mn浓度为200μg/L　　　◄— Mn浓度为1000μg/L

图 6.17　Mn 对铜绿微囊藻藻毒素 MC-LR 合成的影响

图 6.18 分析了不同条件下最大藻毒素 MC-LR 产量和最大单细胞藻毒素 MC-

LR 产量。当 Mn 浓度从 0 增加至 20μg/L 时，藻毒素 MC-LR 产量及单细胞藻毒素 MC-LR 产量都有显著增加，这说明在这个浓度范围内，Mn 元素对铜绿微囊藻藻毒素合成具有重要的作用。Mn 浓度增大至 80μg/L，TP 浓度为 0.2mg/L 和 0.5mg/L 时，藻毒素 MC-LR 产量出现了显著降低，而其他浓度下的藻毒素 MC-LR 产量仍呈现上升趋势。当 Mn 浓度大于 80μg/L 时，所有实验组的藻毒素 MC-LR 产量都开始下降。在图 6.18（b）中，随着 Mn 浓度增大，单细胞藻毒素 MC-LR 产量呈现两种趋势。当 TP 浓度为 0.04mg/L 和 0.1mg/L 时，单细胞藻毒素 MC-LR 产量随着 Mn 浓度的增加先增大后趋于稳定；而当 TP 浓度为 0.2mg/L、0.5mg/L 及 1.0mg/L 时，单细胞藻毒素 MC-LR 产量先增大后显著减小。

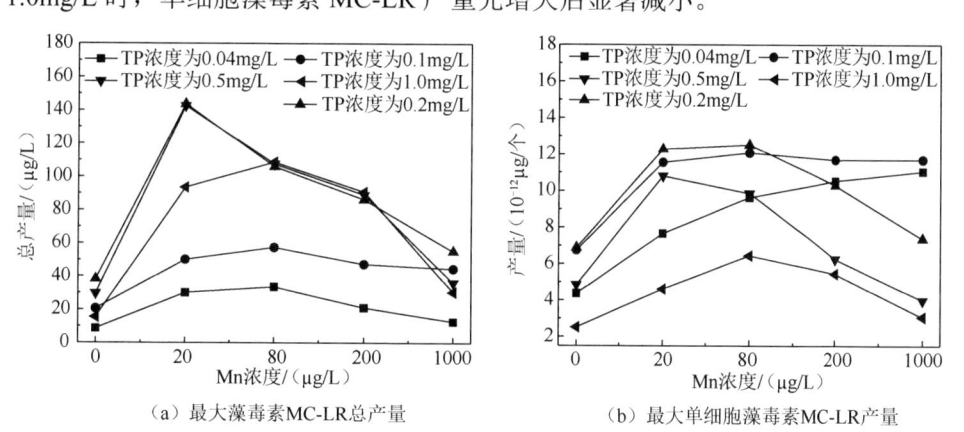

（a）最大藻毒素MC-LR总产量　　　　（b）最大单细胞藻毒素MC-LR产量

图 6.18　不同条件下最大藻毒素 MC-LR 总产量和最大单细胞藻毒素 MC-LR 产量

　　为了研究藻毒素 MC-LR 合成和藻细胞增殖之间的关系，进一步研究了最大藻密度和最大藻毒素 MC-LR 产量的关系。如图 6.19 所示，依据 Mn 浓度的不同，藻密度与单细胞藻毒素产量之间的关系可以分为两部分。当 Mn 浓度取最大值和最小值时（0 和 1000μg/L），藻密度和藻毒素 MC-LR 产量处于较低水平，分别是由

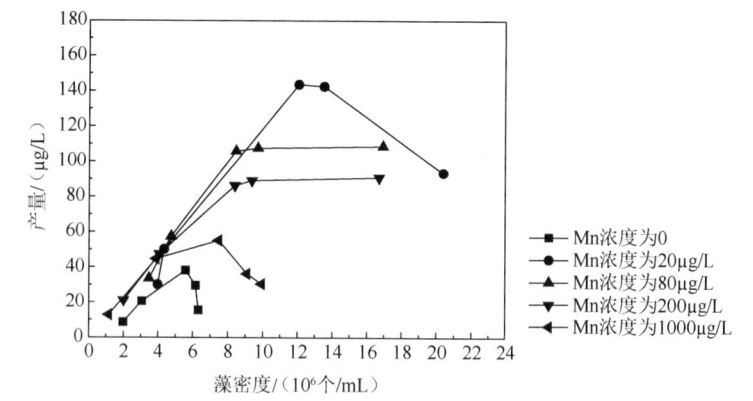

图 6.19　藻密度与藻毒素 MC-LR 间的关系

于 Mn 元素缺乏导致的限制和过量产生的抑制作用。然而，当 Mn 浓度处于适宜范围内时（20～200μg/L），藻毒素 MC-LR 产量随藻密度的变化是显而易见的，并且按照其变化规律可以将其分为 3 种情况。

（1）当藻密度处于较低值时，即 Mn 浓度为 20μg/L、80μg/L 和 200μg/L 时对应的藻密度分别小于 12×10^6 个/mL、8.5×10^6 个/mL 和 8.5×10^6 个/mL，藻毒素 MC-LR 产量与藻密度之间存在显著的正相关关系，且当 Mn 浓度取 80μg/L 时，藻毒素 MC-LR 与藻密度比值为最大值，即单位藻密度的产毒量最大。

（2）当藻密度处于中等条件，即 Mn 浓度为 20μg/L、80μg/L 和 200μg/L 时对应的藻密度分别为（12～14）$\times10^6$ 个/mL、大于 10×10^6 个/mL、大于 9×10^6 个/mL，藻毒素 MC-LR 随着藻密度变化呈水平线，即藻毒素 MC-LR 产量并不随藻密度的增大而变化，二者之间没有相关性。

（3）当藻密度足够大时，在 Mn 浓度等于 20μg/L 条件下藻毒素 MC-LR 产量与藻密度之间呈负相关性，这可能是由于磷元素的过量或锰元素不足引起的。值得注意的是，藻毒素 MC-LR 产量的最大值是在 Mn 浓度等于 20μg/L，且藻密度为 12×10^6 个/mL 时取得的。

综上所述，藻毒素 MC-LR 产量与藻类增殖之间存在密切的相关性，这是值得注意的。

3. Mn 对铜绿微囊藻吸收营养物质的影响

如图 6.20 所示，在不同磷浓度条件下，细胞吸收的 Mn 元素呈现出 3 种不同趋势。当 Mn 浓度较低时（20μg/L），磷浓度从 0.04mg/L 增加到 1.0mg/L，单细胞吸收的 Mn 元素量先略有增加，然后急剧减小，随后趋于稳定。当 Mn 元素处于中等浓度（80～200μg/L），磷浓度增大时单细胞吸收的 Mn 元素量减小的趋势很明显，

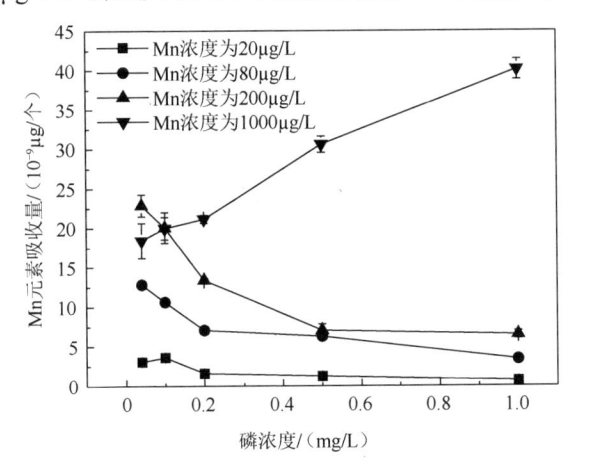

图 6.20　不同氮磷营养条件下铜绿微囊藻对 Mn 元素的吸收量

这是由于磷对藻细胞增殖的积极影响导致了细胞总数量的增加，因而单个细胞受的Mn元素胁迫减小。当Mn浓度取1000μg/L时，磷元素浓度从0.04mg/L增加至1.0mg/L时，单个细胞吸收的Mn元素量从$18.44\times10^{-9}μg$增加到$40.12\times10^{-9}μg$，对应的藻密度从$(1.15\pm0.14)\times10^{6}$个/mL增加到$(9.93\pm0.32)\times10^{6}$个/mL（图6.15），这是由于磷对细胞吸收Mn元素的影响以及Mn^{2+}与其他二价阳离子之间的相互影响。

4. Mn对其他藻类生长的影响

1）Mn对斜生栅藻生长的影响

张铁明等（2006）通过AGP实验研究了不同Mn浓度对斜生栅藻增殖及光合作用的影响。实验结果显示，实验的前6天斜生栅藻处于调整期，从第6天后，该藻各组增殖速度明显加快。无锰组增殖速度最慢，Mn浓度等于0.0007mg/L、0.007mg/L、0.07mg/L、0.5mg/L、5mg/L组增殖速度逐渐加快，锰等于10mg/L组的增殖速度又比5mg/L组有所减慢。实验结果显示，当Mn浓度在0.0007～5mg/L时，斜生栅藻增殖随Mn^{2+}浓度的提高增殖速度加快；当Mn浓度高于5mg/L时，不利于该藻细胞增殖，速度相对减慢。叶绿素的变化情况与藻密度相同。

2）Mn对衣藻生长的影响

Allen等（2007）试图通过研究在Mn缺乏条件下衣藻细胞内生化过程的变化情况来从机理上更近一步解释Mn元素在藻类生命活动中的作用。

将经过饥饿处理的耗尽细胞内Mn元素的衣藻接种于含不同Mn浓度的ATP（腺碷吟核苷三磷酸）培养基中，图6.21所示为不同Mn浓度条件下藻密度随培养时间的变化曲线，由图可以看出：与对照组相比，增加培养基中Mn浓度可以有效地促进藻细胞的增殖。当Mn浓度等于0.1μmol/L及0.25μmol/L时，达到稳定期时藻密度相对于对照组约增大了90%左右；当Mn浓度在0.50～25μmol/L时，

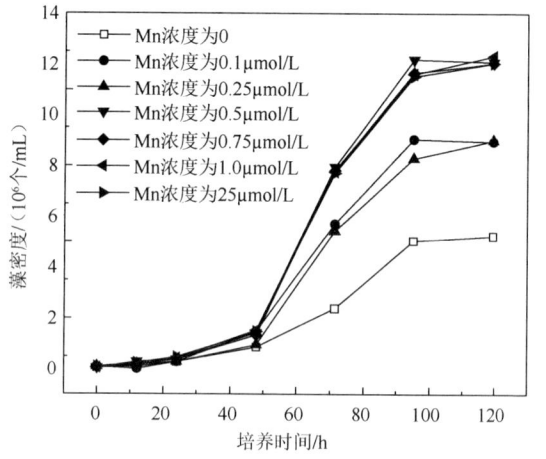

图6.21 Mn元素缺乏条件下Mn浓度变化对衣藻细胞增殖的影响（Alle et al., 2007）

藻密度相对于 Mn 浓度为 0.1μmol/L 及 0.25μmol/L 又有了显著增加，到达稳定期时较对照组约增加了 200%。

在 Mn 浓度为 0.1μmol/L 和 25μmol/L 条件下，向培养基中加入不同浓度的过氧化氢来测试 Mn 元素不足时藻细胞对过氧化物的抵抗能力，结果如图 6.22 所示。由图可以看出，在 Mn 浓度为 0.1μmol/L 和 25μmol/L 时，加入过氧化氢都会抑制藻细胞的增殖，且过氧化氢浓度越高，对藻细胞增殖的抑制作用越强。但 Mn 浓度为 25μmol/L 时，过氧化氢对藻细胞增殖的抑制作用明显比 Mn 浓度为 0.1μmol/L 时弱。当 Mn 浓度取 25μmol/L 时，在培养基中加入 1mmol/L 的过氧化氢时，对藻细胞几乎不产生抑制作用。以上结果说明 Mn 元素缺乏可能导致了衣藻细胞内过氧化物歧化酶的活性降低，从而会导致衣藻细胞对外加过氧化物的抵抗能力减弱。

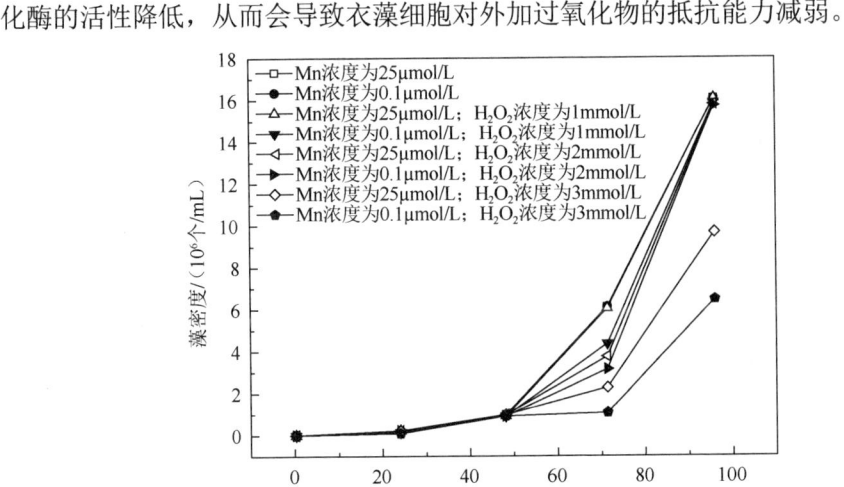

图 6.22　Mn 元素不足时藻细胞对过氧化物的抵抗能力

6.2.3　Zn 元素对藻类生长的影响及作用机理

Zn 是藻类生物的许多生理过程中起着重要作用的微量元素，浮游藻类的正常增殖对 Zn 有一定量的需求，在适当的浓度下可促进许多酶的活性（陈仕光，2011）。光合作用和与之相关的代谢酶类如酸性磷酸酶、碳酸酐酶和碱性磷酸酶的组成均需要 Zn 元素的参与，此外，Zn 可提高更多酶的活性，特别是可以提高那些依赖于 NAD 或 NADP 酶的活性（陈仕光等，2010b）。Bertrand 等（2005）曾经观察到 Zn^{2+} 存在对植物中 G6PDH 有激活作用，该酶的存在可以促进细胞中 NADPH 的生成。高浓度的 Zn 又会导致中毒现象。类囊体是藻类细胞光合作用的一种能量转换器，它的主要功能是将光能转化成化学能贮存在有机物中。苏秀榕等（2002）发现三角褐指藻 Zn^{2+} 半抑制浓度为 202.5～243μg/L，致死浓度为 405μg/L。当 Zn 中毒时，囊状体的类囊体大多溶解消失，有的出现断裂，有的在囊状体里出现电子密度较高的颗粒，使光合作用受阻，合成代谢停止，藻类细胞处于半死状态。大量的 Zn^{2+} 可促使核酸降解，结合在核酸上的磷酸酯基上的 Zn^{2+} 可从 RNA 和多核酸的磷酸二脂链上夺取电子，从而使得成键不稳定和易水解，这样生物大分子可降解成小的碎片，从而使藻体发生病变。

1. Zn 对铜绿微囊藻生长的影响

本书研究了在不同磷浓度条件下 Zn 浓度变化对铜绿微囊藻增殖的影响。图 6.23（a）～（c）所示分别为 TP 浓度为 0.04mg/L、0.1mg/L 和 0.5mg/L 时不同 Zn 浓度条件下藻密度随培养时间变化曲线。

（1）当 TP 浓度为 0.04mg/L 时［图 6.23（a）］，藻密度从大到小对应的 Zn 浓度依次为 0.5μg/L、5μg/L、50μg/L、0.05μg/L 及 200μg/L。

（2）当 TP 浓度取 0.1mg/L 和 0.5mg/L 时［图 6.23（b）和图 6.23（c）］，藻密度从大到小对应的 Zn 浓度依次为 5μg/L、0.5μg/L、50μg/L、0.05μg/L 及 200μg/L。

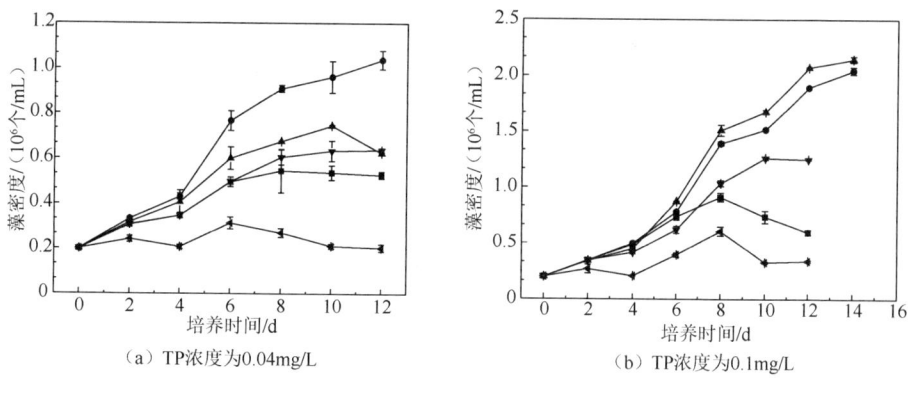

（a）TP浓度为0.04mg/L　　　　　（b）TP浓度为0.1mg/L

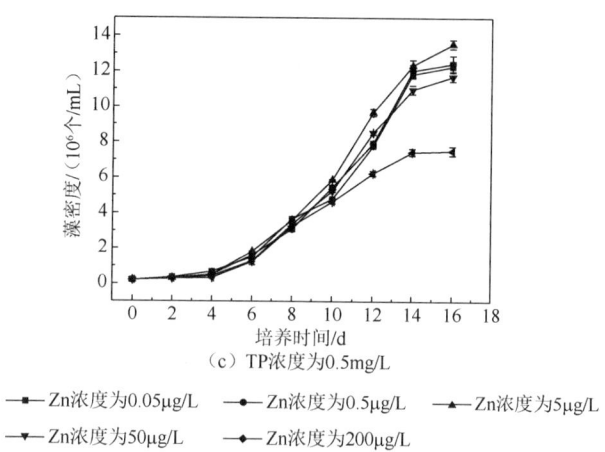

（c）TP浓度为0.5mg/L

—■— Zn浓度为0.05μg/L　　—●— Zn浓度为0.5μg/L　　—▲— Zn浓度为5μg/L
—▼— Zn浓度为50μg/L　　—◆— Zn浓度为200μg/L

图 6.23　不同 TP 浓度条件下 Zn 浓度变化对铜绿微囊藻增殖的影响

相比而言，在 TP 浓度为 0.04 和 0.1mg/L 条件下 [图 6.23（a）和图 6.23（b）]，不同 Zn 浓度下的藻密度之间具有显著差异，而 TP 浓度为 0.5mg/L 条件下 [图 6.23（c）]，除 Zn 浓度为 200μg/L 外，其他各组藻细胞之间并无显著性差异。在 TP 浓度为 0.04mg/L 时，最大藻密度出现在 Zn 浓度为 0.5μg/L，而在 TP 浓度为 0.1mg/L 时，最大藻密度出现在 Zn 浓度为 5μg/L。主要原因是由于随着磷浓度的增大，到达稳定期时藻细胞增大了约 3 倍，在保证单细胞对 Zn 需求的条件下，细胞密度的增加必然会导致所需的 Zn 浓度增大。综上所述，Zn 元素作用在低磷条件下更加显著，最佳作用浓度范围为 0.5～5μg/L。

不同 Zn 浓度条件下单细胞叶绿素含量是表征 Zn 对藻细胞光合作用的重要指标，可以直接体现单细胞的光合作用能力。图 6.24 所示为不同磷浓度条件下，Zn 浓度变化对单细胞叶绿素含量的影响。在同一磷浓度条件下，单细胞叶绿素含量随着 Zn 浓度增加先增大后减小，且随着磷浓度的增加而增大。造成这种结果主要是由于藻类光合作用和与之相关的代谢酶类（如酸性磷酸酶、碳酸酐酶和碱性磷酸酶）的组成均需要 Zn 的参与，在较低的 Zn 浓度条件下由于 Zn 不足限制了光合作用过程中的酶活性，因而造成了单细胞叶绿素较低。而高浓度条件下，Zn 造成的细胞中毒及 TP 浓度增加可以缓解中毒的现象与 Mn 的表现类似。

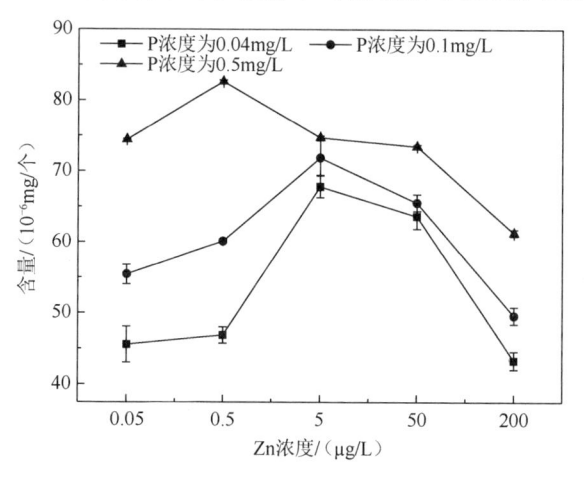

图 6.24　不同 TP 浓度条件下 Zn 浓度变化对单细胞叶绿素含量的影响

2. Zn 对微囊藻藻毒素合成的影响

图 6.25 所示为不同 TP 浓度条件下 Zn 浓度变化对藻毒素合成的影响。可以看出，在 TP 浓度取 0.04mg/L 和 0.1mg/L 时，在不同 Zn 浓度条件下，藻毒素产量随着培养时间的变化基本上表现为上升趋势，且不同 Zn 浓度条件下的各组藻毒素 LR 产量存在显著性差异；当 TP 浓度为 0.5mg/L 时，除 Zn 浓度取 200μg/L 外，

其他 Zn 浓度条件下藻毒素 MC-LR 产量在培养前期随着培养时间的延续持续上升，在第 12 天达到最大值，而后迅速减小，但各培养组之间的差距并不显著。这是由于在 TP 浓度取 0.04mg/L 和 0.1mg/L 时，各培养组中氮元素量充足，因此不会影响藻毒素 MC-LR 的合成；而当 TP 浓度为 0.5mg/L 时，由于培养后期氮元素剩余量较少，用来合成藻毒素 MC-LR 的氮元素量不足，从而造成藻毒素 MC-LR 产量的减小，且各组之间的差异减弱。

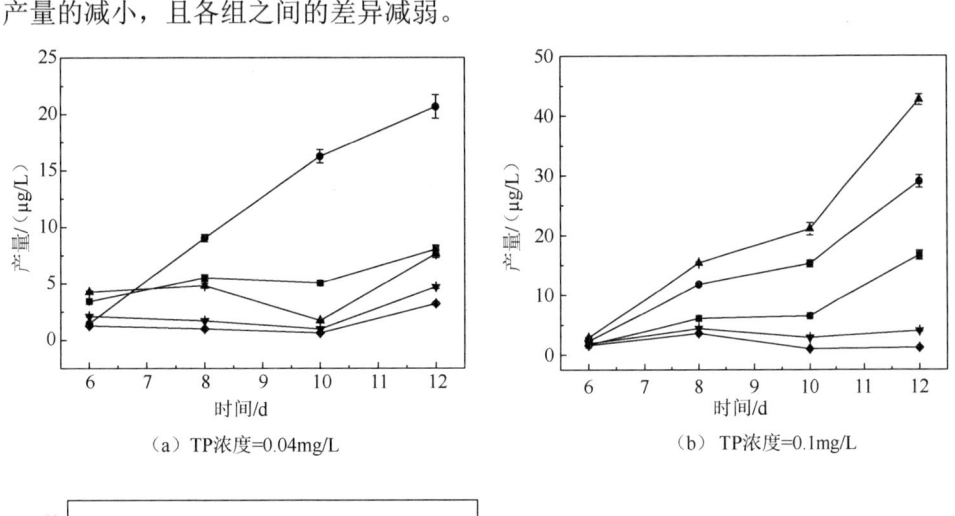

（a）TP浓度=0.04mg/L　　　　　　　　（b）TP浓度=0.1mg/L

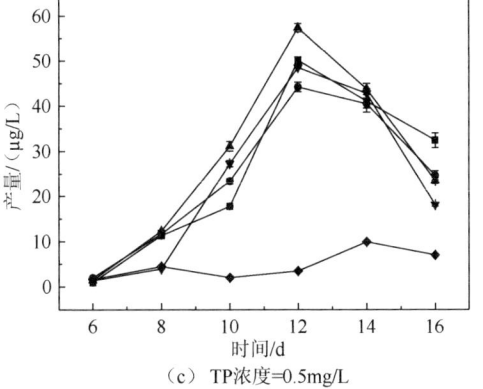

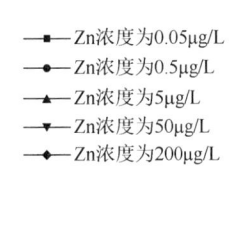
- ■ Zn浓度为0.05μg/L
- ● Zn浓度为0.5μg/L
- ▲ Zn浓度为5μg/L
- ▼ Zn浓度为50μg/L
- ◆ Zn浓度为200μg/L

（c）TP浓度=0.5mg/L

图 6.25　不同 TP 浓度条件下 Zn 浓度变化对藻毒素 MC-LR 产量的影响

3. Zn 对铜绿微囊藻吸收营养物质的影响

在同一氮磷条件下，单细胞吸收氮含量能直观地体现出 Zn 对藻细胞氮元素利用的影响。图 6.26 所示为不同 TP 浓度条件下，Zn 浓度变化对单细胞吸收氮元素的影响。

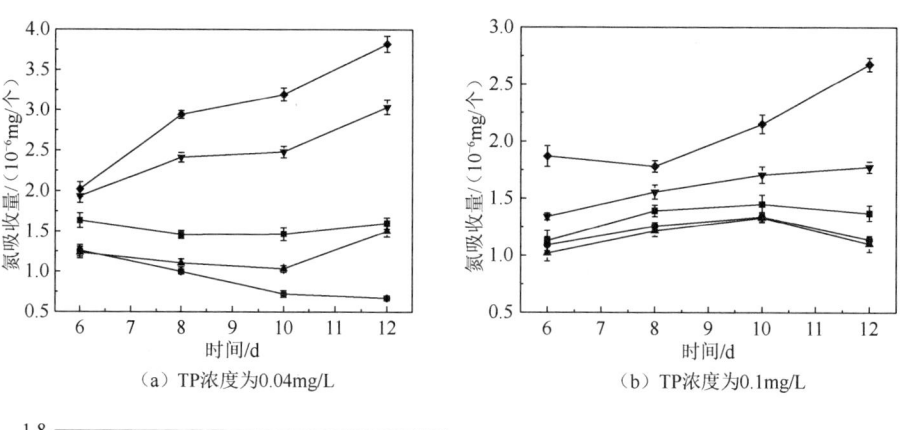

(a) TP浓度为0.04mg/L　　　　　　(b) TP浓度为0.1mg/L

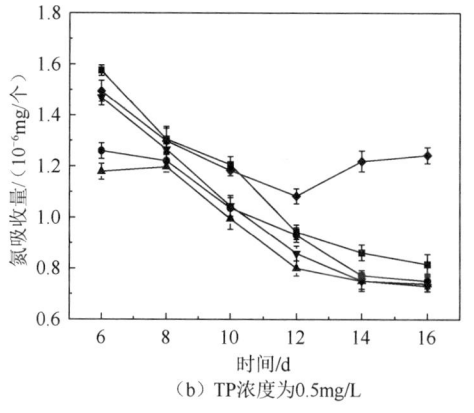

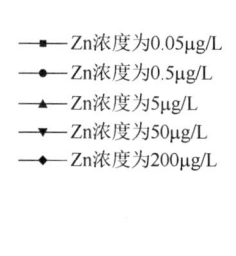

（b）TP浓度为0.5mg/L

图 6.26　Zn 浓度对铜绿微囊藻吸氮元素的影响

从图 6.26 中可以看出，和藻密度一样，当 TP 浓度为 0.04mg/L 时，Zn 浓度变化对单细胞氮元素吸收量具有显著影响。单细胞吸收氮元素量从大到小依次为 200μg/L、50μg/L、0.05μg/L、5 μg/L 及 0.5μg/L。当 TP 浓度取 0.1mg/L 和 0.5mg/L 时，单细胞吸收氮元素量从大到小依次为 200μg/L、50μg/L、0.05μg/L、0.5μg/L 及 5μg/L；但是 TP 浓度为 0.5mg/L 时，各组之间的差异性很小。此外，不同 Zn 浓度条件下单细胞吸收的氮元素量的变化差异也不尽相同。

为了更加深入的了解 Zn 浓度变化对藻细胞的影响，将 TP 浓度为 0.5mg/L 组的各藻细胞离心分离后冷冻干燥，对得到的藻粉样品进行元素分析，结果如图 6.27 所示。由图 6.27（a）可以看出，随着 Zn 浓度的增加，细胞组成中的氮磷元素的变化趋势一致，在 Zn 浓度为 0.05～50μg/L 时，细胞组成中的氮磷元素均随着 Zn 浓度的增加逐渐减小；Zn 浓度从 50μg/L 增加至 200μg/L 时，细胞组成中的氮磷比例均有显著增加。图 6.27（b）所示为细胞组成中各元素之间的比例关系。随着 Zn 浓度的增加，N/C 和 P/C 比都呈现出先减小后增大的趋势，说明随着 Zn 浓度的增加吸收单个碳元素时所吸收的氮和磷的量减少，说明此时氮和磷的利用率相对提高，而在 Zn 浓度过高时，氮磷元素的利用效率降低。而 N/P 比随着 Zn 浓度的增加而增大，说明增加 Zn 元素可以有效促进磷元素的吸收。

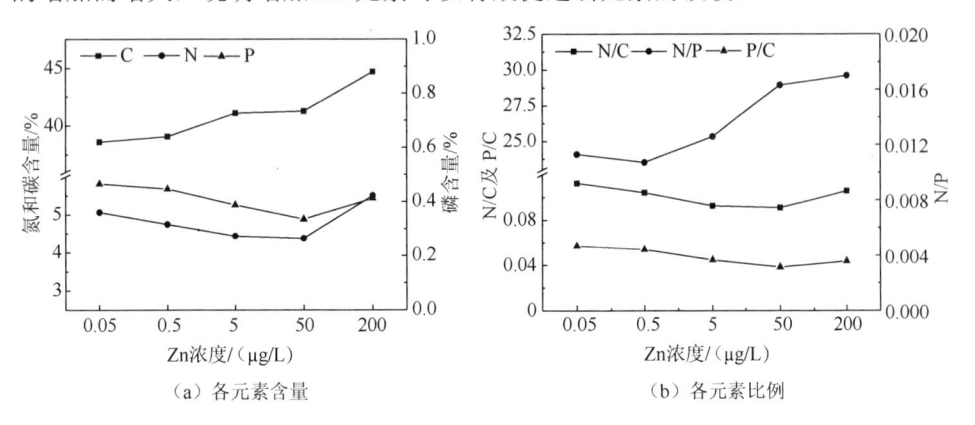

（a）各元素含量　　　　　　　　　（b）各元素比例

图 6.27　Zn 对铜绿微囊藻细胞组成的影响

通过以上分析可以做出如下推测：①Zn 浓度增加导致细胞组成中碳含量的急剧上升是由于细胞对氮磷元素使用效率的提高引起的；②N/P 值随着 Zn 浓度的增加先略有减小后显著增加，这说明 Zn 浓度的增加使得藻细胞内氮元素的使用效率的提高比磷元素使用效率提高的更加明显，即 Zn 浓度的增加对细胞利用氮元素的影响比细胞利用磷元素的影响更为显著。

4. Zn 对其他藻类生长的影响

张铁明等（2006）通过烧杯实验研究了 Zn 对斜生栅藻和脆杆藻增殖的影响。结果表明：Zn^{2+} 浓度等于 0、0.02μg/L、0.10μg/L、1.0μg/L、100.00μg/L 和 1000.00μg/L 组的藻增殖速度加快，而锌浓度等于 1.0μg/L 的增殖速度快于其他各组，Zn 等于 1000.00μg/L 组在整个实验期都几乎无明显增殖现象。当 Zn 浓度在 0.1～100μg/L 时，斜生栅藻增殖比较明显；当 Zn 浓度达到 1000μg/L 时，该藻的增殖相对缓慢；当 Zn 浓度达到 10000μg/L 以上时，该藻生长繁殖基本停止。Zn 对脆杆藻生长的影响实验表明：脆杆藻从第 9 天开始 Zn 浓度等于 0.02μg/L 组的细胞分裂进入对数期，并一直呈很明显的增长趋势。在整个实验期 0.10μg/L、1.0μg/L、100.00μg/L 组细胞增殖非常缓慢，100.00μg/L、1000.00μg/L 组细胞增殖几乎完全停止。

依据此实验结果，铜绿微囊藻最适的 Zn 浓度为 0.5～5μg/L，而斜生栅藻增殖最适应的 Zn 浓度变为 0.1～100μg/L；Zn 浓度在 0.02μg/L 时，脆杆藻的细胞生长繁殖最快，即不同藻种最适的锌浓度差异较大，应区别对待。

6.2.4　Cu 元素对藻类生长的影响及作用机理

Cu 元素在低浓度时,可以对藻类的光合作用和呼吸作用过程中的多种酶产生辅助作用,通过这些辅助作用可以提高酶的表达量,从而促进藻细胞的生长繁殖(雷振等,2016)。但是当 Cu 浓度过高时,微量金属元素的铜就会对藻类的生长产生抑制作用甚至会产生毒害,具体影响藻的生长过程表现为抑制藻类的光合作用、影响藻类的生长代谢、减少藻的细胞色素、致使藻细胞发生畸变等(史京伟等,2007)。

1. Cu 对铜绿微囊藻生长的影响

图 6.28(a)～(c)所示分别为 TP 浓度取 0.02mg/L、0.1mg/L 和 0.5mg/L 时不同 Cu 浓度条件下藻密度随培养时间变化曲线。图 6.28(a)和 6.28(b)中不同 Cu 浓度条件下各组藻密度之间具有显著差异,图 6.28(c)中除 1μg/L 与 10μg/L、0.1μg/L 与 100μg/L 之间无明显差异,但与其他各组之间也显著性差异。当 TP 浓度

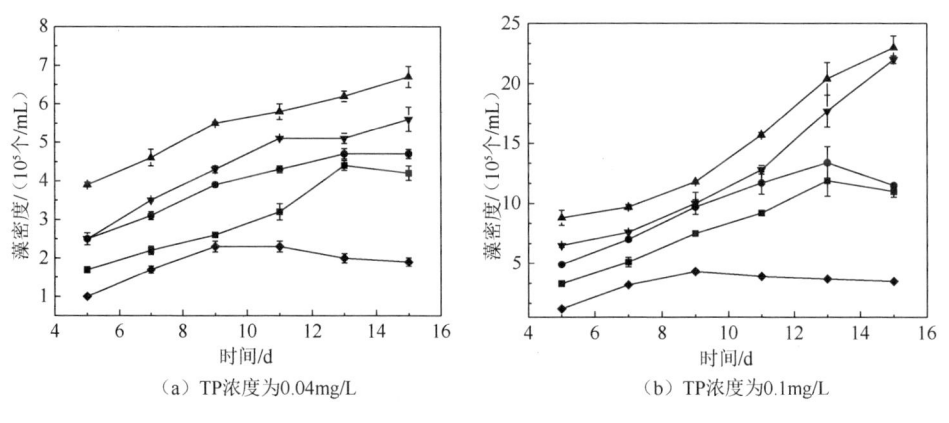

（a）TP浓度为0.04mg/L　　　　　　　　（b）TP浓度为0.1mg/L

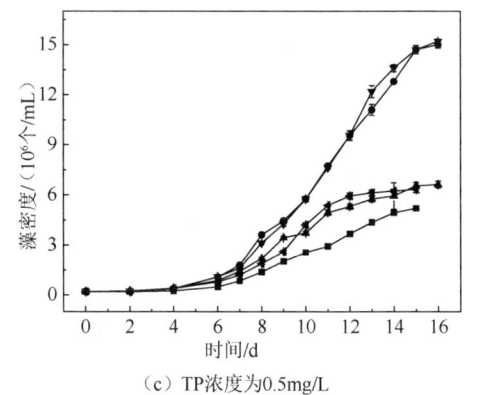

（c）TP浓度为0.5mg/L

■—Cu浓度为0.01μg/L　　▲—Cu浓度为0.1μg/L　　●—Cu浓度为1μg/L
▼—Cu浓度为10μg/L　　◀—Cu浓度为100μg/L

图 6.28　Cu 浓度对铜绿微囊藻增殖的影响

≤0.1mg/L 时，藻密度从大到小对应的 Cu 浓度依次为 1μg/L、10μg/L、0.1μg/L、0.01μg/L 及 100μg/L。当 TP 浓度为 0.5mg/L 时，藻细胞从大到小对应的 Cu 浓度依次为 10μg/L、1μg/L、0.1μg/L、0.01μg/L 及 100μg/L。造成最大藻密度对应的 Cu 浓度从 1μg/L 增大至 10μg/L 的原因是由于随着磷浓度的增大，到达稳定期时藻密度增大了约 6 倍，在保证单细胞对 Cu 元素需求的条件下，藻密度的增加必然会导致所需的 Cu 浓度增大。最大藻密度对应的铜浓度的增加是由于在低藻密度时 1μg/L 的 Cu 浓度能够满足藻细胞正常增殖的需求，而当 TP 浓度为 0.5mg/L 时到达培养稳定期时，1μg/L 的 Cu 浓度因为 Cu 浓度较低已经限制到了藻细胞的增殖，所以增加 Cu 浓度至 10μg/L 时可以有效的促进藻类增殖。

培养结束后测定各组叶绿素浓度，依据营养状态指数（trophic state index，TSI）为评价方法，以 Chl-a 为唯一评价指标，则营养状态指数的计算公式为

$$TSI(Chl\text{-}a) = \left(10 \times (2.46 + \ln C / \ln 2.5)\right)$$

式中，C 为 Chl-a 浓度（mg/L）。

由营养状态指数的计算公式计算得到的各培养条件下的 TSI 值见表 6.4。

表 6.4　不同培养条件下的 TSI 指数

TP 浓度/（mg/L）	不同 Cu 浓度下的 TSI 指数/（mg/m^3）				
	0.01mg/L	0.1mg/L	1mg/L	10mg/L	100mg/L
0.02	37.0	41.5	46.0	42.2	34.1
0.1	51.7	53.2	54.4	53.5	50.1
0.5	94.0	97.0	100	100.2	96.6

根据分级方法，当 TSI < 30mg/m^3，表明当前水体处于贫营养状态；当 30mg/m^3< TSI <50mg/m^3 时，表明水体处于中营养状态；当 50mg/m^3< TSI <60mg/m^3、60mg/m^3< TSI <70mg/m^3 和 TSI > 70mg/m^3 时，水体依次处于轻度富营养状态、中度富营养和重度富营养。计算结果可以看出，当 TP 浓度为 0.02mg/L 时，均处于中营养状态，但 TSI 指数的变化范围比较大；当 TP 浓度取 0.1mg/L 和 0.5mg/L 时，分别处于轻度富营养状态和重度富营养状态，Cu 浓度的影响很小。Chl-a 和藻密度的结论类似，即在 TP 浓度较低条件下 Cu 浓度的作用比较明显，随着 TP 浓度的增加，Cu 浓度对藻类增长虽然也存在一定影响，但这种影响被大幅减弱，特别是在以 Chl-a 来评价营养水平时，在 TP 浓度> 0.1mg/L 后，Cu 浓度对水体营养级状态的影响几乎可以忽略。

2. Cu 对微囊藻藻毒素合成的影响

在 TP 浓度为 0.5mg/L 条件下，研究了 Cu 浓度对藻细胞藻毒素合成，以及藻毒素合成与细胞增殖之间的关系，结果如图 6.29 所示。铜绿微囊藻在生长过程中

共产生 3 中藻毒素，藻毒素 MC-RR、藻毒素 MC-YR 以及藻毒素 MC-LR。藻毒素 MC-RR 含量非常少，几乎检测不到，藻毒素 MC-YR 在各组中虽基本能检测到，所占总藻毒素的总含量也均在 3%～10%。藻毒素 MC-LR 为主导性藻毒素，因此总藻毒素的变化本质上就是藻毒素 MC-LR 的变化。

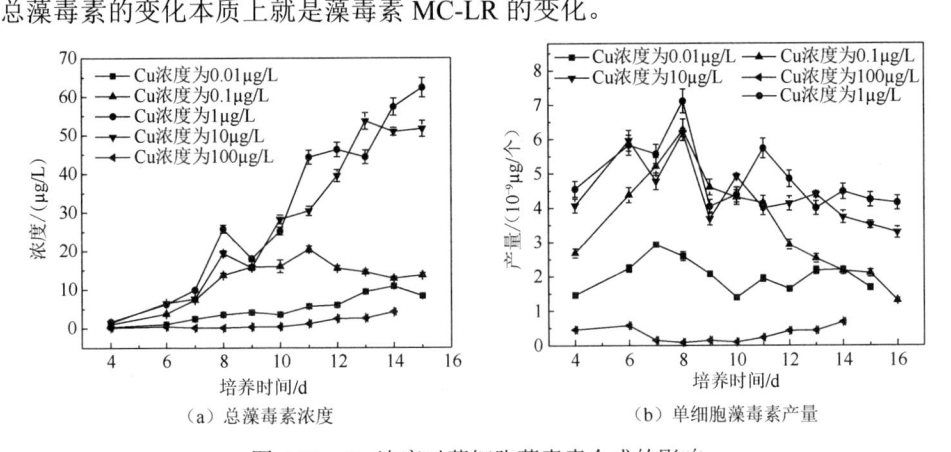

（a）总藻毒素浓度　　　　　　　（b）单细胞藻毒素产量

图 6.29　Cu 浓度对藻细胞藻毒素合成的影响

总藻毒素浓度在培养过程中表现为先增长后基本保持稳定且略有下降。藻毒素含量从小到大对应的 Cu 浓度依次为 100μg/L、0.01μg/L、0.1μg/L、10μg/L 和 1μg/L。除 Cu 浓度为 1μg/L 和 10μg/L 之间显著性差异较弱外，相邻两个浓度之间的藻毒素含量均有极显著性差异。当 Cu 浓度为 1μg/L 时，总藻毒素浓度取得所有实验组的最大值，为 62.4μg/L。当 Cu 浓度为 0.01μg/L、0.1μg/L、10μg/L 和 100μg/L 时，在培养期间藻毒素最大值依次为 10.86μg/L、16.03μg/L、53.65μg/L 和 4.25μg/L，分别是最大藻毒素浓度的 17.4%、25.4%、86.0% 和 6.8%。

单细胞产毒素含量是衡量藻细胞藻毒素合成的一个重要指标，它能更加直观的描述在一定环境条件下藻细胞个体藻毒素的合成能力。图 6.29（b）所示是在不同 Cu 浓度条件下单个藻细胞合成藻毒素浓度的变化。铜对单藻细胞产毒能力的影响结果可分为 4 个阶段。

（1）当 Cu 浓度处于较低水平（0.01μg/L）时，藻细胞的增殖受到严重限制，在快速增长前期（4～7d），单个细胞产毒素量从 1.45×10^{-6}μg/个增至 2.93×10^{-6}μg/个，而后快速降至 1.39×10^{-6}μg/个（7～10d），最后其本保持不变。在整个测定周期内，单个细胞的藻毒素产量处于 1.39×10^{-6}～2.93×10^{-6}μg/个。

（2）当 Cu 浓度取 0.1μg/L 时，Cu 对藻细胞增殖的限制作用有所缓解，单细胞藻毒素产量也明显增大。在培养前期结束时（4d），单细胞藻毒素产量已到达 2.68×10^{6}μg/个，在快速增长前期（4～8d），又快速增加至 6.27×10^{6}μg/个。从 8～16d，随着培养时间的增加，单细胞藻毒素产量缓慢降至 1.31×10^{6}μg/个。

（3）当 Cu 浓度为 1μg/L 和 10μg/L 时，单细胞产毒素变化趋势与 Cu 浓度取

0.1μg/L 时相似，且始终处于所有实验组的最高水平，只是在实验后期（9～16d）下降的趋势略微平缓，Cu 浓度为 1μg/L 时单藻细胞产毒素量略高于 Cu 浓度为 10μg/L 时。

（4）当 Cu 浓度取 100μg/L 时，藻细胞产毒素受到严重抑制，单细胞产毒素量始终处于很低水平（$0.10～0.68×10^{-6}$μg/个），与其他实验组相比，其特殊之处在于在培养后期，单细胞产毒素水平随着培养时间的持续而增大。

Long 等（2001）在研究铜绿微囊藻单细胞产藻毒素量与细胞增殖之间的关系时发现，在氮元素限制条件下，藻细胞比增长率与单藻细胞的产毒素量存在一定的线性关系：当藻细胞比增长率为零时，单细胞产毒素量处于最低水平，而比增长率取得最大值时，单藻细胞产毒素量取得最大值。Jähnichen 等（2011）在 Long 等（2001）研究的基础上分别研究了磷、铁限制下单细胞产毒素水平与细胞比增长率之间的关系，其结果也表明藻细胞比增长率与单藻细胞的产毒素量之间存在简单线性关系。参考以上已有结论，本书将不同 Cu 浓度胁迫下单细胞藻毒素产量与细胞比增长率进行简单线性拟合，结果如图6.30所示。

可以看出，在 Cu 浓度处于 0.01～100μg/L，单细胞藻毒素 MC-LR 产量与细胞比增长率呈现线性关系，且拟合线的斜率随着 Cu 浓度的增加先增大后减小，在 Cu 浓度为 0.1μg/L 时取得最大值。当 Cu 浓度达到 100μg/L 后，单细胞藻毒素产量 q 与细胞比增长率 μ 之间已经变化为负曲线关系。

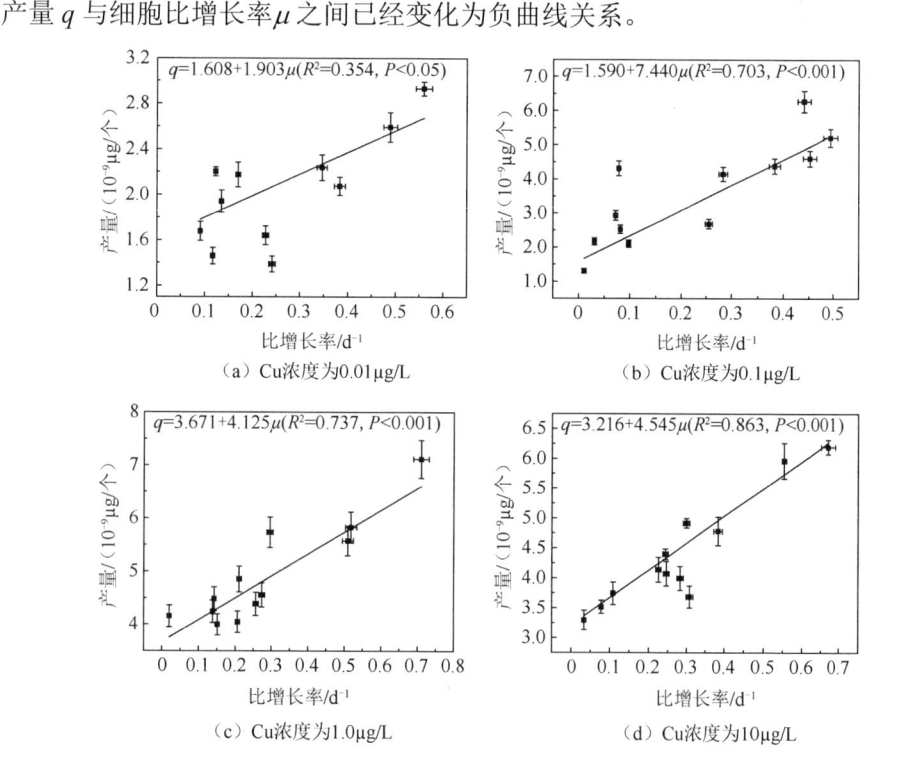

（a）Cu浓度为0.01μg/L　　　　（b）Cu浓度为0.1μg/L

（c）Cu浓度为1.0μg/L　　　　（d）Cu浓度为10μg/L

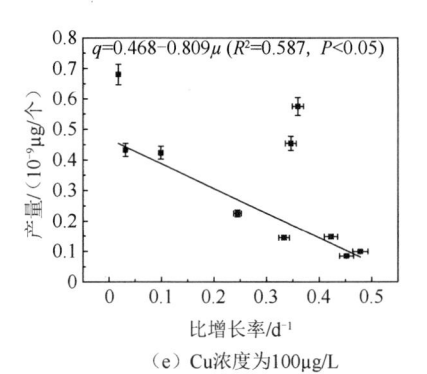

$q=0.468-0.809\mu$ $(R^2=0.587,\ P<0.05)$

（e）Cu浓度为100μg/L

图 6.30　铜胁迫下单细胞藻毒素 MC-LR 产量与藻细胞比增长率之间的关系

3. Cu 对藻类吸收营养物质的影响

Cu 对藻类生化过程的影响方式有两种，一种是直接影响，一种是通过影响藻类对氮磷等元素的利用来影响藻细胞内的生化过程。氮元素是藻类生长的必须元素，也是藻毒素的重要组成元素。图 6.31 所示为单藻细胞对 $NO_3\text{-}N$ 的吸收量。

图 6.31（a）和（b）中，随着培养时间的延续，单细胞氮元素吸收量呈现持续上升趋势，且在培养前期增加速度较慢，而在培养后期增速较快，最终趋于稳定，这是由于在培养中期藻细胞处于快速增殖期，吸收的氮元素主要用于细胞分裂，因而单细胞氮元素吸收量变化不大，而培养后期细胞停止增殖，吸收的氮元素主要用于合成细胞物质，因而单细胞氮元素吸收量增幅较大。不同 Cu 浓度条件下单细胞氮元素吸收量从小到大依次为 10μg/L>1μg/L>0.1μg/L>0.01μg/L>100μg/L。图 6.31（c）中，在第 4～8 天，单藻细胞吸收的 $NO_3\text{-}N$ 量随着培养时间增加急剧降低，到第 8 天后基本趋于稳定，这是在第 4 天到第 8 天藻细胞处于快速增长期，且需要大量氮元素来合成新的细胞物质，因此造成单个细胞吸收 $NO_3\text{-}N$ 含量减小。

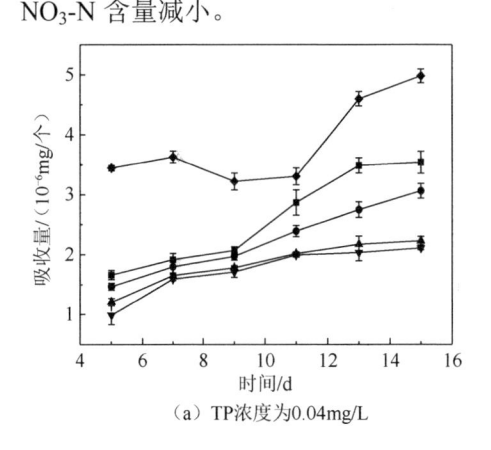

（a）TP浓度为0.04mg/L

（b）TP浓度为0.1mg/L

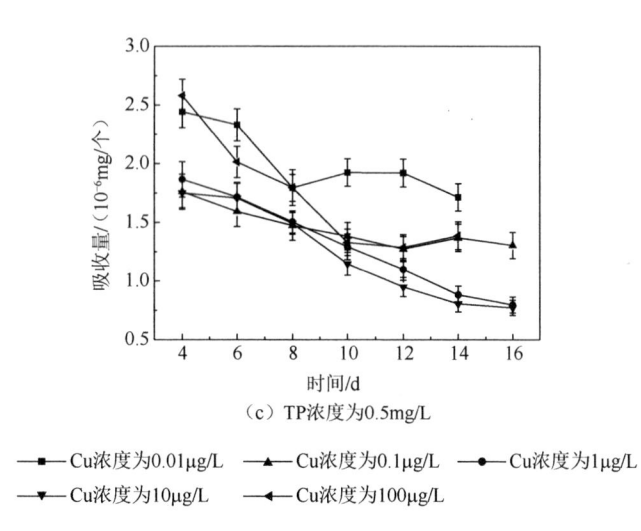

（c）TP浓度为0.5mg/L

— ■ — Cu浓度为0.01μg/L　　— ▲ — Cu浓度为0.1μg/L　　— ● — Cu浓度为1μg/L

— ▼ — Cu浓度为10μg/L　　— ◀ — Cu浓度为100μg/L

图 6.31　单藻细胞对 NO_3-N 的吸收量

总体来看，当 Cu 浓度取 0.01μg/L 时，在整个培养周期内，单个藻细胞吸收的氮量显著高于其他 Cu 浓度条件下藻细胞对氮元素的吸收，即维持藻体内正常生化过程所需 NO_3-N 含量远高于其他 Cu 浓度条件下，即藻细胞对环境中氮元素的要求更加苛刻。当 Cu 浓度取 0.1μg/L 和 100μg/L 时，在培养周期内藻细胞对 NO_3-N 的吸收量显著低于 Cu 浓度为 0.01μg/L 时，高于 Cu 浓度为 1μg/L 和 10μg/L 时。当 Cu 浓度为 1μg/L 和 10μg/L 时，单藻细胞吸收的 NO_3-N 含量处于一个很低水平，说明此条件下藻类对氮元素的利用效率处于很高水平，这可能也是在此 Cu 浓度条件下藻密度能够达到高水平的原因。在 Cu 胁迫下造成 NO_3-N 吸收差异的主要原因是不同 Cu 浓度造成藻细胞内硝酸盐还原酶活性差异。当 Cu 浓度取 0.01μg/L 时，Cu 元素缺乏导致细胞体内硝酸盐还原酶活性降低，NO_3-N 利用效率降低，因此维持细胞生命活动需要吸收更多的 NO_3-N。当 Cu 浓度严重过量时（100μg/L），单细胞吸收的 NO_3-N 量较高应是在此 Cu 浓度条件下藻密度相对较低，单藻细胞可利用的 NO_3-N 含量相对较高，因此单细胞吸收的氮含量相对较高。

6.2.5　Mo 元素对藻类生长的影响及作用机理

Mo 元素基本上是所有生物生长过程中都必需的微量金属元素，Mo 在水体中以 MO_4^{2-} 的方式存在，Mo 在藻类氮的循环过程中参与氮的固定、硝化及反硝化过程（刘建强，2011）。

1. Mo 对铜绿微囊藻生长的影响

作者用藻密度和总糖浓度表征在 Mo 元素影响下藻类的生长特性，图 6.32 所示的结果表明，藻密度和总糖浓度呈现相同的变化规律，具有很好的一致性，即藻细胞内糖含量可以很好的体现出藻的生长状况，两个指标之间可以互为参照。Mo 浓度梯度中铜绿微囊藻生长促进作用体现为 50μg/L > 20μg/L > 10μg/L > 1μg/L > 100μg/L > 200μg/L > 300μg/L > 500μg/L，不过，在不同 Mo 浓度下，铜绿微囊藻的生长状况相差不是很大，说明铜绿微囊藻对 Mo 元素的适应能力较强。

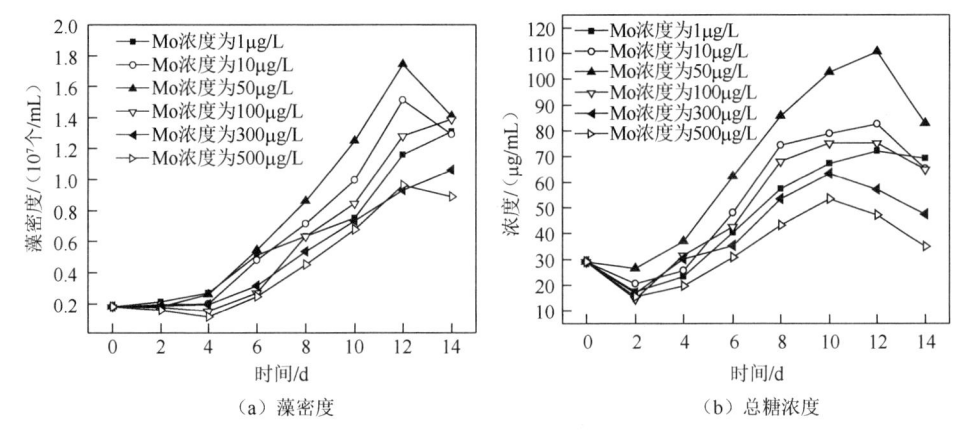

图 6.32　不同 Mo 浓度对铜绿微囊藻的生长的影响

图 6.33 所示为不同氮磷浓度条件下 Mo 元素浓度对藻细胞增殖的影响曲线。图 6.33（a）～（c）中 TN 浓度保持不变（15mg/L），TP 浓度从 0.04mg/L 增加至 0.5mg/L，图 6.33（c）～（e）中 TP 浓度保持不变，TN 浓度从 15mg/L 减小至 2.5mg/L。即从图 6.33（a）～（e），氮磷元素的原子比依次减小。从图 6.33（c）可以看出，当 TP 浓度取 0.04mg/L，在 Mo 浓度为 1μg/L 时藻细胞的增殖状况最好，Mo 浓度为 5μg/L 时次之，Mo 浓度为 25μg/L 时藻细胞数最少，增殖状况最差，不同 Mo 浓度条件下的藻密度之间存在极显著性差异。

当 TP 浓度为 0.1mg/L 时，不同 Mo 浓度条件下的藻密度相比 TP 浓度为 0.04mg/L 时均有很大程度的增大（增加了约 3 倍）。此时 Mo 浓度为 5μg/L 时藻细胞增殖状况最好，藻密度最高，Mo 浓度取 1μg/L 组次之，Mo 浓度为 25μg/L 藻密度最小，藻细胞增殖状况最差。在不同 Mo 浓度条件下的藻密度之间的差异性较 TP 浓度为 0.04mg/L 时降低，但仍存在显著性差异。当 TP 浓度从 0.1mg/L 增加至 0.5mg/L 时，不同 Mo 浓度条件下的藻密度相比 TP 浓度为 0.1mg/L 时增加了约 6 倍。此时 Mo 浓度取 1 μg/L 和 5μg/L 时两组藻密度值未出现显著性差异，但显著高于 Mo 浓度取 25μg/L 组的藻密度。当 TP 浓度为 0.5mg/L，氮浓度从 15mg/L 减小至 5mg/L 时，不同 Mo 浓度条件下的藻密度相比 TN 浓度等于 15mg/L 时减小了约 1/3，而不同 Mo 浓度条件下各组藻密度之间完全没有显著性差异。当 TN 浓度继续减小至 2.5mg/L 时，不同 Mo 浓度条件下的藻密度相比 TN 等于 5mg/L 时减小了约 1/2，而不同 Mo 浓度条件下各组藻密度之间仍没有显著性差异。

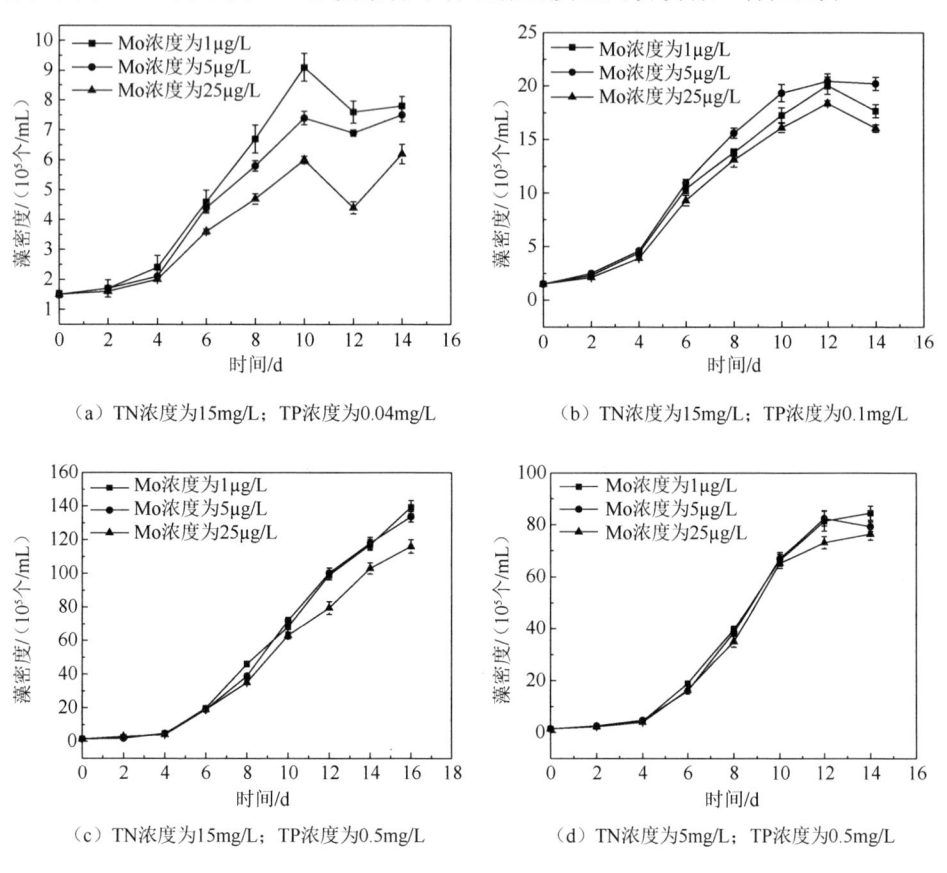

图 6.33 Mo 浓度对铜绿微囊藻增殖的影响

由上述结果可以知，随着氮磷比的降低，Mo 浓度对藻细胞增殖的影响逐渐减弱，当氮磷原子比小于 22，在 Mo 浓度处于 1～25μg/L 范围内时，Mo 浓度对藻细胞增殖的影响基本可以忽略。同样的，由图 6.33（a）～（c）可以得出：当氮磷原子比小于 66，Mo 浓度在 1～5μg/L 时，Mo 浓度对藻细胞增殖的影响就可以忽略。综上所述，氮磷比是微量元素能否对藻类增殖产生影响的决定性因素，氮或磷浓度的单因素影响不大。

图 6.34 所示为在几个典型氮磷条件下不同 Mo 浓度对总 Chl-a 浓度 [图 6.34（a）] 及单细胞 Chl-a 含量 [图 6.34（b）] 的影响。从图 6.34（a）中可以看出，总 Chl-a 浓度的变化与图 6.35 中藻密度的变化趋势基本一致，均在 Mo 浓度为 5μg/L 时取得最大值。然而，单细胞 Chl-a 含量的变化与藻密度不同，在不同氮磷营养条件下，Mo 浓度取 25μg/L 时，单细胞总 Chl-a 含量在很多情况下大于 Mo 浓度为 1μg/L 和 5μg/L。特别是当 TP 浓度取 0.1 mg/L 和 0.5mg/L，TN 浓度等于 15mg/L 和 5mg/L 时，Mo 浓度取 25μg/L 时单细胞 Chl-a 含量均为最大值，这可能是由于 Mo 元素对藻细胞 Chl-a 的合成的影响与氮磷比相对独立。低的氮磷比条件下，Mo 元素虽然未对藻细胞的增殖（藻密度）产生显著影响，但由于其直接参与或催化某些 Chl-a 的合成过程，因而适量的增加其浓度可以很好的促进藻细胞 Chl-a 的合成。

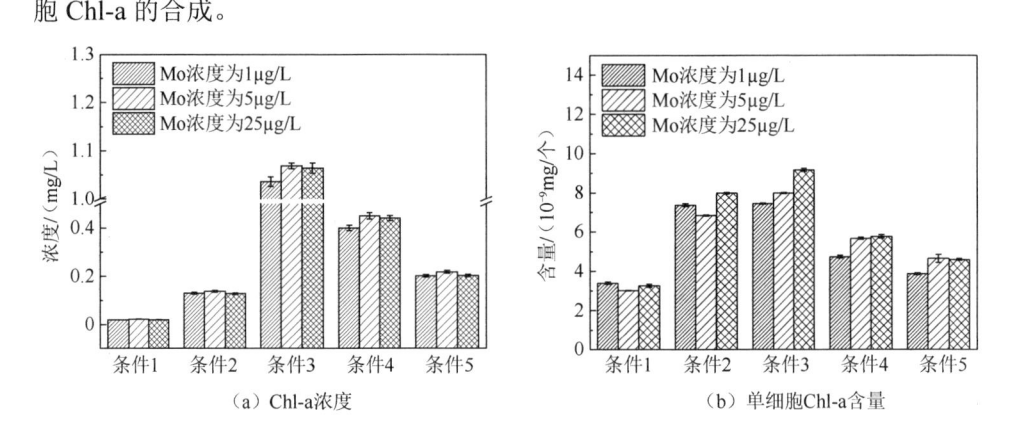

图 6.34　Mo 浓度对铜绿微囊藻 Chl-a 合成的影响

条件 1：TN 浓度为 15mg/L；TP 浓度为 0.04mg/L；条件 2：TN 浓度为 15mg/L；TP 浓度为 0.1mg/L；
条件 3：TN 浓度为 15mg/L；TP 浓度为 0.5mg/L；条件 4：TN 浓度为 5mg/L；TP 浓度为 0.5mg/L；
条件 5：TN 浓度为 2.5mg/L；TP 浓度为 0.5mg/L

2. Mo 对微囊藻藻毒素合成的影响

图 6.35 所示为培养结束时不同培养条件下的总藻毒素 MC-LR 浓度[图 6.35（a）] 及单细胞藻毒素 MC-LR 含量 [图 6.35（b）]。从图 6.35（a）可以看出，在 TN 浓度较高时（15mg/L），藻细胞增殖最适的 Mo 浓度为 1～5μg/L，而藻毒素 MC-LR 合成最适的 Mo 浓度为 25μg/L，藻毒素 LR 合成对 Mo 浓度要求较藻细胞增殖高。

当 TN 浓度降低至 5mg/L 和 2.5mg/L 时，在藻密度无显著差异的条件下，Mo 浓度较高时（25μg/L）藻毒素 MC-LR 的合成量显著低于 Mo 浓度为 5μg/L 和 1μg/L 时。

从图 6.35（b）中可以看出：在不同的氮磷条件下，随着 Mo 浓度的增加，各培养组单细胞藻毒素 MC-LR 的变化趋势并不如图 6.35（b）中 LR 那样具有稳定的变化规律，这是由于藻类增殖及藻毒素合成受到多种因素的影响，氮、磷以及钼都有可能成为实验的限制因素，因而单细胞 MC-LR 含量在不同氮磷条件下随 Mo 浓度变化作用下并没有统一的规律，但有几个实验条件需要重视。在图 6.35（b）中，TP 浓度取 0.5mg/L 时，TN 浓度为 2.5mg/L 组中 Mo 浓度等于 1μg/L 和 5μg/L 时单细胞 MC-LR 含量明显高于其他实验组，此外 TP 浓度取 0.5mg/L，TN 浓度取 15mg/L 时，Mo 浓度为 25μg/L 的单细胞藻毒素 MC-LR 含量相对于其他实验组也高出很多。这说明 TP 浓度取 0.5mg/L 时，单细胞藻毒素 MC-LR 含量能够能取得比较大的值，此条件值得关注。

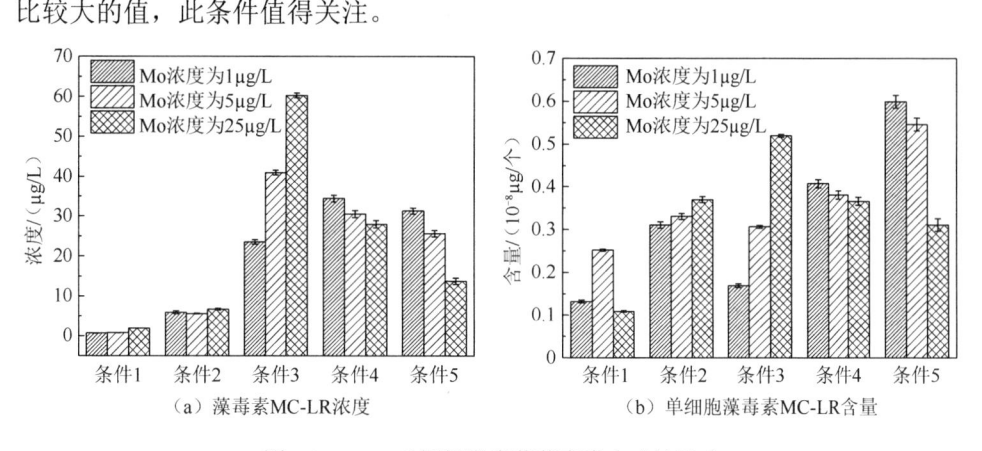

（a）藻毒素MC-LR浓度　　　　　　（b）单细胞藻毒素MC-LR含量

图 6.35　Mo 对铜绿微囊藻藻毒素合成的影响

条件 1：TN 浓度为 15mg/L；TP 浓度为 0.04mg/L；条件 2：TN 浓度为 15mg/L；TP 浓度为 0.1mg/L；
条件 3：TN 浓度为 15mg/L；TP 浓度为 0.5mg/L；条件 4：TN 浓度为 5mg/L；TP 浓度为 0.5mg/L；
条件 5：TN 浓度为 2.5mg/L；TP 浓度为 0.5mg/L

通过对 Fe、Mn、Zn、Cu 和 Mo 五种典型微量元素的藻类繁殖作用特性的总结可以看出，微量元素对藻类增殖及产毒素的影响规律为：在低浓度条件下，微量元素对藻类增殖是有益的，可以促进藻类的增殖；过高浓度的微量元素会破坏藻细胞内某些结构和生化过程，对藻细胞的增殖产生严重的抑制作用。

6.3　其他微量元素对藻类生长的影响

近年来，随着稀土元素应用领域不断扩展，以及大量可溶性稀土化合物进入水体生态系统，对其生物效应的研究所涉及的物种也越来越多，因此除上述微量元素对藻类增殖的影响外，其他一些金属元素对藻类增殖的影响也有了一定的研究，这些元素主要是稀土元素。

稀土元素对藻类及作物生长效应机理主要表现在以下几个方面（王志如等，2013；尹大强等，1998）。

（1）低浓度的稀土可与藻细胞膜上转运蛋白或磷脂相互作用，使转运蛋白活性或膜通道大小发生变化，从而提高膜主动或被动运输能力，一方面促进了营养物质的吸收，为藻体生长提供良好的物质基础，促进藻的生长，另一方面又能阻止细胞溶质的外渗，有利于稳定膜的结构，提高藻的抗逆能力。

（2）低浓度的稀土可使叶绿体膜上的 Mg^{2+}-ATPase 活力提高，使水光解、叶绿素光能转换、电子传递加速，从而提高藻细胞光合效率。

（3）稀土可以与细胞质酶或胞外酶发生相互作用。

（4）低浓度稀土元素可以加速细胞分裂，缩短分裂周期，对细胞生长及 DNA、RNA 的合成具有促进作用；而当浓度高时，稀土元素就会与 DNA 结合并影响 DNA 的复制与转录，从而对细胞产生明显的毒性。

1. 镧（La）对藻类生长的影响

钱芸等（2003）在实验室内利用 BG11 培养液培养，研究了不同镧（La）浓度下铜绿微囊藻的生长特性及一定时间内细胞藻毒素的积累情况，实验结果如图 6.36 所示。可以看出，铜绿微囊藻在接种后第 5 天进入对数生长期，并且随 La 浓度增加，藻细胞数也增大，这表明在一定浓度范围内，La 元素可刺激铜绿微囊藻的生长。

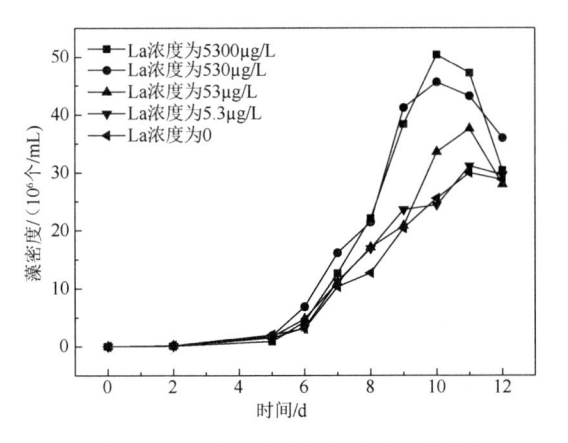

图 6.36　La 浓度对铜绿微囊藻生长的影响（钱芸等，2003）

2. 钇（Y）对藻类生长的影响

与 La 一样，Y 也属于镧系元素，余游（2009）通过研究在不同 Y 浓度胁迫条件下铜绿微囊藻增殖及细胞内各种特征生化物质含量的影响，从而探究镧系元素对藻类增殖的影响规律。不同 Y 浓度处理下，铜绿微囊藻密度变化趋势见图6.37。

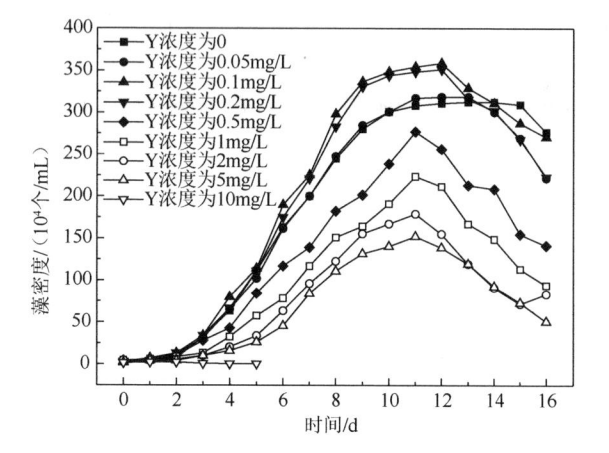

图 6.37　Y 浓度对铜绿微囊藻生长的影响（余游，2009）

可以看出，0.05mg/L 的 Y 浓度对铜绿微囊藻的生长并没有表现出明显的促进作用或者抑制作用（$P>0.05$），其对数生长期的比增长率比对照组减少了 5.81%，最大生物量则比对照组增加了 2.23%。而 0.1mg/L 和 0.2mg/L 的 Y 浓度对铜绿微囊藻的生长具有极为显著的促进作用（$P<0.01$），它们的对数生长期比生长速率分别比对照组增加了 28%、16.01% 和 15.87%，最大生物量分别提高了 14.45% 和11.09%，且这两组藻密度在迟缓期到稳定期这段时间内差异并不明显（$P>0.05$）。高浓度的 Y 浓度（0.5～5mg/L）对铜绿微囊藻的生长产生强烈的抑制作用（$P<0.01$），且抑制作用随着 Y 浓度的增加而逐渐增强。当 Y 浓度为 5mg/L 时，其对数生长期比增长率和最大生物量仅为对照组的 74.26% 和 48.60%。Y 浓度提高到 10mg/L 时，铜绿微囊藻生长完全被抑制，到第 8 天时，已观察不到藻细胞，只观察到一些死亡残片。

3. 钕（Nd）对铜绿微囊藻生长的影响

除 Y 外，余游（2009）还通过相同的研究方法研究了 Nd 元素对藻细胞增殖的影响。图 6.38 所示为不同 Nd 浓度条件下铜绿微囊藻密度随时间的变化曲线，可以看出，当 Nd 浓度为 0.1mg/L 时，对微囊藻的生长也有一定的促进作用，但并不显著；Nd 浓度在 0.1～2mg/L 范围内时，各组生长曲线均在对照组之上，说明此浓度范围内 Nd 浓度对铜绿微囊藻的生长具有一定的促进作用，藻密度从大到小对应的 Nd 浓度依次为 1mg/L > 0.5mg/L > 2mg/L > 0.1mg/L。Nd 浓度在 5～40mg/L 范围内时会对微囊藻的生长产生显著的抑制作用。当 Nd 浓度为 40mg/L

时，铜绿微囊藻从第 1 天就出现负增长，藻细胞逐渐减少，到第 6 天藻细胞已经全部死亡，藻液也逐渐转黄至澄清。

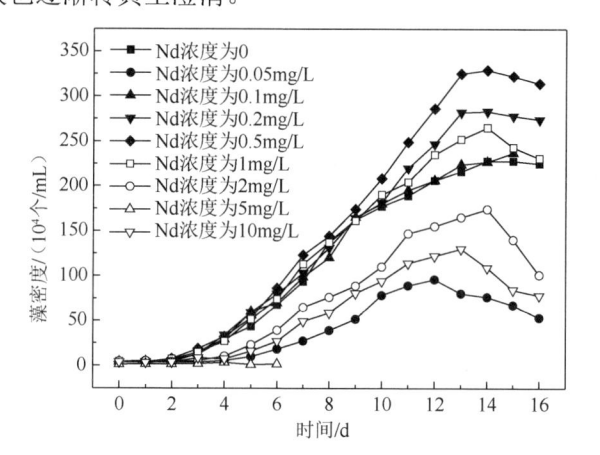

图 6.38　Nd 浓度对铜绿微囊藻生长的影响（余游，2009）

参 考 文 献

陈爱美, 施庆珊, 谢小保, 等, 2014. 稀土对藻类生物效应的研究进展[J]. 稀土, 35(4): 103-109.

陈仕光, 孙洪伟, 王志红, 2011. 典型微量营养元素 P、Fe、Mn、Zn 对蓝藻藻华影响研究[J]. 广东工业大学学报, 28(2): 6-11.

陈仕光, 王志红, 2012. P 和 Fe、Mn、Zn 对藻类生长影响的协同性[J]. 仲恺农业工程学院学报, 25(2): 22-23.

陈仕光, 王志红, 曹欣, 2010a. Fe、Mn、Zn 对湖泊藻华暴发影响规律研究[J]. 给水排水, 36(7): 133-139.

陈仕光, 王志红, 曹欣, 2010b. 典型性微量金属元素对藻华的激励趋势探讨[J]. 华南师范大学学报, (2): 82-89.

程青, 2015. 城市景观水体中微量元素的分布规律及其对藻类生长的影响研究[D]. 西安: 西安建筑科技大学.

郭延, 2014. 铁、锰联合作用对浮游藻类增殖影响规律研究[D]. 广州: 广东工业大学.

黄振芳, 刘昌明, 刘波, 等, 2009. 铁锰微量元素对淡水藻类的生长影响研究[J]. 北京师范大学学报, 45(5/6): 607-610.

金珊, 1991. 锰、镍、铬对藻类生长影响的初步研究[J]. 铁道师院学报, 8(2): 37-42.

雷振, 陈荣, 薛涛, 等, 2016. 微量元素铜钼对铜绿微囊藻生长的影响[J]. 环境科学与技术, 39(5): 42-46.

李冰, 2013. 氮磷营养盐与藻类生长相关性研究[D]. 济南: 山东建筑大学.

李威, 杨健, 刘洪波, 等, 2008. 微量元素对水华发生、发展的影响[J]. 淡水渔业, 38(5): 74-79.

刘建强, 2011. 市政污水微藻种类鉴定及污水培养小球藻研究[D]. 南昌: 南昌大学.

刘静, 2008. Fe^{3+} 对富营养化水体中三种常见淡水藻类生长的影响[D]. 扬州: 扬州大学.

罗东, 2015. 景观水体中微量元素分布特征及对水环境质量的影响研究[D]. 西安: 西安建筑科技大学.

倪金俤, 矫新明, 盖建军, 等, 2011. 营养元素对海州湾藻类生长的影响[J]. 水产养殖, 32(1): 34-37.

欧明明, 张曼平, 冯媛媛, 2002. 海水中铁的几种形态对海生小球藻生长的影响[J]. 青岛海洋大学学报, 32(4): 627-633.

钱芸, 戴树桂, 刘广良, 等, 2003. 硝酸镧对铜绿微囊藻生长特性的影响[J]. 中国环境科学, 23(1): 7-11.

史京伟, 吴珊, 崔哲, 2007. 景观水体中微量元素对藻类繁殖的影响探讨[C]. 全国给水排水技术信息网成立三十五周年纪念专集暨年: 92-94.

苏秀榕, 费志清, 裴鲁青, 2002. Cu、Zn 和 Cd 对 5 种单细胞藻的酶基因表达调控的研究[J]. 海洋科学, 26(2): 50-54.

王海明, 2007. 微量元素铁、锰及其形态对铜绿微囊藻生长的影响[D]. 合肥: 安徽大学.

王志如, 孙艳秋, 2013. 稀土对藻类生长影响的研究进展[J]. 重庆三峡学院学报, 35(157): 119-122.

尹大强, 杨兴烨, 周凤帆, 等, 1998. 稀土元素对富营养化水体中藻类增长的影响[J]. 环境科学, (5): 56-59.

余游, 2009. 稀土钕、钇对铜绿微囊藻生长和生理特性影响研究[D]. 成都: 四川农业大学.

张铁明, 2006. 微量元素——锌、铁、锰对淡水浮游藻类增殖的影响[D]. 北京: 首都师范大学.

赵珊, 周军, 甘一萍, 等, 2010. 微量元素对奥运森林公园水体藻类生长的影响[J]. 给水排水, 36(s1): 150-152.

ALLEN M D, KROPAT J, TOTTEY S, et al., 2007. Manganese deficiency in chlamydomonas results in loss of photosystem II and MnSOD function, sensitivity to peroxides, and secondary phosphorus and iron deficiency[J]. Plant physiology, 143(1): 263-77.

BERTRAND M, POIRIER I, 2005. Photosynthetic organisms and excess of metals[J]. Photosynthetics, 43(3): 345-353

BOYD P W, LAW C S, WONG C S, et al., 2004. The decline and fate of an iron-induced subarctic phytoplankton bloom.[J]. Nature, 428(6982): 549.

BOYD P W, WATSON A J, LAW C S, et al., 2000. A mesoscale phytoplankton bloom in the polar Southern Ocean stimulated by iron fertilization.[J]. Nature, 407(6805): 695-702.

JÄHNICHEN S, LONG B M, PETZOLDT T，2011. Microcystin production by Microcystis aeruginosa: Direct regulation by multiple environmental factors [J]. Harmful algae, 12: 95-104.

LONG B M, JONES G J, ORR P T, 2001. Cellular microcystin content in N-limited Microcystis aeruginosa can be predicted from growth rate[J]. Applied & environmental microbiology, 67(1): 278.

TSUKADA H, TSUJIMURA S, NAKAHARA H, 2006. Effect of nutrient availability on the C, N and P elemental ratios in the cyanobacterium Microcystis aeruginosa [J]. Limnology, 7(3): 185-192.

第7章　再生水补水型景观水体水环境特征

在本书中设置本章节，目的在于专门讨论以再生水为补水水源时对城市景观水体水环境的影响。水资源短缺已经成为一个普遍性的问题，同时，随着城镇化进程的推进，城市生活用水和工业用水量快速增长，常规水资源中可以分配给生态用水的比例越来越低，在很多城市，景观水体面临换水周期长、流动速度慢的问题。这一现象在我国北方缺水地区的城市更为突出。因此，不少城市开始尝试采用再生水作为景观水体的补水水源，实践证明，水量相对稳定的再生水能够很大程度的缓解一些景观水体补水水源紧张的问题，保障水体的基本生态流量。

但是，源于城市污水的再生水与地表水在水质方面存在很大差异，从常规水质角度，再生水通常呈现低浊度高营养物的特点，这与城市污水处理过程有关，此外，再生水中通常还残留有一些特殊污染物，如重金属、微量有机污染物等（齐琳琳等，2011）。因此，在推动再生水作为景观补水水源的过程中，需要关注再生水对景观水体水环境的综合影响，其中对生态和健康两方面的影响值得重点关注，以此来确定生态和健康风险控制的主控因子和主要措施，为进一步推进再生水合理利用提供理论依据和决策参考。

通过选择再生水和地表水作为补水水源的典型景观水体，进行长期水质监测与分析，揭示再生水补水对景观水体水环境质量的影响特征。在昆明市、西安市和天津市各选择一个以再生水为补水水源的城市景观水体为研究对象，分别为翠湖、丰庆湖和临港湖。并在当地选择一个以地表水为补水水源的城市景观水体为对比对象，分别为月牙潭、莲花湖和长虹湖。选取的六个湖的形状、水面面积、水深和换水周期相当（表7.1），以此来尽量降低因为外界因素不同造成的干扰，从而可以更加准确的分析再生水补水对景观水体水环境质量的影响。

表7.1　六个湖的基本情况

项目	昆明市		西安市		天津市	
	翠湖	月牙潭	丰庆湖	莲花湖	临港湖	长虹湖
补水水源	再生水	地表水	再生水	地表水	再生水	地表水
补水年限/年	9	—	5	—	3	—
HRT/d	28~34	28~38	27~38	28~40	28~35	30~38
平均水深/m	2.0	2.2	1.5	2.0	1.8	2.0
水面面积/(10^4m^2)	6	5.4	5	5	8	12

采样月份为2015年1月至12月，每月采集一次，每次采样时间为每月上旬的早上十点至十一点，并避开下雨天。每个湖包括四个采样点，每次采集上覆水

（5L）和对应的底泥样品（0.5L）。采样检测的指标如下。

水样监测的指标包括五大类：①感官指标（透明度和色度）；②营养状态（TN、NO$_3$-N、NH$_4$-N、TP、磷酸盐、COD 和 Chl-a）；③重金属（砷、镉、铬、铜、铅和锌）；④有机物生态毒性；⑤病原体（大肠杆菌、沙门氏菌、志贺细菌、肠道病毒、诺如病毒和轮状病毒）。

底泥监测的指标包括四大类：①富营养化潜能（有机质、含水率、TN、TP和磷形态分析）；②重金属（砷、镉、铬、铜、铅和锌）；③有机物生态毒性；④病原体（大肠杆菌、沙门氏菌、志贺细菌、肠道病毒、诺如病毒以及轮状病毒）。

7.1　再生水水质与水体水环境需求的协调

我国先后颁布了《地表水环境质量标准》（GB 3838—2002）中的天然景观水体的水质标准和《城市污水再生利用　景观环境用水水质》（GB/T 18921—2002），主要标准限制见表 7.2。在 GB 3838—2002 标准中，涉及景观娱乐用水的是Ⅳ和Ⅴ类标准，其中对 COD、BOD$_5$、DO、氮和磷等指标控制极为严格。与此相比，GB/T 18921—2002 景观环境用水主要的水质指标要求偏低，其中氮和磷指标要求更低。因此，虽然再生水中污染物相对于污水有了本质上的降低，已满足《城市污水再生利用景观环境用水水质》（GB/T 18921—2002）的要求，但相对于天然水体《地表水环境质量标准》（GB 3838—2002）中的Ⅳ和Ⅴ类水标准，再生水中污染物本底值仍然较高，造成水体富营养化的潜力大。实际上，在污水处理中广泛使用的《城镇污水处理厂污染物排放标准》（GB 18918—2002）一级标准和《地表水环境质量标准》（GB 3838—2002）中的Ⅳ类标准，二者在水质达标上一直存在争议，城市污水处理厂必须进行深度处理才能同时满足这两个标准，但这就大大增加了污水处理成本，加重了污水处理的经济负担。

表 7.2　我国有关景观用水的水质标准比较

规范或标准名称		主要水质指标/（mg/L）						适用范围	颁发部门
		COD$_{Cr}$	COD$_{Mn}$	BOD$_5$	NH$_4$-N	TP	悬浮物	DO	Ⅲ类：地表水源地二级保护，鱼虾类越冬场、洄游通道、水产养殖区等渔业水域及游泳区；Ⅳ类：一般工业用水区及人体非直接接触的娱乐用水区；Ⅴ类：农业用水区及一般景观要求水域	国家环境保护局，国家标准
《地表水环境质量标准》（GB 3838—2002）	Ⅲ类	≤20	≤6	≤4	≤1.0	≤0.2	—	≥5		
	Ⅳ类	≤30	≤10	≤6	≤1.5	≤0.3	—	≥3		
	Ⅴ类	≤40	≤15	≤10	≤2.0	≤0.4	—	≥2		
	库湖待定	—	—	—	—	Ⅲ类，0.05；Ⅳ类，0.1；Ⅴ类，0.2	—	—		

续表

规范或标准名称		主要水质指标/（mg/L）							适用范围	颁发部门
		COD_{Cr}	COD_{Mn}	BOD_5	NH_4-N	TP	悬浮物	DO		
《城市污水再生利用景观环境用水水质》（GB/T 18921—2002）	1	—	—	河道类：6；湖泊及水景类：10	≤5	河道类：1.0；湖泊及水景类：0.5	河道类：20；湖泊及水景类：10	≤1.5	1. 人体非直接接触的观赏性景观水体；2. 人体非全身性接触的娱乐景观水体；	中华人民共和国，国家标准
	2	—	—	≤6	≤5		—	≤2		
《城镇污水处理厂污染物排放标准》（GB 18918-2002）	一级A标准	50	—	10	5（8）	1.0 [0.5]	10	—	（）外数值为水温>12℃时的控制指标，括号内数值为水温≤12℃时的控制指标；[]外数值为2005年12月31日前建设的控制指标，括号内数值为2006年1月1日起建设的控制指标；	国家环境保护局，国家标准
	一级B标准	60	—	20	8（15）	1.5 [1]	20	—		
	二级标准	120	—	30	25（30）	3	30	—		
《城市污水回用设计规范》（CECS61：94）	夏季	75	—	20	<10	<2	30	—	再生水用做市区景观河道用水时最高允许浓度	中国工程建设标准化协会
	非夏	75	—	20	<20	不控制	30	—		

7.1.1　再生水作为环境景观用水的水质标准

1. 国内水质标准

我国发布的再生水作为环境景观用水的水质标准按景观水体的分类而有所不同。景观用水分为两大类别，一类为观赏性景观环境用水，另一类为娱乐性景观环境用水，同时每个类别又根据水质的要求不同而被分为河道类、湖泊类与水景类用水。观赏性景观环境用水是指人体非直接接触的景观环境用水，包括不设娱乐设施的景观河道、景观湖泊及其他观赏性景观水体。娱乐性景观环境用水是指人体非全身性接触的景观环境用水，包括设娱乐设施的景观河道、景观湖泊及其他娱乐性景观水体。我国标准规定，再生水作为景观环境用水时，其指标限值应满足表7.3的规定。对于以城市污水为水源的再生水，除要满足表7.3中基本控制项目的各项指标外，其化学毒理学指标还应符合表中的选择控制项目各项指标的要求。

表 7.3　有关景观水体补水水源和水环境质量标准的对比

序号	项目	《再生水回用标准》		《污水排放一级标准》		《地表水环境质量标准》	
		观赏性景观环境用水（河道类/景观类/水景类）	娱乐性景观环境用水（河道类/景观类/水景类）	A类	B类	Ⅳ类	Ⅴ类
1	基本要求	无漂浮物，无令人不愉快的嗅和味		—		—	
2	水温/℃	—	—			周平均最大温升≤平 周平均最大温降≤平	
3	pH（无量纲）	6～9	6～9	6～9		6～9	
4	五日生化需氧量 BOD₅/(mg/L) ≤	河道10；景观、水景6	6	10	20	6	10
5	高锰酸钾指数/(mg/L) ≤	—	—			10	15
6	COD/(mg/L) ≤	—	—	50	60	30	40
7	悬浮物（SS） ≤	河道20；景观10	—	10	20		
8	浊度/NTU ≤	—	5				
9	DO/(mg/L) ≥	1.5	2.0	—		3	2
10	TP（以磷计）/(mg/L) ≤	河道1.0；景观、水景0.5	河道1.0；景观、水景0.5	0.5	1	0.3 湖、库0.1	0.4 湖、库0.2
11	TN/(mg/L) ≤	15	15	15	20	1.5	2.0
12	NH₄-N（以N计）/(mg/L) ≤	5	5	5	8	1.5	2.0
13	粪大肠菌群/（个/L） ≤	河道10000；景观2000；水景500	不得检出	1000	10000	20000	40000
14	余氯/(mg/L) ≥	0.05	0.05	—			
15	色度/度 ≤	30	30	30			
16	动植物油/(mg/L)	—	—	1	3		
17	石油类/(mg/L) ≤	1.0	1.0	1	3	0.5	1.0
18	阴离子表面活性剂/(mg/L) ≤	0.5	0.5	0.5	1	0.3	0.3
19	氟化物（以F计）/(mg/L) ≤	—	—			1.5	1.5
20	总汞/(mg/L) ≤	0.01	0.01	0.001		0.001	
21	烷基汞/(mg/L) ≤	不得检出	不得检出	不得检出		—	
22	总镉/(mg/L) ≤	0.05	0.05	0.01		0.005	0.01
23	总铬/(mg/L) ≤	1.5	1.5	0.1			
24	六价铬/(mg/L) ≤	0.5	0.5	0.05		0.05	0.1
25	总砷/(mg/L) ≤	0.5	0.5	0.1		0.1	
26	总铅/(mg/L) ≤	0.5	0.5	0.1		0.05	0.1
27	总镍/(mg/L) ≤	0.5	0.5	0.05		—	
28	总铍/(mg/L) ≤	0.001	0.001	0.002		—	
29	总银/(mg/L) ≤	0.1	0.1	0.1		—	
30	总铜/(mg/L) ≤	1.0	1.0	0.5		1.0	

注：《再生水回用标准》中，序号1～19为基本控制项目，序号20～30为选择控制项目；《污水排放一级标准》《地表水环境质量标准》各项均为基本控制项目。

续表

序号	项目		《再生水回用标准》 观赏性景观环境用水 (河道类/景观类/水景类) · 娱乐性景观环境用水 (河道类/景观类/水景类)	《污水排放一级标准》 A类 · B类	《地表水环境质量标准》 IV类 · V类
31	总锌/(mg/L)	≤	2.0	1.0	2.0
32	总硒/(mg/L)	≤	0.1	0.1	0.02
33	挥发酚/(mg/L)	≤	0.1	0.5	0.01 / 0.1
34	总氰化物/(mg/L)	≤	0.5	0.5	0.2
35	硫化物/(mg/L)	≤	1.0	1.0	0.5 / 1.0
36	总锰/(mg/L)	≤	2.0	2.0	—
37	苯并(a)芘/(mg/L)	≤	0.00003	0.00003	—
38	甲醛/(mg/L)	≤	1.0	1.0	—
39	苯胺类/(mg/L)	≤	0.5	0.5	—
40	总硝基化合物/(mg/L)	≤	2.0	2.0	—
41	有机磷农药（以 P 计）/(mg/L)	≤	0.5	0.5	—
42	马拉硫磷/(mg/L)	≤	1.0	1.0	—
43	乐果/(mg/L)	≤	0.5	0.5	—
44	对硫磷/(mg/L)	≤	0.05	0.05	—
45	甲基对硫磷/(mg/L)	≤	0.2	0.2	—
46	五氯酚/(mg/L)	≤	0.5	0.5	—
47	三氯甲烷/(mg/L)	≤	0.3	0.3	—
48	四氯化碳/(mg/L)	≤	0.03	0.03	—
49	三氯乙烯/(mg/L)	≤	0.3	0.3	—
50	四氯乙稀/(mg/L)	≤	0.1	0.1	—
51	苯/(mg/L)	≤	0.1	0.1	—
52	甲苯/(mg/L)	≤	0.1	0.1	—
53	邻-二甲苯/(mg/L)	≤	0.4	0.4	无要求
54	对-二甲苯/(mg/L)	≤	0.4	0.4	
55	间-二甲苯/(mg/L)	≤	0.4	0.4	
56	乙苯/(mg/L)	≤	0.1	0.4	
57	氯苯/(mg/L)	≤	0.3	0.3	
58	1,4-二氯苯/(mg/L)	≤	0.4	0.4	
59	1,2-二氯苯/(mg/L)	≤	1.0	1.0	
60	对硝基氯苯/(mg/L)	≤	0.5	0.5	
61	2,4-二硝基氯苯/(mg/L)	≤	0.5	0.5	
62	苯酚/(mg/L)	≤	0.3	0.3	
63	间-甲酚/(mg/L)	≤	0.1	0.1	
64	2,4-二氯酚/(mg/L)	≤	0.6	0.6	
65	2,4,6-三氯酚/(mg/L)	≤	0.6	0.6	
66	邻苯二甲酸二丁酯/(mg/L)	≤	0.1	0.1	
67	邻苯二甲酸二辛酯/(mg/L)	≤	0.1	0.1	
68	丙烯晴/(mg/L)	≤	2.0	2.0	—
69	可吸附有机卤化物（AOX 以 CL 计)/(mg/L)	≤	1.0	1.0	—

注：序号 31～69 中《再生水回用标准》列为"选择控制项目"，《污水排放一级标准》列为"选择控制项目"。

我国以再生水回用作为景观用水有关的水质标准包括补水水源的标准，以及受纳水体的水环境质量标准。对于补水水源的标准，主要参考《城市污水再生利用　景观环境用水水质》（GB/T 18921—2002）。实际上，城市污水处理厂出水一般直接排放至水体中，因此很多也以《城镇污水处理厂污染物排放标准》（GB 18918—2002）的一级 A 标准作为参考值。对比 GB/T 18921—2002 和 GB 18918—2002，在大部分指标值上比较接近，主要差别表现在一些重金属物质上。在 GB/T 18921—2002 中，总汞、烷基汞、总镉、总铬、六价铬、总砷和总铅作为选择控制项目，而在 GB 18918—2002 中则为基本控制项目，而且指标值在后者中要求较严格，大约为前者标准值的 1/10。另外，两者的选择控制项目中差别较大的是总铜、总锌和挥发酚，其值也是在 GB 18918—2002 中较严格。不过，在娱乐性景观水体中，其粪大肠杆菌的要求比一级 A 标准要高，即作为娱乐性景观水体水源，再生水的病原体浓度要有更加严格的要求。因此，通过对两个标准的分析得出，《城市污水再生利用　景观环境用水水质》（GB/T 18921—2002）相比《城镇污水处理厂污染物排放标准》（GB 18918—2002）一级 A 标准，除了在粪大肠杆菌方面，其他指标的限定值都相对宽松。

另外，从补水水源和受纳水体水环境的角度，将 GB/T 18921—2002 与 GB 3838—2002 进行比较。对于景观水体水环境标准，可分为两种，一种是人体非直接接触的娱乐用水区，另一种是一般景观要求水域，两者标准不一样。前者为 GB 3838—2002 中的Ⅳ类标准，后者为Ⅴ类标准。首先，从项目分类来看，补水水源和水环境的标准存在很大的不同，在 GB/T 18921—2002 中的项目较多，分为基本控制项目和选择控制项目；而在 GB 3838—2002 中只有基本控制项目。其次，两者项目指标上也存在很大的不同，GB/T 18921—2002 中的有机物只有 BOD_5，而地表水环境质量标准还有高锰酸盐指数和 COD；此外，GB 3838—2002 中没有浊度和色度等感官性状指标的约束，重金属的种类较少，不包括烷基汞、总铬、总镍、总铍和总银，而且不包括微污染有机物。最后，从各指标的浓度限值分析，GB 3838—2002 中的不少指标限值都比 GB/T 18921—2002 中相应指标限值要小得多，一般为 1/10 到 1/3。

2. 国内与国外水质标准的对比

目前国际上还没有一致认可的再生水利用指南来指导污水的再生利用，世界各国和地区通常是在卫生安全、感官美感、环境耐受和技术经济可行的基础上，根据再生水的利用途径设定对应的水质标准和适宜的处理工艺。不同国家再生水回用于景观水体的水质标准不一。例如，美国环境保护局（Environmental Protection Agency，EPA）的标准是《污水回用指南 2012》；欧盟目前还没有正式的再生水利用指南或条例，一般选取 AQUAREC 项目报告的推荐指标；澳大利亚的标准是

《污水处理系统指南：再生水的使用》；日本的标准是《污水处理水的再利用水质标准等相关指南》；我国的标准是《城市污水再生利用　景观环境用水水质》（GB/T 18921—2002）（李昆等，2014）。

通过表 7.4 对各国景观环境用水回用标准的对比可以看到，其他国家标准多数依据公众是否接触或者是否为限制性用水来划分，而我国对景观环境用水的分类存在不足，缺少对人体是否接触水体的具体区分，大部分相关指标仅根据河道、湖泊、水景类来区分，难以避免再生水补给水体后可能对人体造成的健康风险。同样由于缺少前述的分类，导致我国景观环境用水标准中微生物指标限值的设置缺少针对性和灵活性，在实际执行过程中存在潜在的人体健康风险。

表 7.4　国内外景观环境用水回用标准比较

国家/地区	标准分类	主要控制指标限值							
		PH	BOD /(mg/L)	TSS(SS[1]) /(mg/L)	浊度 /NTU	色度 /度	微生物	余氯/(mg/L)	其他指标
美国	非限制性蓄水	6.0～9.0	≤10	—	≤2		粪大肠杆菌不得检出	≥1	—
	限制性蓄水	—	≤30	≤30			粪大肠杆菌数 ≤200/100mL	≥1	
	环境回用		≤30	≤30			粪大肠杆菌数 ≤200/100mL	≥1	不确定，各治标为上限值
欧盟	地表水/非公众接触娱乐性蓄水	6.0～9.5	10～20	10～20			总细菌数 <10000CFU/mL	0.05	COD、DO、UV₂₅₄、氧化还原电位、氮磷指标、阴阳离子、药物、卤代酰胺等均有限值
	公众接触娱乐性蓄水	—					总细菌数<1000～100000CFU/mL	—	
澳大利亚	娱乐性用水						耐热大肠杆菌<1000 CFU/100mL	—	—
	河流扩充	视具体地点而定						—	—
日本	景观用水	5.8～8.6	20		2	40	大肠杆菌数 ≤1000CFU/100mL	从生态保护考虑不予规定	外观，嗅味无不快感
	戏水用水	—						游离余氯≥0.1,结合余氯≥0.4	外观，嗅味无不快感
中国	观赏性	6.0～9.0	≤10/6[2]	≤10/20[3]	—	≤30	大肠杆菌群≤10000/2000 个·L[4] 类大肠杆菌群≤500L /个不得检出[5]	≥0.05	嗅无不快感；NH₄-N、TN、TP、石油类、阴离子表面活性剂、DO、均有限值
	娱乐性		≤6	—	≤5			—	—

注：1) 中国标准中为 SS；2) 河道类限值为 10，湖泊类、水景类为 6；3) 河道类限值为 20，湖泊类、水景类 10；4) 河道类、湖泊类为 10000，水景类为 2000；5) 河道类、湖泊类为 500，水景类不得检出。

7.1.2　再生水与地表水水质的典型差异

为分析再生水和地表水水质的差异，选取六个湖的补水水源的水质进行比较，其中差异较大的常规指标如表 7.5 所示。虽然可能由于三个城市污水处理厂的处理工艺和效率不同，导致三个再生水的相差较大。但是，这并不影响再生水和地表水补水差异比较。从表中可以看出，再生水和地表水的 COD 相差不大，而再生水和地表水的浊度平均分别为 4.1NTU 和 21.6NTU，可见再生水处理过程中浊度得到了显著降低，使得水体感官性状良好。比较氮浓度可知，再生水和地表水的 TN 浓度均值分别为 8.56mg/L 和 5.25mg/L，NO₃-N 均值分别为 6.84mg/L 和 2.39mg/L，NH₄-N 均值分别为 1.13mg/L 和 1.53mg/L；再生水和地表水的无机氮占 TN 的比例为 93% 和 75%。这说明再生水和地表水 TN 浓度和氮的形态相差较大，再生水 TN 浓度高，且无机氮和 NO₃-N 比例远高于地表水。比较磷浓度可知，再生水和地表水 TP 均值分别为 0.42mg/L 和 0.19mg/L，PO_4^{3}-P 浓度均值分别为 0.34mg/L 和 0.11mg/L；再生水和地表水的磷酸盐占 TP 的比例为 81% 和 60%。这说明再生水和地表水 TP 浓度和磷的形态也相差较大，再生水 TP 浓度明显高，且磷酸盐形态远高于地表水。从六个代表性的景观水体补水水源水质分析得出，再生水和地表水的水质差异主要表现在浊度和氮磷等营养物质上，再生水表现为低浊度、高营养物质，且其中氮磷都以无机态占优，有利于藻类的吸收和生长（于德森，2010）。

表 7.5　再生水水体和地表水水体补水水源的常规指标对比

湖名称	补水水源	COD 浓度/(mg/L)	浊度/NTU	TN 浓度/(mg/L)	NO₃-N 浓度/(mg/L)	NH₄-N 浓度/(mg/L)	TP 浓度/(mg/L)	PO_4^{3}-P 浓度/(mg/L)
翠湖	再生水	19.24±3.32	4.2±0.5	6.39±0.52	4.63±0.40	1.10±0.10	0.31±0.15	0.25±0.14
月牙潭	地表水	14.42±5.08	20.4±5.6	4.57±0.42	1.35±0.21	3.02±0.51	0.20±0.07	0.13±0.04
丰庆湖	再生水	23.12±2.23	4.7±0.4	9.51±0.40	8.89±0.42	0.35±0.08	0.58±0.20	0.42±0.21
莲花湖	地表水	17.63±4.23	19.8±6.8	6.14±0.33	4.53±0.37	0.36±0.05	0.22±0.13	0.15±0.12
临港湖	再生水	20.93±3.21	3.4±0.6	9.78±0.34	7.01±0.27	1.95±0.52	0.36±0.14	0.34±0.12
长虹湖	地表水	15.08±4.01	24.5±7.4	5.03±0.23	1.30±0.13	1.28±0.12	0.15±0.06	0.06±0.05

7.1.3　再生水作为景观水体补水的关键性指标

根据再生水水质特点，结合景观水体水环境的需求，本书认为，与常规水源相比，将再生水作为城市景观水体补水，需要被关注的关键性指标为引起藻类大量繁殖的氮磷营养物质、可在生物体内富集并在污水处理过程中产生的微量有机污染物，以及对人体健康存在风险的病原微生物。

1. 营养物质

营养物质作为藻类生长的必要元素，是藻类大量繁殖的重要原因。由于再生水来源于经过一定处理的城市生产生活污水，再生水的成分复杂，污染物本底值相对较高。再生水中 TN 和 TP 的浓度通常较高，有机污染物也比地表水 V 类水体限制高很多。一般认为，水体逐渐形成富营养化的最低条件是：水体中含氮量大于 0.2～0.3mg/L，含磷量大于 0.01mg/L，以此为对照，再生水中氮磷营养物远远超过这个最低要求（袁志宇等，2008）。

2. 微量有机污染物

在早期的《再生水回用于景观水体的水质标准》（CJ/T 95—2000）中，并没有涉及到微量有机污染物指标，而在最新的《城市污水再生利用　景观环境用水水质》（GB/T 18921—2002）中加入了毒理学指标，其中包含有大量的微量有机污染物，这是因为微量有机污染物虽然含量少，但是容易在环境中和生物体内富集。这些物质主要分为以下几类：持久性有机污染物（persistent organic pollutants，POPs），内分泌干扰物（endocrine disrupting chemicals，EDCs），消毒副产物（disinfection by-products，DBPs）及药品和个人护理品（pharmaceutical and personal care products，PPCPs）。

污水处理过程如加氯消毒可能形成毒性更大或毒性特征不同的中间体，余芬芳等（2015）采用生物毒性测试技术研究了城市污水处理厂出水经氯胺、二氧化氯、次氯酸钠、臭氧和紫外几种消毒处理后对斑马鱼胚胎的毒性效应差异，根据斑马鱼胚胎的毒理学反应和层次分析发现，几乎每种化学消毒再生水暴露均使斑马鱼胚胎出现了卵黄囊异常、色素沉积减少、孵出延缓和卷尾等毒理反应，而不采用化学消毒的二沉池出水暴露则没有。白娟娟（2015）针对污水再生回用中可能产生的水环境安全问题，采用斑马鱼胚胎暴露试验和生物毒性检测技术，对中国南方某滨海城市的污水处理厂高负荷活性污泥法和改良工艺（两个典型污水再生处理工艺过程）进行比较，发现两污水处理典型工艺段的出水中包含的 PPCPs、EDCs 和 DBPs，均能使斑马鱼胚胎出现不同程度的半致死毒性效应，表现为心跳减缓、色素沉积减少、卵黄囊异常、卷尾和孵化延迟。

3. 病原微生物

虽然污水处理厂处理单元对病原微生物的去除率较高，但是由于来水中病原微生物较多，再加上有一些微生物对外界环境适应性较强，使得污水处理厂出水中存在有少量的病原微生物。表 7.6 是我国污水处理厂出水水样中常见的一些病原微生物的含量，出水中隐孢子虫和贾第鞭毛虫的量很少，但是大肠菌群和代表病毒的 SC 噬菌体的量则较多（郭宇杰等，2013）。即使出水中病原微生物较少，但是在水体中由于营养物和底泥对病原体的积累，病原体存在再生长和复活的可能，人体与景观水体长期接触后，可能会危害身体健康（胡洪营等，2011）。

表7.6 处理厂出水水样中病原微生物检出结果（胡洪营等，2011）

取样池	总大肠菌群/(CFU/mL)	粪大肠菌群/(CFU/mL)	总异养菌群/(CFU/mL)	SC噬菌体/(PFU/mL)	隐孢子虫/(个/L)	贾第鞭毛虫/(个/L)
砂滤	—	3.5±1.0	—	61±19	0.11±0.15	0.53±0.49
超滤	0.057±0.062	0.017±0.028	37±46	0.22±0.73	<0.033	<0.033
清水池	0.022±0.042	0.015±0.031	611±927	<0.056	<0.033	<0.033

水环境中常见的病原微生物引发的典型疾病如表7.7所示。值得注意的是，病毒对消毒处理的抵抗力比细菌更强，在环境中能存活很长时间，由此引发的潜在健康威胁更严重。但是直接检测病毒本身操作复杂并且安全性差，因此需要寻找合适的病毒指示物。研究表明，噬菌体（F-RNA和SC噬菌体）在形态特征和对环境条件及水处理过程的抗性方面与肠道病毒相似，与细菌指示物相比，受环境的影响小，操作简便快速，结果可靠、噬菌体样品可以保存后再检测，尤其适合作为再生水中肠道病毒的检测（胡洪营等，2011）。

表7.7 水环境中常见病原微生物及其引发的典型疾病

	病原微生物	相关疾病
病毒	肠道病毒	肠胃炎、脑膜炎等
	肝炎病毒	传染性肝炎
	腺病毒	呼吸道疾病
	轮状病毒	肠胃炎
	细小病毒	肠胃炎
	诺沃克因子	痢疾、呕吐、发烧
	呼肠孤病毒	尚不确定
	星状病毒	肠胃炎
	杯状病毒属	肠胃炎
	冠状病毒	肠胃炎
细菌	志贺氏菌属	痢疾
	伤寒沙门氏菌属	伤寒症
	沙门氏菌属	沙门氏菌病
	霍乱弧菌	霍乱病
	大肠杆菌	肠胃炎
	小肠结肠炎耶尔森氏菌	耶尔森氏鼠疫杆菌肠道病
	钩端螺旋体	细螺旋体病
	军团菌	军团病
	弯曲菌	肠胃炎

4. 其他

在使用再生水作为景观水体补水水源时，大多都只关注水质标准，未免会忽视标准中对再生水利用方式的规定。《城市污水再生利用 景观环境用水水质》（GB/T 18921—2002）中指出，当完全使用再生水时，景观河道类水体的HRT适宜在 5d 以内。完全使用再生水作为景观湖泊类水体，当水温超过 25℃时，其水体静止停留时间不宜超过 3d；当水温不超过 25℃时，则可适当延长水体静止停留时间，冬季可延长水体静止停留时间至 1 个月左右。当然，在实施了水体净化措施时，可适当延长 HRT 或者水体静止停留时间。另外，在实施再生水景观补水过程中还应注意几个问题：应充分注意水体底泥淤积情况，进行季节性或定期性清淤；再生水景观水体的水生植物和动物仅可观赏，不得食用；不应在含有再生水的景观水体中游泳和洗浴；以及不应将含有再生水的景观水体用于饮用和生活洗涤。

7.1.4　景观利用的再生水处理工艺

针对《城市污水再生利用 景观环境用水水质》（GB/T 18921—2002）标准，传统的活性污泥法生化处理后的出水很难达到景观水体回用标准。强化生化处理效果、增加深度处理单元等污水处理设施的提标改造是提升出水水质的主要做法。在强化生化处理效果方面，为维持水体景观效应，除了常规的 COD、BOD_5 和 SS 等指标外，重点需要提升脱氮除磷效果，如改良 A^2/O 工艺、A^2/O 工艺等。这些工艺的主要特点在于，变换了厌氧、缺氧以及好氧三种运行状态的组合顺序和级数，优化了回流方式和进水方式。此外还有序批式活性污泥法（sequencing batch reactor activated sludge process，SBR）、周期循环活性污泥法（cyclic activated sludge system，CASS）和间歇式循环延时曝气活性污泥法（intermittent cycle extended aeration，ICFAS）等工艺也具有同步脱氮除磷的功能。在深度处理方面，由于污水处理厂污水来源多样，不同水源污染物的特点不一，深度处理单元技术的选择也差异很大（池勇志等，2013）。本书简要介绍一些深度处理工艺及其特点。

1. 混凝沉淀法

混凝沉淀是将化学药剂投入水中，经充分混合与反应，使水中悬浮态和胶态的细小颗粒凝聚或絮凝成可沉降的絮体，再通过沉淀去除污染物的水处理工艺。混凝法应用于污水处理，可提高工艺对有机污染物、浊度、磷和氮等营养物质及其他溶解性物质的去除率，改善出水水质。值得注意的是，二级出水的混凝机理与给水混凝机理是不同的，二级出水中除含有一些未沉淀的针状絮体外，更多的是游离细菌。这些游离细菌形不成可沉生物絮体，在水中以负电荷亲水胶体的状态存在，相对稳定，不能靠自身重力沉淀下来。当混凝剂加入到污水中并与污水充分混合以后，一方面混凝剂水解出一系列阳离子（Fe^{3+} 或 Al^{3+} 及其络合离子），可以中和胶体颗粒表面所带的负电荷，胶粒脱稳后相互之间凝聚，形成矾花经沉淀去除另一方面游离悬浮颗粒被矾花网捕，与矾花一同沉淀（徐艳玲，2006）。

2. 石灰沉淀法

在众多的城市污水深度处理技术中，石灰作为一种多功能水处理剂，以其价格低廉，使用简便，絮凝性能好等优点，在20世纪60年代开始就应用于城市污水处理厂二沉池出水的处理，目前石灰混凝仍然是一种重要的污水深度处理技术。其主要作用包括：①除磷，Ca^{2+}可与污水中的PO_4^{3-}和HPO_4^{2-}形成热力学上稳定的羟基磷灰石$Ca_5OH(PO_4)_3$沉淀；②提高水体的感官指标，包括去除色度、臭味、提高水体澄清度等；③杀菌，能降低细菌和病毒含量，这是由于投加石灰之后，水中的pH可以高达10.5～11.5，因此对大肠杆菌等菌类以及病毒都有很强的杀灭效果，从而可以降低后续消毒工艺的加氯量，节约成本；④去除有机物，石灰利用其混凝作用以及$Ca(OH)_2$与污水中的HCO_3^-结合形成的絮凝作用，可去除1μm以上的颗粒，进而也降低了由这些颗粒形成的SS、BOD、COD、色度以及浊度等指标；⑤可去除某些金属及非金属离子，包括Cu^{2+}、Zn^{2+}、Ni^{2+}、Mn^{2+}、Al^{3+}、Ag^+和Pb^{2+}等（徐艳玲，2006）。

3. 活性炭吸附法

活性炭吸附就是利用多孔的固体活性炭，使废水中的污染物质被吸附在活性炭表面而去除的过程。活性炭是疏水性非极性吸附剂，外观呈黑色。活性炭的吸附特性不仅与细孔构造和分布情况有关，还与活性炭的表面化学性质有关。生物活性炭是利用活性炭的吸附以及活性炭层内微生物有机分解作用，延长活性炭吸附能力的方式。即它不仅有着活性炭的吸附力，也有着以粒状活性炭为载体，在其上生长的微生物的作用。生物活性炭技术结合并优化了生物降解和活性炭吸附两个过程（徐艳玲，2006）。

4. 臭氧氧化法

臭氧由于具有强烈的氧化性，具有杀菌、消毒、脱色、除臭和降解有机物功能，能迅速而广泛的分解水中大部分有机物，有效地去除水中杂质所造成的色、臭、味，其脱色效果优于活性炭和氯，但有机物一般不能完全矿化为二氧化碳和水，形成许多小分子中间副产物，因而需要后续处理单元。由于臭氧氧化分解为氧气、无二次污染，生物氧化技术又是一种经济的水处理单元，因此臭氧氧化和生物氧组合工艺是一种环境友好颇具发展前景的水处理技术。但生产臭氧的成本较高，是限制该技术广泛应用的主要因素。臭氧和水中的污染物作用有两种途径，一种途径是直接氧化，就是臭氧分子和水中污染物之间的直接作用。另一种途径是间接氧化，臭氧分解产生羟基自由基，羟基自由基和水中有机物的反应成为主要反应（徐艳玲，2006）。

5. 膜分离技术

膜分离技术起步于 20 世纪 60 年代，是一种新型高效的污水处理技术，包括电渗析、反渗透、纳滤、超滤以及微滤等。膜分离技术具有出水水质好和占地面积小等特点。因此，非常适合应用于小型污水处理回用系统。目前，膜技术已经成为环境保护和环境治理的重要产业技术。我国已经建设了一批应用膜技术的污水再生处理工程，并取得了良好的效果。膜分离范围可以从小分子到大分子、从细菌到病毒、从蛋白质、胶体到多糖等。与此同时，膜分离过程中分离和浓缩同时进行，能同步回收有价值的物质（徐艳玲，2006）。

6. 膜生物反应器

膜生物反应器（membrane biological reactor，MBR）是一种集生物处理机能和膜分离机能于一体的新型高效的污水处理和回用技术，以膜组件取代二沉池，在生物反应器中保持高活性污泥浓度，减少污水处理设施占地。与其他污水处理工艺相比，MBR 处理工艺的特点体现为：①固液分离效率高，其分离效果远好于传统的沉淀池，出水水质良好，出水悬浮物和浊度接近于零，可直接回用，实现了污水资源化；②微生物截留效果好，通过膜的高效截留作用，使微生物完全截留在生物反应器内，实现反应器 HRT 和污泥龄（sludge retention time，SRT）的完全分离，运行控制灵活稳定；③占地面积小，由于 MBR 将传统污水处理的曝气池与二沉池合二为一，并取代了三级处理的工艺设施，因此可大幅减少占地面积，节省土建投资；④降解效率高，由于泥龄长，可大大提高难降解有机物的降解效率；⑤剩余污泥少，反应器在高污泥负荷、长泥龄下运行，剩余污泥产量极低。

7.2　再生水补水对水体水环境的影响特征

7.2.1　对感官性状的影响

1. 透明度

对西安市丰庆湖和莲花湖进行长期的监测，其中丰庆湖以再生水为水源，莲花湖以地表水为水源，监测的结果见图 7.1。从图中可看出，不管是何种补水水源，其月变化趋势相同，从 1 月到 12 月，透明度都先下降后上升。在冬季透明度最高，夏末和初秋阶段透明度最低，这是由于藻类数量差异造成的。而且从丰庆湖和莲花湖的透明度对比可看出，再生水补水水体的透明度全年都比地表水补水水体的低，且在 6～10 月（藻类生长快），两者之间的差距最小。而在其余时间段，两者差距较大总体上是再生水会使得水体的透明度下降。

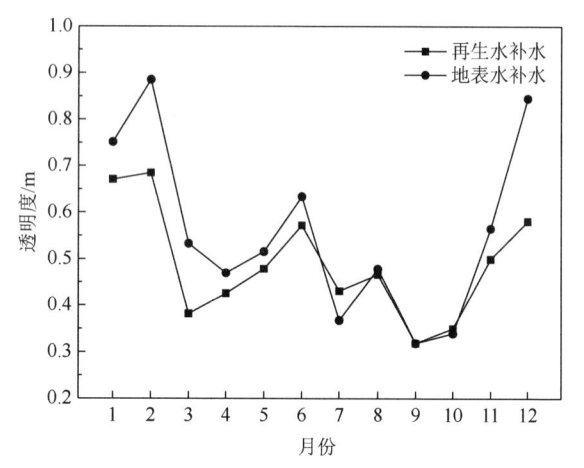

图 7.1　再生水（丰庆湖）和地表水（莲花湖）补水水体的透明度对比

2. 色度

丰庆湖和莲花湖的色度月变化情况见图 7.2。从图中可看出，不管是何种补水水源，两个水体色度的月变化趋势相同。从 1 月到 12 月，色度都先上升后下降，在夏季色度较高，夏末初秋时间段色度最高，这是由于藻类数量通常在该阶段最多。通过比较发现，再生水补水水体的色度全年都比地表水补水水体的高，且在 6～10 月（藻类生长快）和冬季，两者之间的差距最小，而在其余时间段，两者差距较大。总体上是再生水会使得水体的色度增加。

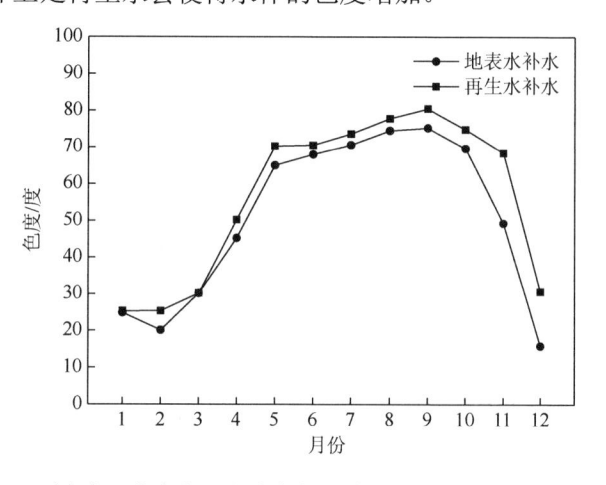

图 7.2　再生水（丰庆湖）和地表水（莲花湖）补水水体的色度对比

从以上分析可以看出，再生水补水水体的感官效果普遍要差于地表水水体，这主要是因为再生水的高氮磷条件，使得藻类增殖多，一方面会增加水体中 SS，降低水体透明度；另一方面，藻类本身会呈现不同的颜色，从而增加水体的色度。

再生水补水对水体感官效果的影响一直受到研究者的广泛关注。余丽凡等（2012）以上海市 90 个公园绿地共 107 个景观水体为研究对象，通过调查与分析得出，再生水的高浓度磷会使水体的透明度下降。赵轩等（2015）通过对以再生水为主要水源的景观水体——昆明市翠湖的长期水质监测发现，再生水的高浓度营养物质与水体透明度下降有显著联系。周军等（2008）通过试验证实再生水景观湖会呈现色度累积现象，湖体水质恶化导致色度过高，使得景观湖丧失了美学景观效应。田宇等（2013）选择北京市的再生水作为景观湖水补水水源的陶然亭湖，通过 2007～2009 年的水质指标监测得出，再生水补水水体蓝藻清晰可辨，水体深绿色，色度较高，可观赏性较差。

7.2.2　对营养物特性的影响

通过对昆明市、西安市和天津市 3 个再生水补水型水体和对等的 3 个地表水补水型水体的长期监测（图 7.3），发现再生水中氮和磷的浓度明显比地表水的高，TN

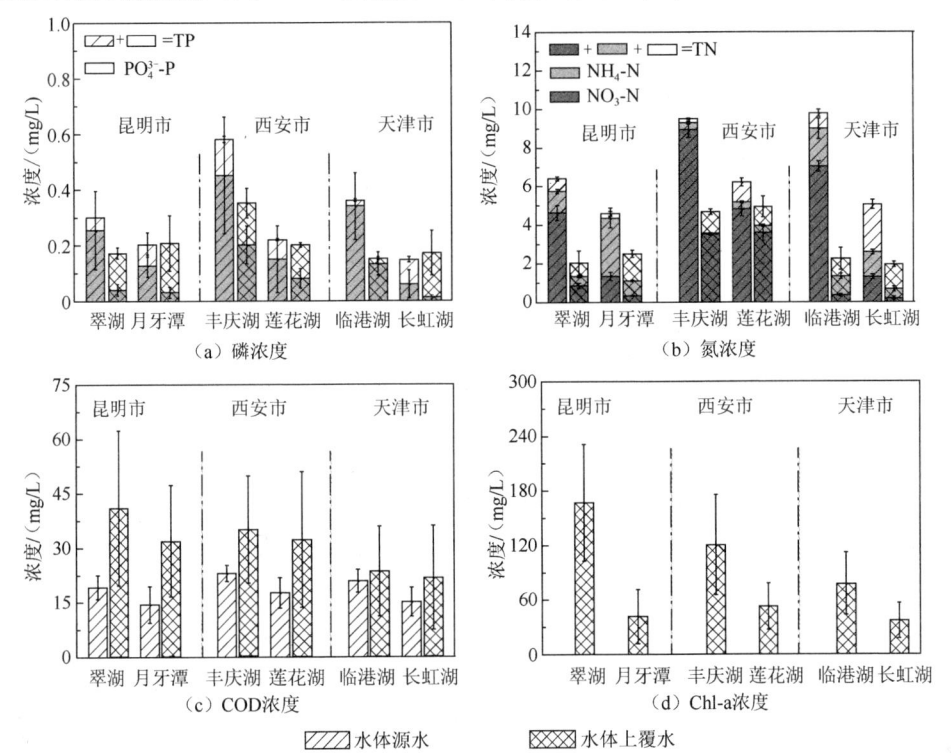

图 7.3　各水体源水和上覆水中氮磷营养物质的对比

再生水水源：翠湖、丰庆湖和临港湖；地表水水源：月牙潭、莲花湖和长虹湖

浓度分别高出 30%、32%和40%，TP 浓度平均分别高出 25%、52%和43%。但是，在水体中 TN 和 TP 的浓度相差较小，氮磷形态比例相差较大。在以再生水为补水的翠湖、丰庆湖和临港湖中，NO_3-N 通常占比非常大，平均分别为 40%、82%和35%；而在月牙潭和长虹湖中，TN 中 NH_4-N 含量较多。对于磷形态，在翠湖、丰庆湖和临港湖中，磷酸盐浓度占 TP 浓度比平均分别为 25%、60%和 90%；而在月牙潭、莲花湖和长虹湖，TP 浓度中磷酸盐浓度较少。再生水的高氮磷环境使得水体藻类大量生长，水体中 Chl-a 浓度和 COD 浓度（总 COD），分别比地表水补水水体平均高出 70%和 15%。也正是因为藻类对氮磷的大量吸收，使得高氮磷的再生水进入水体后氮磷浓度快速下降。

其他相关研究成果同样证实再生水的高氮磷条件对水体营养状态的影响，尤其是对水体 Chl-a 和 COD 的影响。冯翠敏等（2010）通过对北京市某再生水利用湖泊及其补水水源水质的连续监测，认为再生水氮磷含量高，补入水体后，湖水的 TP 和 TN 的浓度升高，使得湖水的 NH_4-N、TP、TN 等指标远高于《地表水环境质量标准》（GB 3838—2002）中 V 类水体限值，从而造成 Chl-a 含量也较高，尤其 TP、TN 的浓度超出水体的自净能力时，湖水已经处于重度富营养状态。孟庆义等（2011）以北京市潮白河为例，分析了再生水回用所产生的水质问题，再生水进入受水区后，氮磷等营养元素浓度下降，有机污染和叶绿素浓度上升，说明再生水进入河道后藻类大量繁殖，河道水体表现出明显的富营养化状态。

7.2.3 对藻类生长的影响

1. 对水体中 Chl-a 浓度和藻密度的影响

5～8 月是全年藻类最活跃的阶段，可鲜明分析再生水补水对湖体藻类生长造成的影响。由图 7.4 的湖体藻密度看出，不同城市间可能由于地域条件的差别，湖体藻密度相差较大。同一城市不同补水水源间的水体有共性差别，以再生水为补水的景观水体的藻密度要比地表水补水水体小，在昆明市、西安市和天津市，其值平均分别低 63%、23%和 42%。但对于 Chl-a，其浓度与藻密度的表现相反，翠湖、丰庆湖和临港湖相比于月牙潭、莲花湖和长虹湖，其值平均分别高 33%、44%和 29%。总体来说，再生水回用于景观水体使得其藻密度低，但 Chl-a 浓度却高。通常情况下，人们认为藻密度高意味着 Chl-a 浓度高，这一检测结果与通常的认知不符。

实际上，Chl-a 浓度不仅与藻密度有关，而且还与藻的大小、藻的种类等有关。在再生水补水下，营养物质相对丰富，特别是利于藻类生长的磷酸盐多，使得 Chl-a 浓度高的绿藻快速增长；另一方面，发现以地表水为补水的月牙潭、莲花湖和长虹湖的水体内 TP 浓度比进水高，说明底泥向水体进行磷释放，藻类群落在自我适应过程中趋向于小型化，以此增大藻种表面积与体积的比值，提高营养物的竞争力。

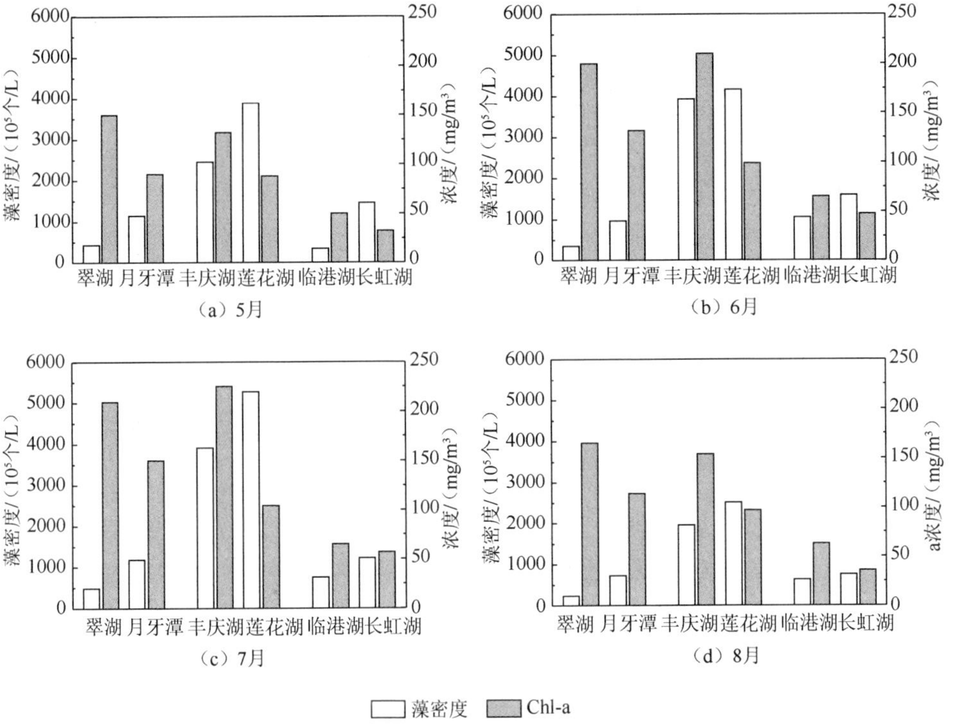

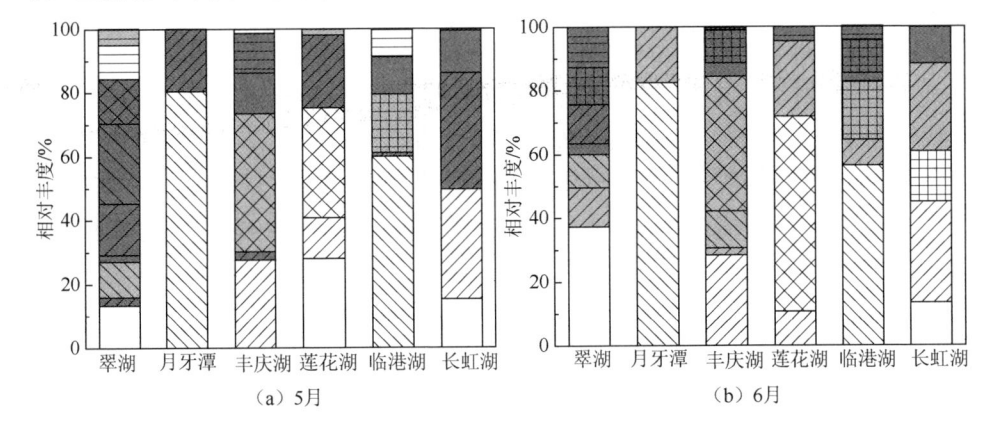

图 7.4　再生水和地表水补水水体的藻密度和 Chl-a 浓度的比较

2. 对藻类群落分布的影响

图 7.5 可以看出，在月牙潭、莲花湖和长虹湖，藻类群落分布随时间变化不大，蓝藻的相对丰度平均分别为 97%、95% 和 87%，绿藻、硅藻以及其他藻门几乎没有。但是，在翠湖、丰庆湖和临港湖，蓝藻、绿藻和硅藻的相对丰度不断变化，蓝藻相对丰度逐渐下降，硅藻和绿藻的相对丰度呈上升趋势：在 5 月，翠湖、

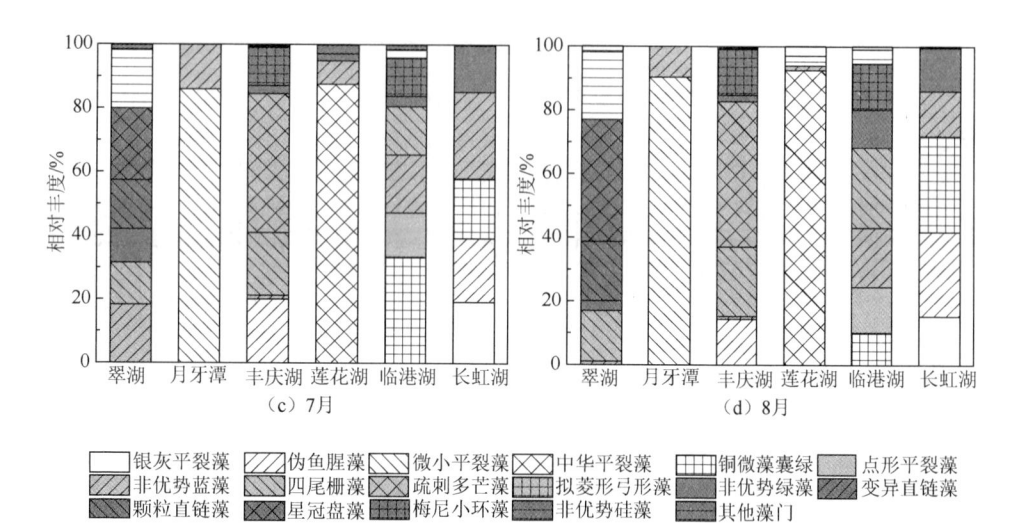

图 7.5　再生水和地表水补水水体的藻群落随时间分布的比较

白色为蓝藻门，浅灰色为绿藻门，深灰色为硅藻门

丰庆湖和临港湖中，蓝藻、绿藻和硅藻的平均相对丰度为 36%、33% 和 29%；在 8 月，其值分别为 20%、42% 和 37%。总体来说，再生水景观水体藻类分布与地表水水体以蓝藻占绝对优势不同，其湖体蓝藻、绿藻和硅藻都相当，其中各藻门各占比存在地域和季节差别。

优势藻种组成受地域和补水水源影响较大。例如，在 5 月，翠湖的优势藻种为银灰平裂藻、四尾栅藻、变异直链藻、颗粒直链藻和星冠盘藻；丰庆湖为伪鱼腥藻、疏刺多芒藻和梅尼小环藻；临港湖为微小平裂藻、拟菱形弓形藻；月牙潭为微小平裂藻；莲花湖为伪鱼腥藻、银灰平裂藻、中华平裂藻；长虹湖为伪鱼腥藻和银灰平裂藻。但以再生水补水和以地表水补水的湖体在优势藻种的所属藻门及其数量上存在共性区别，在翠湖、丰庆湖和临港湖中，蓝藻、绿藻和硅藻里都存在有数量不同的优势藻种，且优势蓝藻藻种的种类和数量越来越少，而优势绿藻和硅藻的藻种种类和数量整体上升，特别是硅藻；而在月牙潭、莲花湖和长虹湖中，其优势藻种都属于蓝藻类，且其优势蓝藻藻种相对丰度越来越高，其中长虹湖中会释放毒素的伪鱼腥藻和铜绿微囊藻占比也越来越多。总体来说，以再生水为补水的景观水体的优势藻种种类多，并分属不同的藻门，而地表水补水的水体的优势藻种只属于蓝藻。并且，地表水补水的水体中会分泌藻毒素的蓝藻优势藻种多，如伪鱼腥藻、铜绿微囊藻，而再生水补水的水体中相比较少，有利于水生态系统稳定。

3. 对藻类多样性的影响

浮游生物多样性分析的方法主要有：辛普森生物多样性（D）指数、Shannon-

Wiener（H）指数、Pielou 均匀度（J）指数和 Margalef 指数等，将 Shannon-Wiener 指数和 Pielou 均匀度指数联合使用更能反映湖泊生态系统的状况。

如图 7.6 所示，翠湖、丰庆湖和临港湖的 H 指数分别都大于月牙潭、莲花湖和长虹湖。

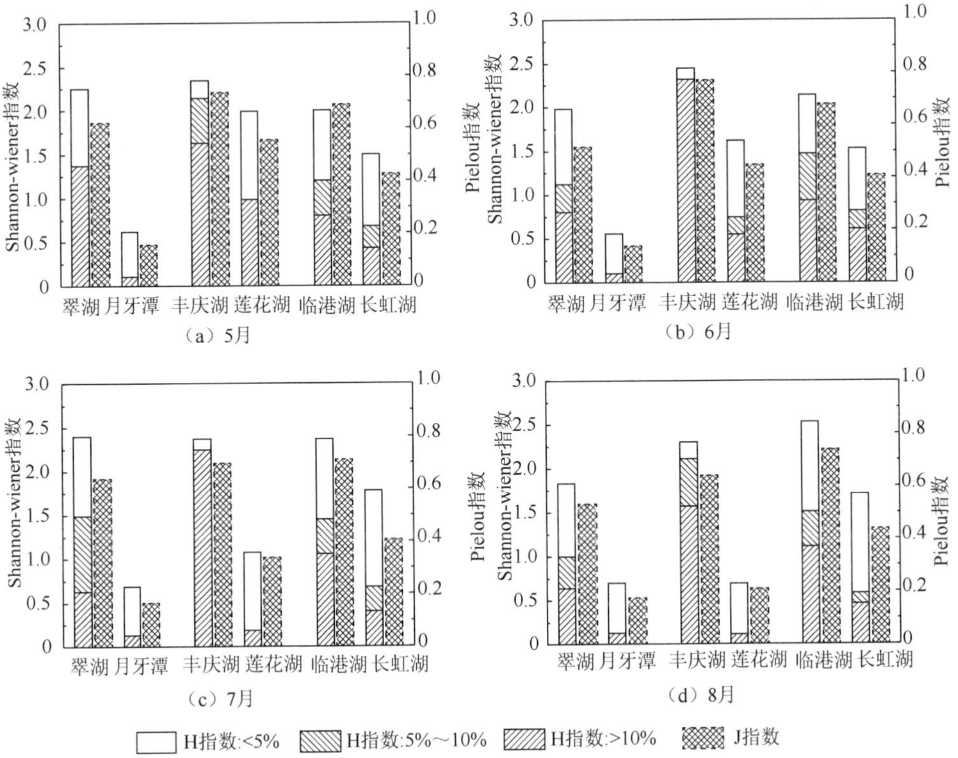

图 7.6　再生水和地表水补水水体的藻类多样性的比较

再生水补水下 H 指数高的原因主要是优势藻种以及相对丰度占比在 5%～10% 的藻种对其贡献大，这是因为再生水补水中高氮磷浓度使得一些非优势藻种能够有机会在此类环境中生长。另外，翠湖、丰庆湖和临港湖的 J 指数分别都大于月牙潭、莲花湖和长虹湖，说明以再生水为补水的景观水体的藻类均匀度指数大，藻种分布均匀。总体来说，以再生水为补水的城市景观水体藻类的多样性指数和均匀度指数较大，生态系统稳定，这一特点与天然水体有很大差别。

7.2.4　导致的生态风险

目前，生态风险评价主要分为两类，一类是基于物质的生态风险评价，另一类是基于整体的生态风险评价。基于物质的生态风险评价针对单一或多种化学物质开展。基于整体的生态风险评价将样本（出水、废物）的毒性作为一个整体来评价，无需识别每种化学物质的种类和相互作用。通过对三个城市 6 个水体的综合生态毒性（青海弧菌）的检测分析，得出再生水补水对水体生态安全的影响。

图 7.7 所示的结果反映出两个方面的特点：①在不同城市，再生水水源的有机物生态毒性波动较小（有机物的苯酚当量浓度范围为 10~15mg/L）；但是，地表水水源的差别较大（有机物的苯酚当量浓度范围为 5~20mg/L）。②虽然同一城市下的再生水补水和地表水补水的生态毒性差异较大（在昆明市、西安市和天津市的差异分别为 30%、50% 和 30%），但是进入湖体后，其差异明显变小（在昆明市、西安市和天津市的差异分别为 5%、3% 和 5%），这表明水体内部的生态毒性与水源体现的生态毒性关联度不强，这可能是因为水体的自净作用，也包括有些容易挥发的有机物在进入湖体后直接进入空气中，还有一些不溶的物质与悬浮物一起进入湖底（王铜，2014）。因此，虽然再生水含有的微量有机污染物较多，但是当再生水进入水体后，水体上覆水中的综合生态毒性并不显著。

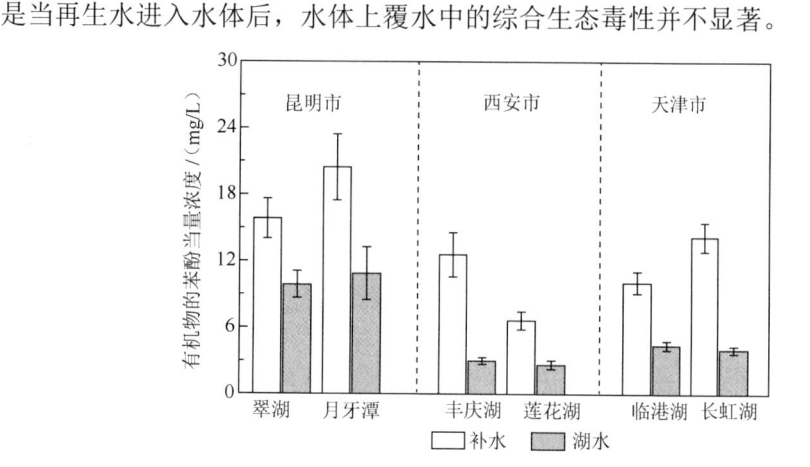

图 7.7　各水体源水和上覆水的微量有机污染物的生态毒性对比

7.2.5　导致的健康风险

再生水中存在的重金属和病原体等可能会对人体的健康带来风险，因此同样通过上述六个湖的分析，研究了再生水补水对水体中重金属和病原体的影响。

1. 重金属

如图 7.8 所示，不管是水源之间，还是水体之间，重金属的浓度均没有明显的规律，这说明补水并不是水体内重金属水平的最显著影响因素，其他的影响因素也有很大作用，甚至有可能超过补水水源的影响，主要包括底泥吸附、大气降尘以及藻类吸收等（侯佳渝等，2013；梅凡民等，2011）。

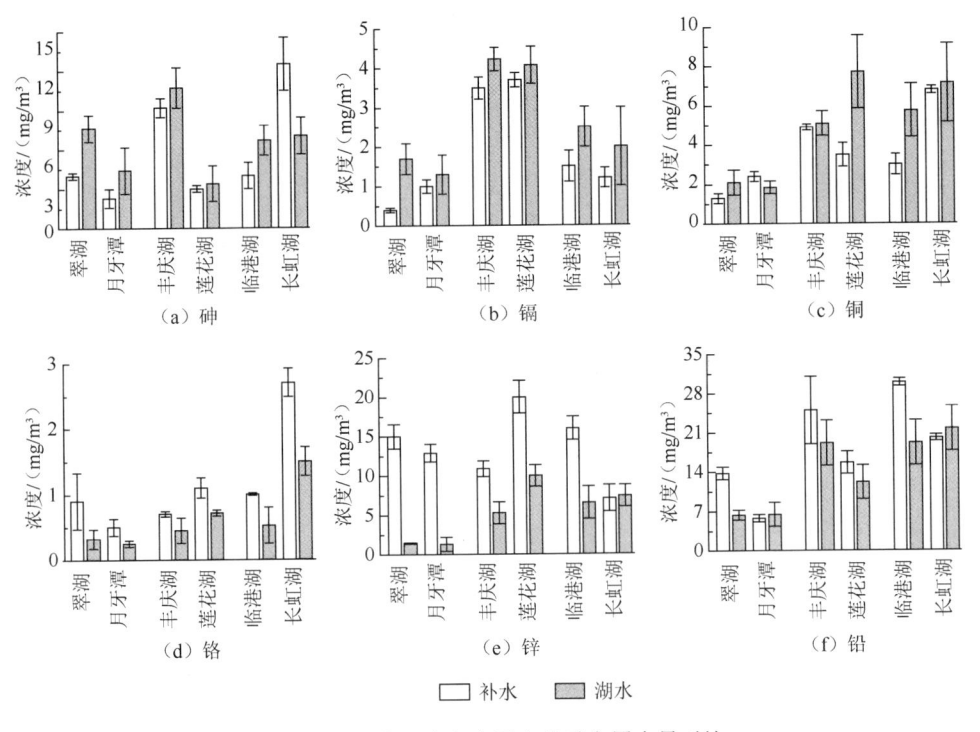

图 7.8　各水体源水和上覆水的重金属含量对比

2. 病原体

作者所在团队长期监测了 6 种指示微生物的变化情况，包括大肠杆菌（E.coli）、沙门氏菌、志贺细菌、肠道病毒（EV）、诺如病毒（NV）和轮状病毒（RV）。由表 7.8 可知，在选择的 6 种病原体中，只检测出 4 种，其检出率为 100%。与地表水水体相比。再生水补水水体的病原体平均浓度高，诺如病毒和轮状病毒平均分别高出 45% 和 196%。再生水补水型景观水体病原体浓度高可能来自两方面的原因，一方面，再生水的营养物浓度高，包括微生物生长所需的可同化有机碳（assimilation of organic carbon，AOC）和微量元素等，有利于病原体的繁殖和生长；另一方面，藻类的过度繁殖和悬浮，也为病原体提供了保护和聚集的条件（Ceuppens et al.，2015；Shelton et al.，2011）。

表 7.8　各水体源水和上覆水的病原体浓度　　　　　　　　（单位：IU/L）

病原体	翠湖	月牙潭	丰庆湖	莲花湖	临港湖	长虹湖
E.coli	801±256	656±240	3632±620	3028±740	4560±1120	2735±750
EV	760±354	796±468	1130±338	762±372	354±131	342±85
NV	55±11	50±24	90±21	57±17	51±20	39±14
RV	340±80	142±25	280±36	204±49	64±23	36±18

注：志贺氏菌和沙门氏菌低于检测线。

通过现场调研发现，在景观水体中，市民接触水体的主要方式是钓鱼和划船。采用通常的剂量-反应关系进行人体暴露的健康风险评价，结果体现在图 7.9。可以看出，由诺如病毒、肠道病毒和轮状病毒等病毒类微生物引起的年感染风险率高于由大肠杆菌等所指示的细菌类微生物，并且，在再生水水体中，诺如和轮状病毒的年感染风险率高于地表水水体。其中，昆明市和西安市的再生水补水水体的由病毒类微生引起的年感染风险高达 $10^{-4}a^{-1}$，已经超过世界卫生组织（World Health Organization，WHO）的安全标准值，因此需特别注意再生水补水水体对人体健康造成的风险。

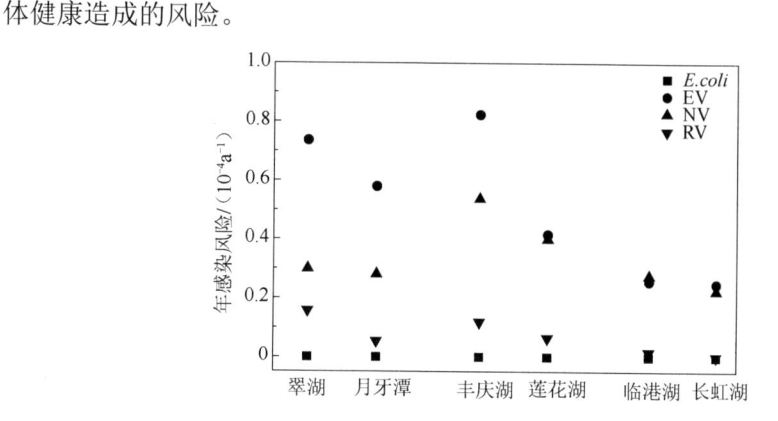

图 7.9　再生水和地表水补水水体年健康风险评价

因此在将再生水作为城市景观水体补水水源过程中，污水处理工艺的病原体去除能力需要特别关注。仇付国等（2003）采用柯萨奇（B3）病毒示踪剂，研究了污水处理工艺、病原微生物去除率和健康风险之间的关系，结果表明：①再生水利用的安全性与处理工艺对病毒的去除率直接相关，以 10^{-4} 作为病原体感染可接受的个人年风险，当回用于景观娱乐水体时，病毒去除率必须达到 6.6log，再生水安全性才能保证在 90%以上。②只要污水再生处理工艺对病毒的去除率达到 6log 以上，病毒对人体健康的风险就可以得到控制。③常规处理工艺和臭氧消毒对病毒的去除率可以达到 6log，可以保证再生水的安全利用。因此，只有采用适当的污水处理工艺对城市污水进行二级生化处理和深度处理，严格满足消毒效果，由病原微生物引起的健康风险才能得到控制。

7.3　再生水补水对沉积物的影响特征

7.3.1　对底泥富营养化潜能的影响

水体沉积物既是上覆水污染物的"汇"，在一定条件下，也会成为上覆水营养物的"源"，因此底泥的富营养化潜能对水体的富营养状态具有重要影响。本书重点关注了底泥中的有机质、含水率和氮磷营养物三个方面的指标。

由表 7.9 可知，再生水水体底泥中有机质含量比地表水水体高，翠湖、丰庆湖和临港湖分别比相对应的地表水补水水体高出 53%、49% 和 23%。这一结果主要源于两方面的原因，一方面，再生水水体藻类生长速度快，绝对数量多，藻类死亡后沉降到底泥的藻类多，增加了底泥的有机质含量；另一方面，地表水补水中悬浮物高，其主要成分为颗粒态的无机物，沉积到底泥后提高了无机物含量。而且，再生水作为污水处理水，水中有机物主要成分为微生物代谢产物，这些有机物通常难降解，容易与悬浮物聚集，从而沉积在水体底泥中。

表 7.9　六个湖底泥的有机质、含水率和营养物含量

湖名	有机质含量/%	含水率/%	TN 含量/（mg/kg DW）	TP 含量/（mg/kg DW）
翠湖	16.7±2.8	81.2±4.8	2987.4±218.7	1010.5±58.5
月牙潭	10.9±3.6	72.3±5.4	2249.2±226.4	709.4±57.4
丰庆湖	13.7±3.2	77.1±5.0	3426.8±150.9	1175.4±58.5
莲花湖	9.2±3.1	68.8±4.4	2658.2±178.8	791.5±59.2
临港湖	10.7±2.8	72.6±5.7	3128.2±120.5	1092.0±34.9
长虹湖	8.7±3.2	67.0±6.2	2011.3±142.5	687.1±42.2

注：DW 为干泥质量。

同时，高有机质浓度导致了高含水率。翠湖、丰庆湖和临港湖底泥的含水率都比相对应的地表水水体高出 13%、12% 和 8.4%。底泥含水率虽不会直接对藻类生长有影响，但含水率高会促进底泥微生物作用，而且易导致底泥上浮，从而增大上覆水富营养化的风险。

对于 TN 和 TP，再生水水体底泥中浓度都比对应的地表水水体的高，平均分别高出 39% 和 50%。究其原因，一方面是因为是再生水补水的高浓度氮和磷，底泥吸附的多，另一方面是因为大量藻类死亡沉积后被微生物分解释放大量的营养盐在底泥中。

已有研究发现，底泥磷释放是造成水体藻类在夏季暴发的主要原因（李尔泉，2016；龚瑶等，2012）。不同化学形态磷的释放特性不同，底泥向上覆水中释放的绝大部分来自于易交换态的磷形态。由图 7.10 可知，再生水水体底泥的 NH_4Cl-P（易交换态磷）、BD-P（氧化还原敏感性磷）和 $NaOH-P$（铝结合态磷）相对含量都高于地表水水体，说明再生水水体底泥中易交换态磷相对含量要高。一方面，由于再生水的高磷酸盐浓度，使得底泥及其间隙水中的磷酸盐含量多；另一方面，底泥的高有机质含量促使微生物作用增强，水解磷酸酶增多，有机磷大量转化为易生物利用的无机磷。与此相比，地表水浊度高，颗粒态磷和难被生物利用态磷较多，导致底泥中难交换态磷含量高。

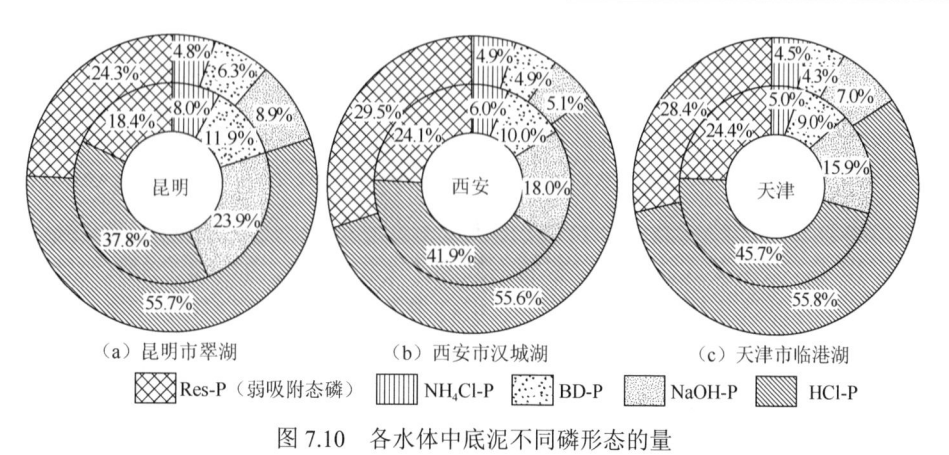

（a）昆明市翠湖　　　　　（b）西安市汉城湖　　　　　（c）天津市临港湖

Res-P（弱吸附态磷）　　NH₄Cl-P　　BD-P　　NaOH-P　　HCl-P

图 7.10　各水体中底泥不同磷形态的量

地表水和再生水补水水体分别用外圈和内圈表示

7.3.2　对底泥重金属富集的影响

本书重点关注了砷（As）、铬（Cr）、铜（Cu）、镉（Cd）、锌（Zn）和铅（Pb）等六种重金属。图 7.11 所示为底泥、补水水源和水体的重金属浓度。从底泥重金属浓度来看，底泥中重金属含量受补水水源的影响并不显著。

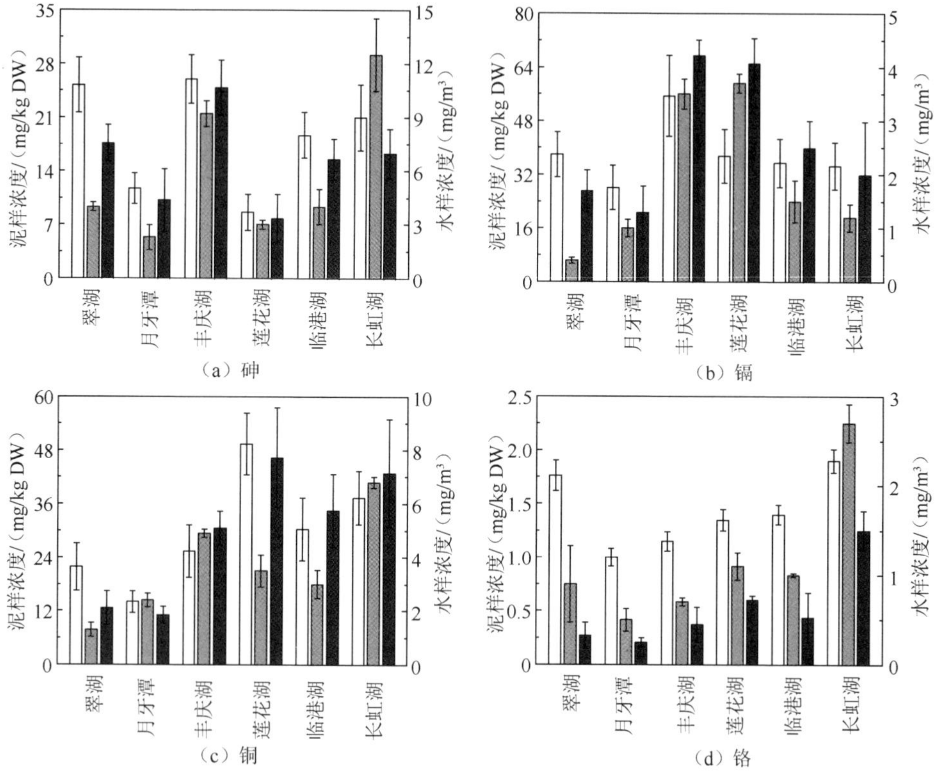

（a）砷

（b）镉

（c）铜

（d）铬

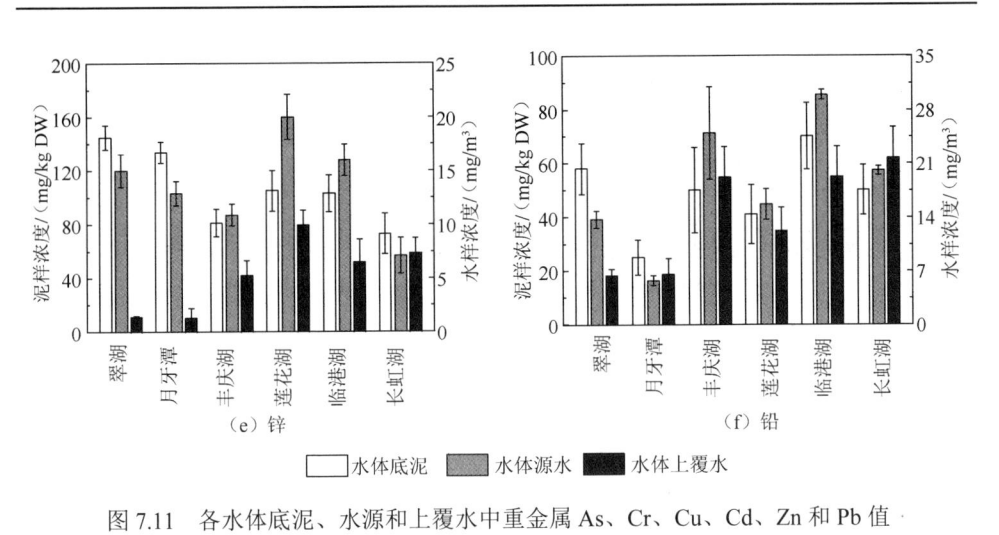

图 7.11 各水体底泥、水源和上覆水中重金属 As、Cr、Cu、Cd、Zn 和 Pb 值

重金属的污染程度可用地质累积指数（I_{geo}）和潜在生态风险指数（potential ecdogical risk index，RI）表示，其计算结果见表 7.10。由 I_{geo} 指数看出，除了 Cd 属于中度污染外，其余的重金属浓度都属于轻度甚至无污染状态，这是由于 Cd 极化能力较强，容易被胶体吸附于底泥，特别是富营养化湖泊底泥中含有大量腐殖质，使得 Cd 在底泥中大量累积。从 RI 指数看，除了天津市大于 300 属于强生态危害外，其余水体底泥 RI 值都小于 300，属于中等生态危害；而且所有水体底泥的 RI 值的最主要贡献是重金属 Cd，占总数的 80% 以上，因此需注意景观水体底泥中 Cd 的积累带来的环境生态影响。

表 7.10 各水体中底泥重金属的地质累积指数和潜在生态风险指数

湖名	I_{geo}						RI
	As	Cu	Cr	Cd	Zn	Pb	
翠湖	−0.13	−1.67	−1.50	**2.43**	−0.07	<u>0.11</u>	268.1
月牙潭	−1.24	−2.31	−1.80	**1.61**	−0.67	−1.12	151.0
丰庆湖	<u>0.15</u>	−0.75	−1.10	**1.45**	−0.51	−0.76	151.9
莲花湖	−1.44	<u>0.21</u>	−1.66	**1.68**	−0.80	−0.38	165.3
临港湖	<u>0.15</u>	−0.40	−1.27	<u>0.90</u>	**1.48**	<u>0.18</u>	**308.6**
长虹湖	<u>0.32</u>	−0.10	−1.37	**1.34**	<u>0.05</u>	<u>0.99</u>	**399.1**

注：I_{geo} 栏中下划线表示轻度污染，黑体表示中度污染。RI 栏中黑体表示强生态危害。

7.3.3 对底泥生态毒性的影响

采用 7.2.4 小节中关于生态毒性的计算方法，对底泥、进水和湖体上覆水的生态毒性进行评价。如图 7.12 所示，除西安市的丰庆湖和莲花湖的底泥生态毒性相近外，其余水体底泥的生态毒性均体现为地表水水体大于再生水水体，平均高出 1.8 倍，这与补水水源浓度和微量有机污染物的迁移转化有关。微量有机污染物主要来自外源，地表水易受面源污染，微量有机污染物主要是农药和杀虫剂类，而再生水中微量有机污染物主要来自消毒过程产生的消毒副产物。大部分的消毒副产物［THMs（三卤甲烷），HAAs（卤乙酸）等］易挥发或被光照降解，进入底泥中的量较少；而有机化学药剂和一些杀虫剂不易挥发，因此通过沉降、吸附到底泥的量多（王铜，2014）。

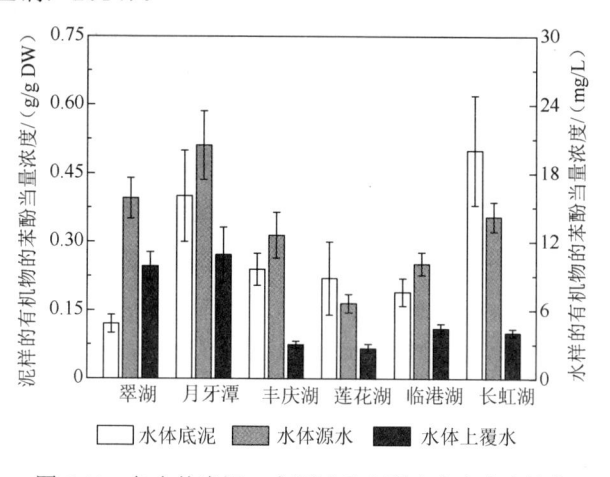

图 7.12　各水体底泥、水源以及上覆水中生态毒性值

7.3.4　对底泥健康风险的影响

在所检测到的 4 种病原体中，检出率都为 100%。再生水水体底泥中的浓度都比地表水水体高，$E.coli$、EV、NV 和 RV 分别平均高出 52%、90%、268% 和 142%（表 7.11）。

表 7.11　各个水体底泥的病原体浓度　　　　　　　　（单位：IU/g DW）

湖名称	$E.Coil$ 浓度	EV 浓度	NV 浓度	RV 浓度
翠湖	4794±1256	1041±354	277±51	354±80
月牙潭	2476±240	589±268	55±34	152±25
丰庆湖	4552±620	887±338	200±41	263±36
莲花湖	3253±740	604±372	67±37	176±49
临港湖	3953±1120	537±131	140±33	138±23
长虹湖	2808±750	406±85	46±24	56±21

注：DW 是干泥质量。

对于 TN 和 TP，再生水水体底泥中浓度都比对应的地表水水体的高，平均分别高出 39% 和 50%。究其原因，一方面是因为再生水补水的高浓度氮和磷，底泥吸附的多，另一方面是因为大量藻类死亡沉积后被微生物分解释放大量的营养盐在底泥中。

再生水水体中，底泥的高有机质、营养盐和含水率，有利于病原体的繁殖；另一方面，底泥中微生物活性强，产生的胞外多聚物（extracellular polymeric substances，EPS）等胶体状物质容易与病原体吸附聚集，使得病原体结构稳定，增强其对外界的抵抗能力，从而保持病原体活性。而且，再生水补水水体的藻类数量多，降低了水体低透明度，进而减弱了病原体受紫外线的照射，使得病原体在上覆水中浓度高，而上覆水中病原体也会随着藻类或者其他悬浮物质沉降进入底泥，从而增加底泥中病原体的浓度。同时，藻类死亡会产生蛋白质和多糖等物质，加大病原体与悬浮物质的凝聚，从而沉降进入底泥中（Ceuppens et al.，2015；Shelton et al.，2011）。

虽然游客不会直接接触景观水体的底泥，但是已有很多研究发现，由于在底泥中病原体的存活时间比在上覆水中长，底泥作为病原体的"汇"，其病原体浓度可达到上覆水中的上百倍甚至上千倍，在水体扰动或者其他外界条件下，病原体向上覆水转移，从而对人体造成潜在的健康危害。

7.4　再生水补水年限对水体水环境的影响规律

根据本章前文所述，再生水对景观水体造成的影响主要集中在富营养化状态和病原体两部分，在上覆水表现为藻类生长状况和病原体浓度，在底泥中表现为富营养化潜能和病原体浓度。本节将介绍再生水补水年限对水体水环境的影响规律。

1. 对上覆水水环境质量的影响

1）对藻类生长的影响

如图 7.13 中其富营养化状态指标的对数值可以看出，随着再生水补水年限的增加，虽然补水年限对氮磷浓度的影响不大，但是对水体藻类数量和藻类多样性的影响较大。一方面可能是由于再生水补水的氮磷浓度较高，营养物质已不是成为藻类生长的限制因子，从而藻类生长受其他因素的影响更大。由水体藻类多样性指数（H 指数）和均匀度指数（J 指数）的对数值可看出，水体的藻类 H 指数和 J 指数随着补水年限的增加而下降，特别是 J 指数，下降近 20%，差异明显，这可能是藻类的自我"进化"导致的（刘韵琴，2013）。藻类生长机制包含生长、繁殖和休眠期，在冬季进入休眠期，许多适应性强的种群就能更多的存活下来，即每一年藻类都会进行一次淘汰或者进化，导致藻种会趋于单一化，在来年迅速生长，降低藻类多样性和均匀度。因此，随着再生水补水年限的增加，适应能力强的藻类逐渐增加，单一化的藻类在营养物充足的条件下快速生长，这也是 Chl-a 增加的原因。

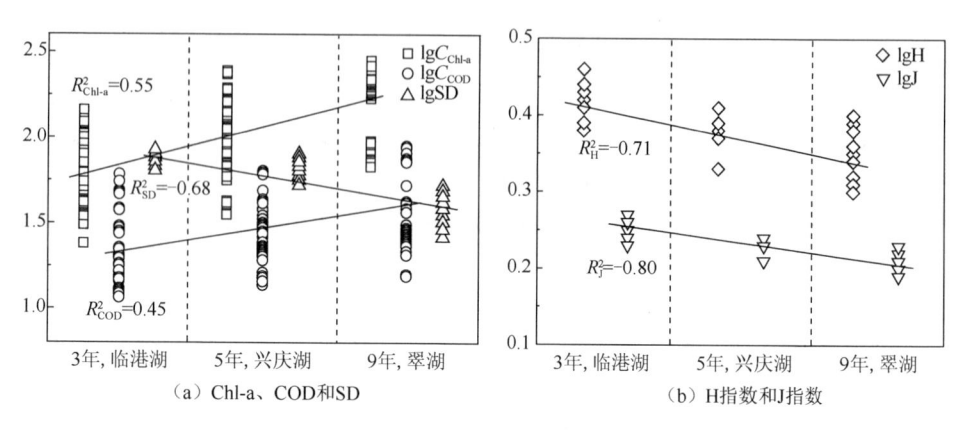

（a）Chl-a、COD和SD　　　　　　　（b）H指数和J指数

图 7.13　再生水补水年限对水体的富营养化状态相关性分析

C_{Chl-a}、C_{COD} 和 SD 分别表示 Chl-a 浓度、COD 浓度和透明度

2）对病原体浓度的影响

由图 7.14 可以看出，随着再生水补水年限的增加，细菌类病原体体现为下降趋势，而病毒类病原体则都出现了增加趋势，其中感染风险较高的轮状病毒增加近 8 倍。这一结果表明，随着再生水补水时间的延长，病毒存在水体的浓度越大，水体潜在的健康风险越大。究其原因，随着藻类多样性的下降，优势藻类的比例越来越大，它们对营养物质的吸收作用强，病原菌对营养物的竞争力减弱，从而出现下降的趋势。与此相比，病毒粒子（viron）和宿主内的病毒一般存活时间长，对外部环境的适应性比病菌强。因此，在再生水补水的景观水体中，病毒类病原体的是健康风险控制需要重点关注的要素。

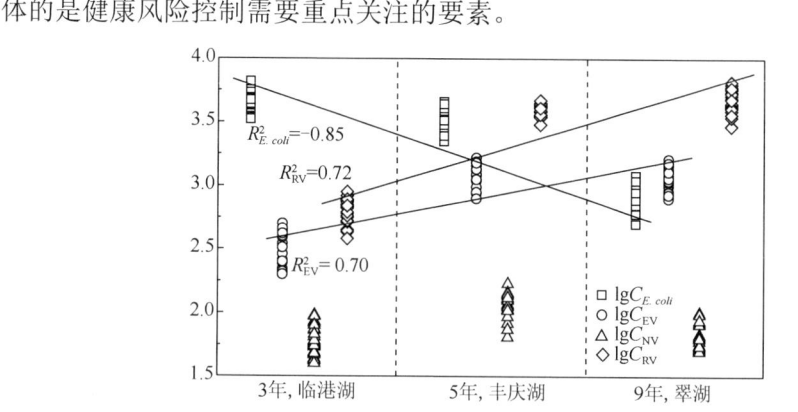

图 7.14　再生水补水年限对水体的病原体浓度相关性分析

$C_{E.coli}$、C_{EV}、C_{NV} 和 C_{RV} 分别表示大肠杆菌浓度、肠道病毒浓度、
诺如病毒浓度以及轮状病毒浓度

2. 对底泥环境质量的影响

1）对富营养化风险的影响

再生水补水年限对底泥的有机质（OM）、含水率（WC）及氮磷浓度的影响见图 7.15。OM 和 WC 与补水时间呈正显著相关，这是由于再生水补水型水体底泥的 OM 主要藻类沉积，随着补水年限增加，藻类数量逐年增加，使得底泥有机质含量增加。OM 含量增加，导致了含水率增加，底泥变得更加疏松，加大了底泥的释放，增加了上覆水的富营养化风险。

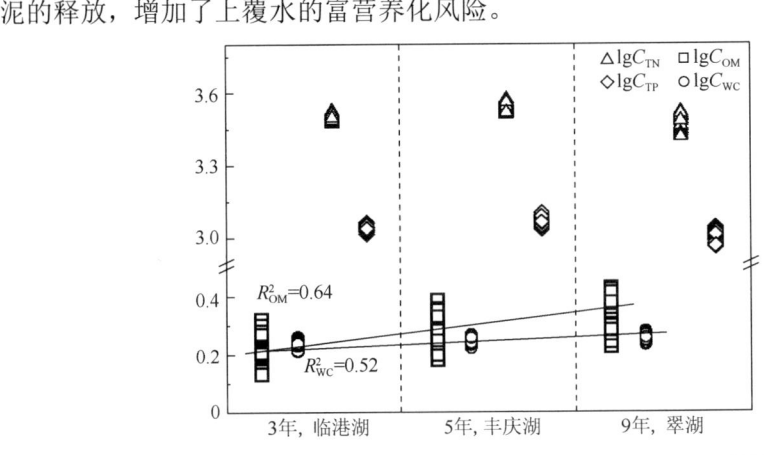

图 7.15　再生水补水年限对水体底泥有机物和含水率的相关性分析

C_{TN}、C_{TP}、C_{OM} 和 C_{WC} 分别表示 TN 浓度、TP 浓度、有机质含量和含水率

图 7.16 所示为不同磷形态的含量与补水年限的相关性。易交换态的 NH$_4$Cl-P，BD-P 和 NaOH-P 的含量与补水时长呈显著正相关（$P<0.05$），难交换态的 HCl-P 和 OP 占比与补水时长呈显著负相关（$P<0.05$）。随着补水时间延长，底泥有机质

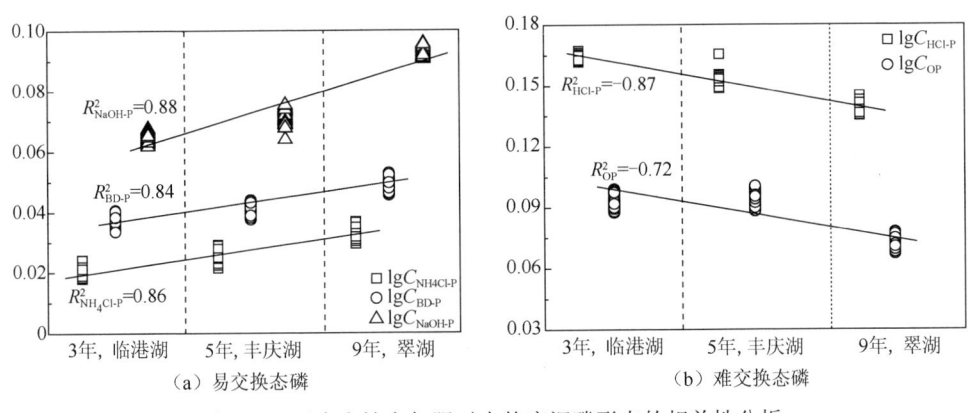

图 7.16　再生水补水年限对水体底泥磷形态的相关性分析

C_{NH_4Cl-P}、C_{BD-P}、C_{NaOH-P}、C_{HCl-P} 以及 C_{OP} 分别表示 NH$_4$Cl-P 含量、BD-P 含量、NaOH-P 含量、HCl-P 含量和 OP 含量

浓度增加，底泥微生物的活性提高，水解磷酸酶的活性增强，加速了有机磷向无机磷、难交换态向易交换态的转化。再生水补水年限虽然不会对底泥中 TN 和 TP 的含量造成显著影响，但是会影响底泥不同磷形态的含量，易交换态磷的含量会随着补水年限的增加而增加，从而提高了底泥的富营养化潜能。

　　2）对病原体浓度的影响

　　补水年限对再生水补水型景观水体底泥中病原体浓度的影响见图 7.17。如图所示，细菌和病毒浓度都与补水年限呈显著正相关（$P<0.05$）。这与上覆水的变化趋势不一致，这也说明底泥作为病原体的"汇"，对病原体有一定的保护作用。这种保护作用主要源于底泥的高有机质含量、高含水率和上覆水中藻类的大量繁殖。由图可知，随着补水时长从 3 年到 9 年，EV、RV 和 NV 平均增加 1.0、0.97 和 1.6 倍。

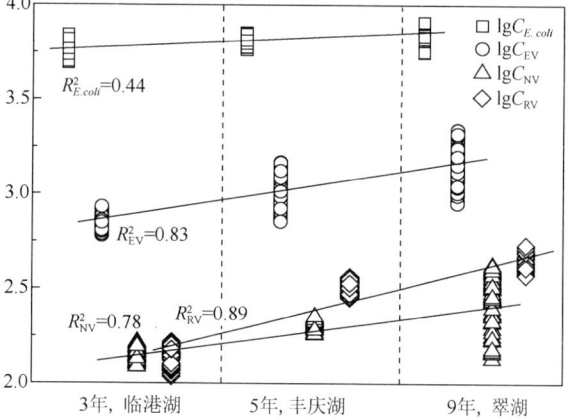

图 7.17　再生水补水年限对水体底泥的病原体浓度相关性分析

$C_{E.coli}$、C_{EV}、C_{NV} 和 C_{RV} 分别表示大肠杆菌浓度、肠道病毒浓度、
诺如病毒浓度以及轮状病毒浓度

参 考 文 献

白娟娟, 2015. 基于斑马鱼毒性效应的污水再生处理工艺过程的比较研究[D]. 海口: 海南大学.

白宇, 于德森, 周军, 等, 2007. 再生水用于景观水体维护与保障技术示范研究[J]. 给水排水, 33(8): 40-42.

池勇志, 崔维花, 苑宏英, 等, 2012. 不同源水和回用途径的再生水处理工艺的选择[J]. 中国给水排水, 18(18): 22-26.

仇付国, 王晓昌, 2003. 城市回用污水中病毒对人体健康风险的评价[J]. 环境与健康, 20(4): 197-199.

冯萃敏, 李莹, 张雅君, 等, 2010. 以再生水为水源的封闭景观水体营养状态分析[J]. 天津大学学报, 40(8): 727-732.

龚瑶, 赖龙隆, 2012. 再生水回用于水体的富营养化及其景观修复措施[J]. 水资源与水工程学报 23(2): 142-145.

郭宇杰, 郭祎阁, 王学超, 等, 2013. 城市再生水回用途径安全性浅析[J]. 华北水利水电学院学报, 34(2): 5-7.

侯佳渝, 刘金成, 曹淑萍, 等, 2013. 天津市城区大气干湿沉降地球化学研究[J]. 地质调查与研究, 36(2): 131-135.

胡洪营, 吴乾元, 黄晶晶, 等, 2011. 再生水水质安全评价与保障原理[M]. 北京: 科学出版社.

李尔泉, 2016. 再生水用于景观水体的影响及技术措施探讨[J]. 能源与环境, (1): 86-91.

李昆, 魏源送, 王健行, 等, 2014. 再生水回用的标准比较与技术经济分析[J]. 环境科学学报, 34(7):1635-1653.

刘韵琴, 2013. 再生水补给的城市景观水体富营养化和生态防治[J]. 中南林业科技大学学报, 7(3): 30-35.

梅凡民, 徐朝友, 周亮, 2011. 西安市公园大气降尘中 Cu、Pb、Zn、Ni、Cd 的化学形态特征及其生物有效性[J]. 环境化学, 30(7): 1284-1290.

孟庆义, 吴晓辉, 赵立新, 等, 2011. 再生水回用于北京景观水体引起的水质变化及其改善措施[J]. 水资源保护, 27(1): 51-54.

齐琳琳, 何婷婷, 2011. 再生水安全评价[J]. 科技与生活, (2):220-220.

田宇, 王艳春, 2013. 再生水回用于景观用水的营养盐现状分析与评价——以北京市陶然亭公园为例[J]. 北京园林, (3):58-61.

王铜, 2014. 基于生物毒性效应的再生水补给河道生态风险评价研究[D]. 北京: 清华大学.

徐艳玲, 2006. 再生水处理工艺对有机微污染物去除效果的研究[D]. 西安: 西北工业大学.

于德淼, 2010. 景观用再生水水体富营养化特性及控制技术研究[D]. 哈尔滨: 哈尔滨工业大学.

余芬芳, 唐天乐, 白娟娟, 等, 2015. 不同再生水消毒方式对斑马鱼胚胎毒性的影响及其危害分级[J]. 生态毒理学报, 10(2):313-319.

余丽凡, 施渺筱, 达良俊, 等, 2012. 上海公园绿地景观水体透明度影响因子研究[J]. 华东师范大学学报, (4): 112-119.

袁志宇, 赵斐然, 2008. 水体富营养化及生物学控制[J]. 中国农村水利水电, (3):57-59.

赵轩, 许申来, 薛祥山, 等, 2015. 高原再生水湖泊的水体透明度及其影响因素[J]. 南水北调与水利科技, 13(6): 1084-1088.

周军, 于德淼, 白宇, 等, 2008. 再生水景观水体色度和臭味控制研究[J]. 给水排水, 34(1): 47-49.

CEUPPENS S, JOHANNESSEN G S, ALLENDE A, et al., 2015. Risk factors for salmonella, shiga toxin-producing escherichia coli and campylobacter occurrence in primary production of leafy greens and strawberries.[J]. International journal of environmental research & public health, 12(8):9809-9831.

SHELTON D R, PACHEPSKY Y A, 2011. Escherichia coli and fecal coliforms in freshwater and estuarine sediments[J]. Critical reviews in environmental science & technology, 41(12):1067-1110.

第8章 城市景观水体富营养化控制与水质改善技术

8.1 城市景观水体适用的水质标准

截至目前，我国与景观水体水质相关的水质标准主要有两个，分别是 1991 年颁布的《景观娱乐用水水质标准》（GB 12941—91）和 2002 年颁布的《地表水环境质量标准》（GB 3838—2002）。

8.1.1 国内相关水质标准

1. 《景观娱乐用水水质标准》

为贯彻《中华人民共和国水污染防治法》及《中华人民共和国海洋环境保护法》，特制订《景观娱乐用水水质标准》（GB 12941—91）用以保护和改善景观、娱乐用水水体的水质，恢复并保护其水体的自然生态系统。该标准于 1991 年 3 月 18 日获国家环境保护局批准，1992 年 2 月 1 日起实施。为了突出对水域功能类别管理及污染物排放总量控制需要，2000 年 1 月 1 日起（夏青，1999），中国地表水水质管理执行新标准，与此同时，（GB 12941—91）《景观娱乐用水水质标准》被废止。

1）标准的适用范围

标准适用于以景观、疗养、度假和娱乐为目的的江、河、湖（水库）、海水水体或其中一部分。

2）标准的分类与标准值

如表 8.1 所示，标准按照水体的不同功能，分为三大类。

表 8.1 《景观娱乐用水水质标准》（GB 12941—91）

序号	分类 标准值 项目	A 类	B 类	C 类
1	色	颜色无异常变化		不超过 25 色度单位
2	嗅	不得含有任何异嗅		无明显异嗅
3	漂浮物	不得含有漂浮的浮膜、油班和聚集的其他物质		
4	透明度/m≥	1.2		0.5
5	水温/℃	不高于近十年当月平均水温 2℃		不高于近十年当月平均水温 4℃
6	pH	6.5～8.5		

续表

序号	分类 标准值 项目	A 类	B 类	C 类
7	DO/（mg/L）≥	5	4	3
8	高锰酸盐指数/（mg/L）≤	6	6	10
9	生化需氧量/（mg/L）≤	4	4	8
10	NH_4-N/（mg/L）≤	0.5	0.5	0.5
11	非离子氨/（mg/L）≤	0.02	0.02	0.2
12	亚硝酸盐氮/（mg/L）≤	0.15	0.15	1
13	总铁/（mg/L）≤	0.3	0.5	1
14	总铜/（mg/L）≤	0.01（浴场 0.1）	0.01（海水 0.1）	0.1
15	总锌/（mg/L）≤	0.1（浴场 1.0）	0.1（海水 1.0）	1
16	总镍/（mg/L）≤	0.05	0.05	0.1
17	TP（以 P 计）/（mg/L）≤	0.02	0.02	0.05
18	挥发酚/（mg/L）≤	0.005	0.01	0.1
19	阴离子表面活性剂/（mg/L）≤	0.2	0.2	0.3
20	总大肠菌群/（个/L）≤	10000	—	—
21	粪大肠菌群/（个/L）≤	2000	—	—

（1）A 类：主要适用于天然浴场或其他与人体直接接触的景观、娱乐水体。

（2）B 类：主要适用于国家重点风景游览区及那些与人体非直接接触的景观娱乐水体。

（3）C 类：主要适用于一般景观用水水体。

2. 《地表水环境质量标准》

针对地表水环境质量，我国于 1988 年进行了首次发布《地面水环境质量标准》（GB 3838—1998）；1999 年为第二次修订《地表水环境质量标准》（GHZB 1—1999），目前为第三次修订《地表水环境质量标准》（GB 3838—2002）。本标准自 2002 年 6 月 1 日起实施，与 GHZB 1—1999 相比，本标准在地表水环境质量标准基本项目中增加了 TN 一项指标，删除了基本要求和亚硝酸盐、非离子氨及 TKN 三项指标，将硫酸盐、氯化物、硝酸盐、铁、锰调整为集中式生活饮用水地表水源地补充项目，修订了 pH、DO、NH_4-N、TP、高锰酸盐指数、铝及粪大肠菌群 7 个项目的标准值，增加了集中式生活饮用水地表水源地特定项目 40 项。另外，本标准删除了湖泊水库特定项目标准值。依据地表水水域环境功能和保护目标，按功能高低依次划分为五类：

（1）Ⅰ类——主要适用于源头水、国家自然保护区；

（2）Ⅱ类——主要适用于集中式生活饮用水地表水源地一级保护区、珍稀水生生物栖息地、鱼虾类产卵场等；

（3）Ⅲ类——主要适用于集中式生活饮用水地表水源地二级保护区、鱼虾类越冬场、洄游通道、水产养殖区等渔业水域及游泳区；

（4）Ⅳ类——主要适用于一般工业用水区及人体非直接接触的娱乐用水区；

（5）Ⅴ类——主要适用于农业用水区及一般景观要求水域。

对应地表水上述五类水域功能，将地表水环境质量标准基本项目标准值分为五类，不同功能类别分别执行相应类别的标准值。同一水域兼有多类使用功能的，执行最高功能类别对应的标准值。对于城市景观水体，主要参考此标准里的对于Ⅳ类和Ⅴ类水的相关水质标准（表8.2）。

表 8.2　《地表水环境质量标准》基本项目标准限值

序号	水质指标	Ⅰ类	Ⅱ类	Ⅲ类	Ⅳ类	Ⅴ类
1	水温/℃	人为造成的环境水温变化应限制在：周平均最大温升≤1 周平均最大温降≤2				
2	pH（无量纲）	6~9				
3	DO/(mg/L)≥	饱和率 90%（或 7.5）	6	5	3	2
4	高锰酸盐指数/(mg/L)≤	2	4	6	10	15
5	COD/(mg/L)≤	15	15	20	30	40
6	五日生化需氧量（BOD$_5$）/(mg/L)≤	3	3	4	6	10
7	NH$_4$-N（NH$_3$-N）/(mg/L)≤	0.15	0.5	1.0	1.5	2.0
8	TP（以 P 计）/(mg/L)≤	0.02（湖、库 0.01）	0.1（湖、库 0.025）	0.2（湖、库 0.05）	0.3（湖、库 0.1）	0.4（湖、库 0.2）
9	TN（湖、库、以 N 计）/(mg/L)≤	0.2	0.5	1.0	1.5	2.0
10	铜/(mg/L)≤	0.01	1.0	1.0	1.0	1.0
11	锌/(mg/L)≤	0.05	1.0	1.0	2.0	2.0
12	氟化物（以 F⁻计）/(mg/L)≤	1.0	1.0	1.0	1.5	1.5
13	硒/(mg/L)≤	0.01	0.01	0.01	0.02	0.02
14	砷/(mg/L)≤	0.05	0.05	0.05	0.1	0.1
15	汞/(mg/L)≤	0.00005	0.00005	0.0001	0.001	0.001
16	镉/(mg/L)≤	0.001	0.005	0.005	0.005	0.01
17	铬（六价）/(mg/L)≤	0.01	0.05	0.05	0.05	0.1
18	铅/(mg/L)≤	0.01	0.01	0.05	0.05	0.1
19	氰化物/(mg/L)≤	0.005	0.05	0.2	0.2	0.2
20	挥发酚/(mg/L)≤	0.002	0.002	0.005	0.01	0.1
21	石油类/(mg/L)≤	0.05	0.05	0.05	0.5	1.0
22	阴离子表面活性剂/(mg/L)≤	0.2	0.2	0.2	0.3	0.3
23	硫化物/(mg/L)≤	0.05	0.1	0.05	0.5	1.0
24	粪大肠菌群/(个/L)≤	200	2000	10000	20000	40000

8.1.2　水体水质的感官效果表现

城市景观水体具有美化环境，供人欣赏的作用。但是当水体受到污染后，其中污染物浓度升高，从而引起藻类暴发形成表观污染。一般地，表观污染主要表现在异样的颜色、水体浑浊以及透明度下降等。严重的污染会降低水体的观赏价值，同时刺激人的感官，影响人的情绪，甚至影响区域经济的发展（保金花，2008）。

感官效果主要表现为以下几方面：水的颜色、清澈程度、浑浊度及嗅和味。水的颜色主要通过色度来表征，一般分为真色和表色，其中真色是由于水中溶解性物质引起的，即除去水中悬浮物后的颜色，表色是没有除去水中悬浮物时产生的颜色。色度的测定用铂钴标准比色法，即用氯铂酸钾和氯化钴配制成测色度的标准溶液，将铂（Pt）的浓度为 1mg/L 时所产生的颜色深浅定为 1 度。一般产生颜色的原因是由于溶于水的腐殖质、有机物或无机物质及悬浮态物质所造成的；藻类的大规模暴发也可以引起水体色度的激增。由于色度对人的视觉冲击较大，因此色度是判断景观水体感官性状是否受到严重破坏的重要指标。水体的清澈程度一般用透明度来表征，透明度是指湖水能使光线透过的程度。测定方法一般采用塞氏盘法。影响湖水透明度的因素主要有太阳高度、悬浮物质和浮游生物。湖水中的悬浮物质和浮游生物越多，对光的散射和吸收越强，透明度就越小。另外，入湖径流、人为活动和季节变化对透明度也有一定影响。透明度的年内分配具有周期性变化规律，由于藻类繁殖的影响，富营养湖的透明度一般表现为冬季大于夏季。水体的浑浊度可以用浊度来表征，水的浑浊主要由水体中微细的悬浮颗粒造成。测定浊度的标准仪器是杰克孙烛光浊度计。水体浑浊度和透明度之间关系密切。由于水体中动植物代谢及有机物的分解，水体不可避免地会产生气味，而其对人的感官冲击也十分强烈。因此，在景观水体感官表现中也应考虑水体的气味，目前对其测定一般依靠人为识别，进而将其分级（胡世龙，2016；金相灿等，1990）。

8.2　城市景观水体水质变化规律

一般而言，城市景观水体的感官性状主要受其中藻类生长的影响，藻类的繁殖与水体中氮磷以及环境因子（温度、光照等）密切相关，因此其水质也随着其影响因子的变化而体现出相应的规律（曾冠军等，2016）。

8.2.1　藻类生长的季节变化特征

藻类生长受到光照、温度等因素的影响，其生长具有明显的季节周期性特征。一般地，藻类在春季开始生长，在夏季和秋季达到峰值。图 8.1 所示为研究的两个分别以再生水和地表水补水下的城市景观水体中藻类生长季节分布图。

从图中可以看出以两种补水水源补水湖泊中，藻类均在夏季和秋季达到生长峰值，冬季生长量最少，这主要受到温度的影响。比较两类水体，藻种分布显示出显著性差异：再生水水体夏季和秋季以绿藻门为主要藻种，冬季表现为硅藻主导；地表水水体夏季和秋季以蓝藻门主导藻类，冬季绿藻较多。

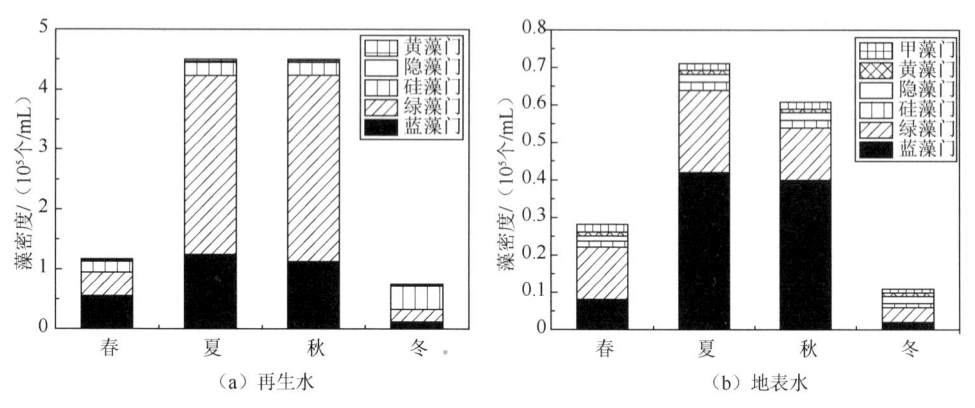

图 8.1　再生水和地表水补水湖体藻类季节分布图

曾峥（2007）对重庆大学虎溪校区人工湖的 Chl-a 浓度全年变化情况进行了研究得出了类似的结论。如图 8.2 所示，Chl-a 浓度从 2 月到 4 月经历了一个迅速增长的时期，6 月开始，重庆持续高温，连晴无雨，湖水的蒸发量巨大，水温增高，水位下降快，水体几乎得不到交换循环，同时湖泊的内源释放加剧导致了夏季 Chl-a 浓度峰值的出现。这种情况一直持续到 9 月重新补充水源后才得以缓解。而 9 月以后随着雨量的增大，地表径流带来大量营养盐，Chl-a 浓度又呈现上升趋势。11 月以后气温逐渐降低，Chl-a 浓度与夏季相比有所下降，这与水温降低，光照变弱也有关。

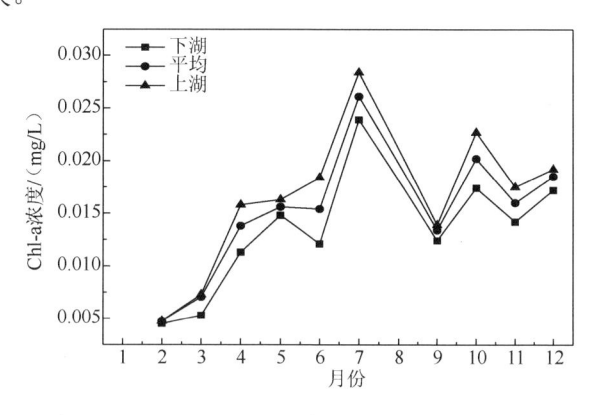

图 8.2　不同月份 Chl-a 浓度的变化（曾峥，2007）

8.2.2　城市景观水体水质特征期分析

通常城市景观水体中的藻类、TN 以及 TP 普遍存在随时间变化的规律，因此水体通常可以根据其变化规律划分相应的水质特征期。如图 8.3（a）所示，以昆明市翠湖为例，翠湖藻类生长状态全年时间可以明显地划分为两个特征期：①1～5月受候鸟来栖产生的排泄物和游人喂食的影响，使得水体营养物氮磷增加，进而使得藻类生长加快，此时可将其划分为红嘴鸥主导期；②6～11 月红嘴鸥影响减少，水体中磷酸盐浓度降低，进而使得藻类生长放缓。这是由于昆明市全年气温变化小，藻类生长受温度的影响小，因此藻类的生长主要受到营养物输入总量变化的影响。与此不同，西安市汉城湖的藻类生长则受温度的影响较大，如图 8.3（b）所示，汉城湖的水质特征期体现为：①4～8 月受气温升高和降雨的影响，水体营养物增加（尤其是 TN），藻类生长加快；②9～3 月气温下降，藻类生长放缓。因此，汉城湖的水质特征期主要由温度及 TN 主导（郭红兵等，2016）。

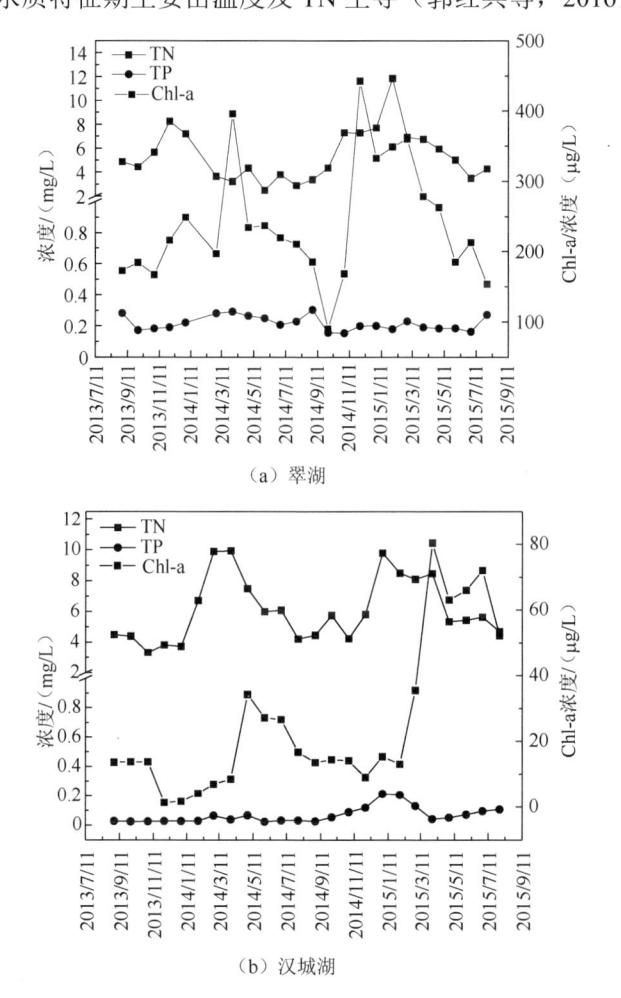

（a）翠湖

（b）汉城湖

图 8.3　翠湖和汉城湖水质特征期

8.3 城市景观水体外源污染控制技术

8.3.1 水体外源污染控制技术

水体富营养化的根本原因是营养物质的增加，其中外源性营养物质的输入是导致湖泊富营养的直接因素，一般认为主要是磷，其次是氮，可能还有碳、微量元素或维生素。城市景观水体作为城市的组成部分之一，其污染物外源来源也表现出自身的特殊性。一般而言，其污染物外源分布主要如下。

（1）补水水源带来的污染。如第 5 章中所述，补水水源是城市景观水体重要的外来污染源。通常情况下，城市景观水体补水的来源有三种：①来自于城市的自来水；②来自周边河流、湖泊；③来自于经污水厂处理后的水。其中城市自来水基本没有污染物，但使用自来水成本高；城市周边的河流与湖泊经常在引进城市景观前就已经受到了不同程度的污染，并且开挖明渠远距离引水也存在成本过高的问题；再生水作为非传统水源，近年来越来越受到城市决策者的重视，但其中氮磷营养物过高，作为景观水体水源容易导致富营养化发生。

（2）雨水冲刷带来的污染。降雨对城市水体的污染物输入主要来自于两个层面：一是干湿沉降，二是地表径流。城镇化、工业化程度的提高导致了城市空气中各种污染物含量的上升，干湿沉降成为城市水体污染物属于不可忽视的一个来源，尤其是近年来不断出现的酸雨现象，更是凸显了湿沉降对水体水环境的重要影响。地表径流对城市水体的污染主要与城市的不透水面积和雨水再生利用现状有关，通常情况下，城市硬化表面越大，地表径流对水体的污染冲击越大，尤其是初期雨水导致的地表径流往往具有很高的污染物浓度。

（3）其他污染。例如，人类活动、动物的季节性迁徙、落叶、聚集排泄也是城市水体的外来污染源。

如上所述，城市景观水体的外源污染主要包含以上三部分。因此，在城市水体外源污染物控制过程中，首先需要对污染源进行解析，以此为基础，提出针对不同污染源的防护措施。通常情况下，补水水质改善和降雨径流控制是需要重点考虑的两个方面。作者对目前使用比较广泛的一些技术进行了一定的综述。

1. 补水水质改善

1）生物滤池

生物滤池工艺经历了由普通生物滤池到高负荷生物滤池、塔式生物滤池和曝气生物滤池的逐步发展，BOD_5 负荷由早期普通生物滤池的 0.15～0.3kg/（$m^3 \cdot d$）增加到曝气生物滤池的 3～6kg/（$m^3 \cdot d$），其中曝气生物滤池采用了人工强化曝气，其他均采用自然通风曝气。生物滤池一般采用多孔介质作为其填料，其有利于生物附着生长，在生物膜从外到内依次形成好氧-厌氧区，以此来为脱氮除磷提供必要的条件，从而在微生物的作用下实现对氮磷的去除。

（1）普通生物池，也称为滴滤池，是生物滤池早期出现的类型，其水力负荷一般为 $1\sim3\text{m}^3/(\text{m}^2\cdot\text{d})$。普通生物滤池由池体、滤料、布水装置和排水装置组成，水通过布置在滤池表面的布水装置，被均匀撒布在滤池表面，而后在重力作用下流经滤料，到达滤池底部的渗水装置，然后收集排出。滤池内部通风供氧主要依靠底部的通风孔道。普通生物滤池运行稳定，易于管理，节省能源，剩余污泥量少且易于沉淀分离。但是占地面积较大，滤料易于堵塞。此外，普通生物滤池的环境卫生条件较差，存在臭气发生问题（王晓昌等，2016）。

（2）高负荷生物滤池是一种通过处理水回流稀释进水的技术措施，实现了高滤速，大幅度提高了滤池的负荷，其水力负荷可为普通生物滤池的 10 倍。高负荷生物滤池在平面上多为圆形，广泛使用由高分子聚合物为材料的人工滤料，多采用旋转式布水。该工艺通过处理水回流，稀释了进水浓度又增大了冲刷生物膜的力度，保持其活性，防止堵塞。占地面积小是高负荷生物滤池的主要优点。

（3）塔式生物滤池是一种新型高负荷滤池，池体高，通风曝气效果较好，可以克服滤料空隙小所造成的通风不良问题。由于滤池直径小，高度大，形状如塔，故称为塔式滤池。在平面上多呈圆形，由塔身、滤料、布水系统以及曝气和排水装置构成。该工艺的主要特点是高负荷，高有机负荷下生物膜生长迅速，同时高水力负荷也使得生物膜受到强烈的水力冲刷，从而使生物膜不断脱落、更新。塔式生物滤池占地面积小，由于滤料分层而抗冲击负荷能力较强。

（4）曝气生物滤池是 20 世纪 80 年代末在普通生物滤池的基础上，借鉴给水处理中过滤和反冲洗技术，采取人工曝气强化有机物及 $\text{NH}_4\text{-N}$ 的去除，而开发的集生物降解和固液分离为一体的污水处理工艺。曝气生物滤池最初用于污水的深度处理，后来也用于污水二级处理。

2）人工湿地

人工湿地一般包括表面流人工湿地、潜流人工湿地和垂直流人工湿地等三大类。不同类型人工湿地对污染物的去除特点不同，如表 8.3 所示。随着人工湿地技术的日益成熟和对出水水质要求的提高，近年来多元组合人工湿地应用也逐渐增多（王晓昌等，2016）。

表8.3　三类人工湿地系统的主要特征比较（王晓昌等，2016）

特征指标	表面流人工湿地	潜流人工湿地	垂直流人工湿地
水体流动	表面漫流	填料层内水平流动	由表面向底部垂直流动
水力负荷	较低	较高	较高
处理效果	较低	较高	除氮磷效果好
系统控制	简单、受季节影响大	相对复杂	相对复杂
环境状况	夏季有恶臭、滋生蚊蝇现象	良好	夏季有恶臭、滋生蚊蝇现象

（1）表面流人工湿地，也称自由水面人工湿地。污水主要从人工湿地的表层流过，水位较浅，多在 0.1～0.6m。湿地中接近水面的部分为好氧层，较深部分及底部通常呈厌氧状态。图 8.4 为表面流人工湿地的工作原理图，这种类型的人工湿地和自然湿地类似，污水在填料表面形成漫流，污水中的绝大部分有机污染物的去除是依靠存在于填料床表面、生长在植物水下部分的茎、秆上的生物膜来完成的，系统设计有利于污水的自然复氧，但是难以充分利用生长在下层填料表面的生物膜和植物的根系对污染物的降解作用，处理功效有限，而且占地面积大、容易生长蚊蝇、产生臭味，影响景观。不过，表面流人工湿地不易发生基质层堵塞，因此便于维护，使用寿命长。

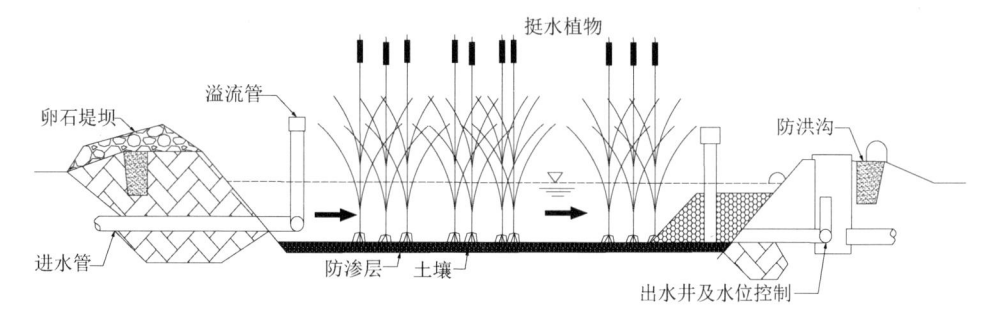

图 8.4　表面流人工湿地系统（王晓昌等，2016）

（2）潜流人工湿地系统。其工作原理如图 8.5 所示。污水经配水系统在湿地的一端均匀地进入填料层，在填料层表面以下水平流动从而得到净化。经净化后的出水由铺设在湿地末端的集水区中的集水管收集后排出处理系统。在潜流湿地系统中，污水在湿地床的内部流动，一方面可以充分利用填料表面生长的生物膜、丰富的植物根系及表层土和填料截留等的作用，以提高其处理效果和处理能力，另一方面由于水流在地表以下流动，故具有保温性较好、处理效果受气候影响小以及卫生条件较好的特点。一般情况下，这种人工湿地的出水水质优于表面流人工湿地，在国内外应用比较广泛。但是，在进水 SS 浓度较高时，填料层可能发生堵塞，因此运行维护比表面流人工湿地复杂，造价也比表面流人工湿地系统高。

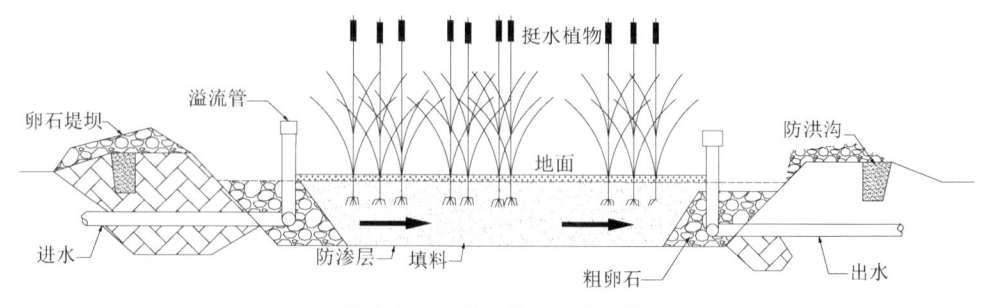

图 8.5　潜流人工湿地系统（王晓昌等，2016）

（3）垂直流人工湿地。此类湿地系统综合了人工湿地和生物过滤的特点，其工作原理见图 8.6。通过配水系统可在表层或底层布水，从而在湿地床中可形成由上而下或由下而上的竖向流动，处理水则从湿地底部或上部的集水管渠收集排出。垂直流人工湿地的床体一般处于不饱和状态，氧气是通过大气扩散和植物传输进入湿地系统。与潜流人工湿地相比，垂直流人工湿地的硝化效果较好，但对有机物的去除能力较差。一方面，由于污水在垂直方向通过填料层，当水中 SS 浓度较高时，也会发生填料层堵塞，运行控制相对复杂；另一方面，夏季容易发生蚊蝇滋生的现象。

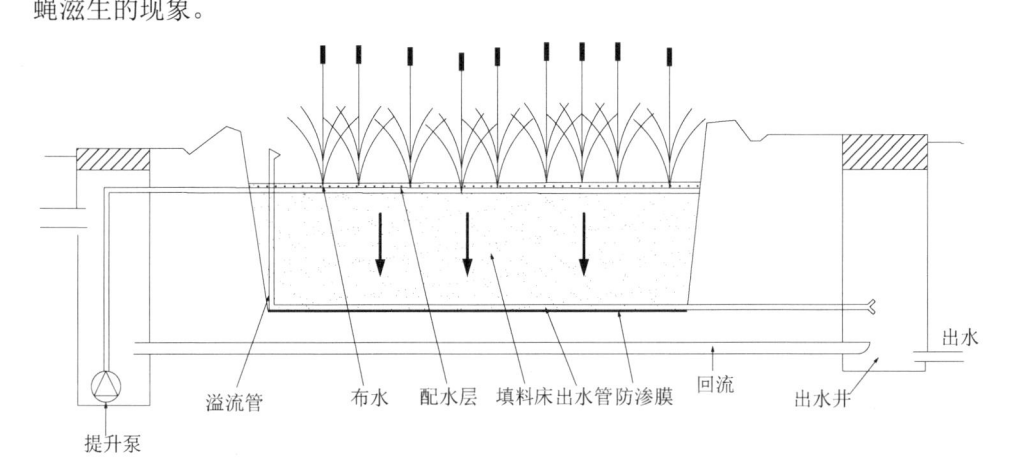

图 8.6　垂直流人工湿地系统（王晓昌等，2016）

（4）多元组合人工湿地。上述各种类型的人工湿地，本质上都是依靠生态作用进行污水处理，因此单一的湿地系统处理很难达到很高的污染物去除率。为了提高人工湿地的处理功效，采用多级、多种类型人工湿地组合进行处理的方式近年来得到广泛关注，称之为多元组合人工湿地。人工湿地的多元组合方式取决于污染物去除目的。例如，将表面流人工湿地与潜流人工湿地串联构成多级人工湿地处理系统，可大幅度提高系统的有机物和 NH_4-N 去除效率，同时避免潜流人工湿地发生堵塞。在各种人工湿地之后增加一级表面流人工湿地，可保障人工湿地系统处理水质的稳定性。此外，近年来也有将湿地系统与各种物化系统（如砂滤、絮凝沉淀、接触氧化和微曝气等）组合的技术方案，目的都在于克服人工湿地的缺陷，提高处理的效果。

3）膜处理技术

膜处理技术被誉为 21 世纪的水处理技术，在污水直接再生处理和二级出水深度处理方面具有明显优势，正在得到越来越广泛的应用。

（1）膜分离技术。与传统的深度处理技术相比，膜分离对水中有机物、氮磷、微生物及无机物的去除率较高，可以有效地避免水中可能存在的致病微生物，而且系统简单、运行稳定、占地面积小，但是膜成本高是目前该技术的主要瓶颈，随着经济的发展，在再生水回用于景观水体的膜分离技术具有广阔的应用前景。

（2）MBR 技术，即将膜分离技术与活性污泥法相结合的污水处理技术，近年来该技术在污水处理与再生利用工程中的应用日益增多，形成了污水处理与深度再生一体化的新型处理技术。根据膜组件的安装位置，MBR 的基本类型有两种，即分置式（side-stream）和淹没式（submerged）。此外，由于生物处理工艺本身就多种多样，通过 MBR 与其他生物处理工艺组合，也构成了各种类型的组合式 MBR 技术。图 8.7 所示为淹没式 MBR 与分置式 MBR 系统的构建方式。

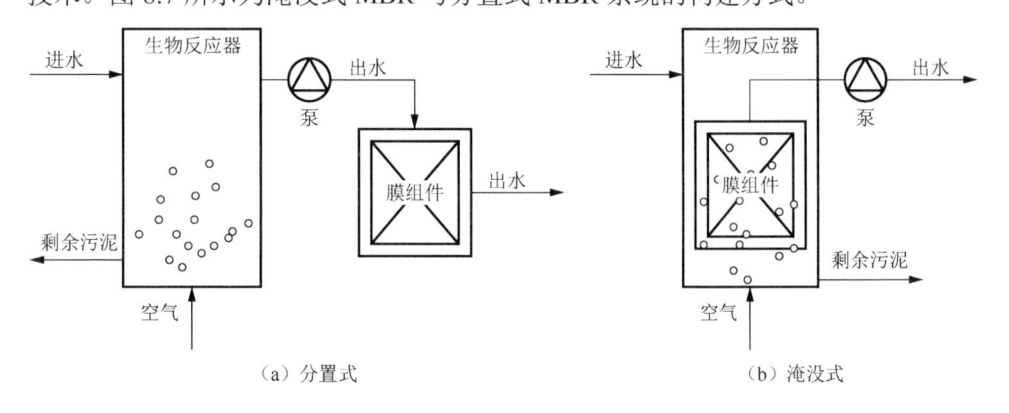

图 8.7　分置式 MBR 和淹没式 MBR 工艺流程图

表 8.4 给出了分置式 MBR 和淹没式 MBR 的工艺性能比较，可见淹没式 MBR 能耗更低，占地面积更省，但是从膜的维护和膜通量的角度来说，分置式 MBR 则更有优势。

表 8.4　分置式 MBR 与淹没式 MBR 的工艺特性比较（宋艳，2011）

特点	分置式 MBR	淹没式 MBR
占地面积	小于传统活性污泥法	较错流式小
可调控性	易于调控	可调控性较差
膜通量	高	低
运行费用	高	低
对活性微生物的影响	泵的高速剪切易不利于微生物生长	无显著影响
动力消耗	远比传统活性污泥法高	同传统活性污泥法相当
膜组件的清洗与更换	容易	复杂

2. 降雨径流控制

根据城市降雨径流污染形成的特点及其与排水系统的关系，可以将城市径流污染控制措施为划分源头削减、管路控制、末端处理等不同类别。源头削减措施能够与各种体制的排水系统结合使用，管路控制措施在合流制和分流制系统中形式有所不同，末端处理措施则一般设置在分流制体系中雨水管网出水附近。由于城市景观水体大多位于公园或者是封闭的环境中，主要考虑的是末端处理措施。城市径流末端处理技术主要包括雨水湿地、入渗池、干式滞留池、湿式滞留池和滨水缓冲区等（曾思育等，2015）。

1）雨水湿地

雨水湿地是以雨洪调蓄、控制和净化降雨径流水质为目的的人工湿地系统，是一种运用较为广泛的径流污染控制工程措施。按雨水在湿地床中流动方式的不同，可分为表流湿地和潜流湿地两类。其中，表流湿地系统是城市降雨径流控制措施中使用较多的一类工程性措施，一般可以分为延时滞留雨水湿地和微型湿地两类。

2）入渗池

入渗池是一种滞留降雨径流，并在一段时间内将其下渗的径流污染控制措施。池内无永久性水面，通常选择末端或离线的设计形式，一般需要占用较大的土地面积。根据选址地点、土壤特性、气候条件等原因的不同，入渗池的大小及形状会有所差异。入渗池主要利用已有的土壤条件将滞留的径流下渗到表层土壤以下，在此过程中，通过吸附、过滤等物理过程，能够去除径流中的部分悬浮颗粒、有机物和营养物质。

3）干式滞留池

干式滞留池是一种使用广泛的降雨径流控制措施，池内通常有草类覆盖，无永久性水面，只在雨天临时滞留汇水区域内的降雨径流，滞留的径流在降雨结束后一段时间内缓慢排出。干式滞留池可以在居住区、工业区或商业区内建造使用，其作用主要是削减峰值，对污染物质的去除能力相对较弱。一般而言，干式滞留池的停留时间可达 48h。通过适当改造，干式滞留池可以改良为干式延时滞留池，延长径流在池内的停留时间，通过静置沉淀等工程，加强对污染物的去除效果。

4）湿式滞留池

湿式滞留池是一类有永久性水面，可以滞留部分降雨径流的工程性措施，具有削减径流峰值及净化径流水质的作用。在降雨前的干旱期，湿式滞留池中的水主要用于维持池中动植物的生存和生长需要；降雨过后，池内的大部分体积用于贮存降雨径流。湿式滞留池的周围可设有植草驳岸。这样的设计可以为植物和微生物提供栖息的场所，减少侵蚀，同时还可以加强对溶解态营养盐污染物的吸收和降解作用。

5）植被过滤带

植被过滤带，是位于汇水区与城市水体之间的带状植被区域，可以在降雨径流进入水体之前通过入渗、吸附、过滤等作用去除部分污染物质，减小径流污染对城市水环境的影响。目前，文献资料中可以找到很多与植被过滤带具有相同或相似内涵的术语，如滨水缓冲带、植被缓冲带、缓冲带、过滤带以及河岸植被带等。植被过滤带的结构要素包括植物的组成和配置、过滤带的形状和大小（长、宽），以条、带状居多。过滤带去除污染物的效果随其结构要素的变化而明显不同。植被过滤带可以降低径流流速，减少径流对土壤的冲刷和侵蚀，而且能使径流中的颗粒物逐步沉降。与此同时，促进径流不断下渗，利用土壤、植物根系和微生物的吸附、降解等过程去除径流中的污染物（秦磊，2016；方志珍等，2014；刘颖，2009；谷峰等，2006）。

3. 人类影响的控制

景观水环境的管理是一项系统工程，除在技术方面保障水质的同时，日常对景观水体的维护和管理至关重要。一方面需要加强对湖水水质的监测、监督、预测和评价等工作；另一方面需要完善管理制度，如禁止在园区绿地养护中施用化肥，尽量减少农药的用量，禁止游客向湖内投食喂鱼，定期打捞落入水中的落叶和其他杂物。

8.3.2　外源控制技术应用案例

1. 北京市动物园水体水质改善工程

北京市动物园水体从西向东贯穿于整个园区。较大的湖面有 6 处，分别为畅观楼西湖、畅观楼东湖、黑鹳湖、水禽湖、天鹅湖及迎湖。总水面面积 4.4 万 m^2。2002 年以前水源由长河注入，退水进入长河下游。由于北京市天然水资源严重短缺，补水量不断减少，2002 年后，动物园退水闸门关闭，湖泊处于只进水不出水的状态，水体流动性变差，自净能力急剧下降，加之水禽饲养过程中产生的剩余饲料、排泄物以及游人投喂等原因，水体水质恶化，水华现象时有发生。

水质改善工程的技术概要如图 8.8 所示。核心处理环节采用 MBR 工艺。水流采用远抽近排的水体循环方式，将湖水从水质较差的黑鹳湖通过管道输送到提水泵站，提升后输送到 MBR 工艺进行处理，净化后的水通过管道就近排入湖的东北角。除 MBR 工艺以外，同时建设了生态沟渠、水生植物种植、人工湿地等其他工程措施，实现了水质的进一步净化和稳定。

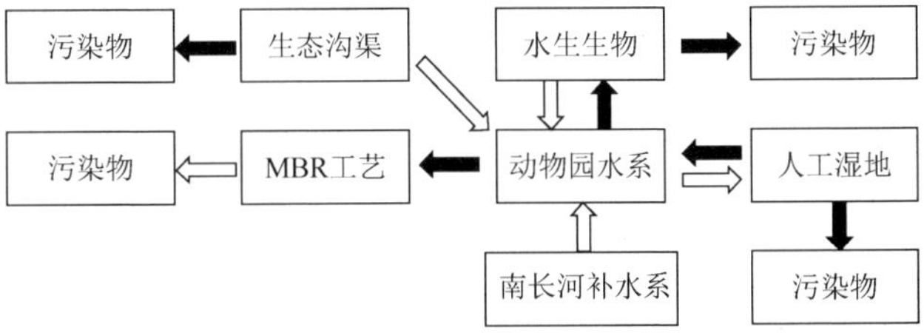

图 8.8　北京市动物园湖水质改善工程综合治理措施图（尹艳青，2012）

水质改善工程实施后湖水由劣 V 类水体恢复到了 IV 类，整个公园各水体的富营养化程度都在减轻。水质改善工程很好地控制了水体富营养化趋势，湖水水质得到明显改善，水质改善工程实施效果显著（尹艳青，2012）。

2. 重庆龙景湖径流污染控制工程

龙景湖位于重庆市渝北区园博园内，是第八届中国国际园林博览会的主要会址。湖体设计常水位标高 306m，水面总面积约 0.67km^2，总库容约 663 万 m^3。由于园博园的建设将原来山地、林地等透水地面转变为了道路、建筑等不透水地面，园区内降雨径流污染易于进入湖体；另外龙景湖上游农田分布广泛，园区外部工业用地的雨水径流也排放入湖，因此降雨径流污染是影响龙景湖水质的重要因素。本工程采用渗滤池-滞留塘系统对龙景湖径流污染进行控制。结果表明系统对雨水径流峰值有明显的削减和延后作用。系统总体 SS 的平均去除率为 29.93%；对 COD 的平均去除率为 25.8%，出水 COD 稳定维持在 30mg/L 以下；对 TN 的平均去除率为 69.62%，其中对 NH$_4$-N 平均去除率为 63.27%，对 NO$_3$-N 和 NO$_2$-N 平均去除率分别为 63.69% 和 73.89%。系统对磷的去除如下：TP、溶解性磷的平均去除率分别为 59.65% 和 18.83%。总体而言渗滤池-滞留塘系统对应龙景湖径流污染控制作用明显，通过系统的处理，径流中的多数污染物均能得到较好地去除（索联锋，2016）。

8.4 城市景观水体内源污染控制技术

8.4.1 水体内源污染控制技术

如本书第 5 章所述，在对城市景观水体的外源有效控制后，其内源（底泥）污染就会凸显。因此，除了进行外源性污染防治之外，必须同时加强对其内源性污染的治理。沉积物中的氮磷营养盐在一定的条件下可以通过沉积物－间隙水－上覆水的途径向水体中释放，这就使得人工水体在外源得到控制的前提下依然有恶化的可能。城市景观水体具有水深较浅，人为扰动较多等特点，因此其底泥作为污染源的潜能相对大型流域型湖泊较为突出。目前针对底泥污染控制的主要方法包括以下几种。

1. 原位修复法

底泥的原位修复是指不移动沉积物，运用化学、生物或物理方法将其在原位治理的技术。此类技术的主要目的包括：降低受污染污泥的容积；将污染物的量、溶解度、毒性或迁移性降至最低；减少受污染底泥中污染物释放。原位修复技术主要分为原位覆盖（掩蔽）、化学处理和生物修复技术。

　　原位修复技术与异位修复技术（底泥疏浚）相比较，优点在于：①既可避免疏浚时底泥再悬浮引起的污染问题，又可减少因转移底泥向周围环境流失的污染物总量；②疏浚处理需要额外场地堆放或处理底泥，但原位处理技术却不需要，因此无需对处置设施（如填埋场）进行长期监测；③相比于底泥疏浚，原位处理技术的经费投入一般较低。

　　1）原位覆盖技术

　　原位覆盖技术指在被污染沉积物上部覆盖一层或多层清洁物质使沉积物与上覆水隔开，并阻止沉积物中污染物释放的技术。原位覆盖材料包括天然材料（如清洁的沉积物、沙子和砂砾等）、改性黏土材料和活性覆盖材料（如零价铁和天然矿石）。一般地，覆盖层应具有如下功能：①能将污染沉积物与上层水体物理性阻隔；②能降低沉积物中溶解性污染物向水体的迁移速率；③能稳固污染沉积物，从而防止其再悬浮或迁移。1978 年美国最早运用了覆盖技术，随后 1983 年日本、1992 年挪威和 1995 年加拿大也相继使用了这一技术。在污染河道和湖泊的治理中，使用天然（人工）材料的底泥覆盖技术已经得到广泛的应用并取得了较好的控制效果。覆盖技术具有花费低，适用范围广和对环境潜在危害小的优点，但覆盖会增加沉积物的厚度，从而降低水体库容，因此该技术更适用水体面积大的水体（Hyun et al.，2006；Bona et al.，2000）。

　　图 8.9 所示为杨力（2011）采用不同覆盖材料原位覆盖后上覆水中的 TP 浓度随释放时间的变化，结果显示，在无覆盖材料的实验组中 TP 在 2d 的时间内即有一定程度释放，在第 4 天时 TP 浓度即达到约 0.2mg/L；随时间增长释放量逐渐增

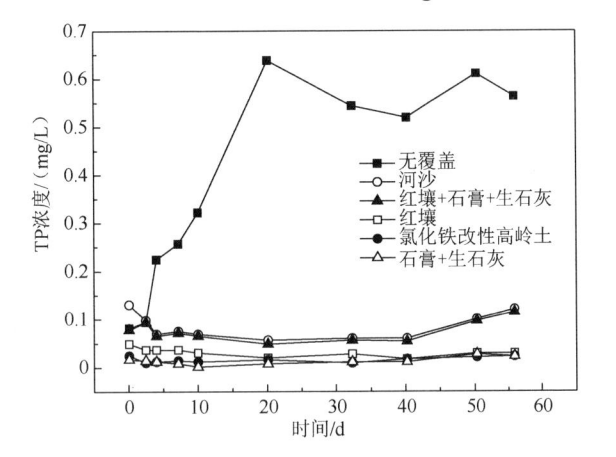

图 8.9　不同覆盖材料对底泥释放影响（杨力，2011）

多，水中 TP 浓度不断升高，在第 20 天时释放达到平衡，TP 浓度达到最高（约 0.6mg/L）。在有覆盖材料处理的实验组中，上覆水中 TP 浓度与无覆盖实验组存在显著性差异，上覆水中 TP 浓度明显降低。通过比较各种覆盖材料发现，河砂对 TP 释放的抑制效果最差，这可能是河砂对磷酸盐吸附作用最差。与此相比，其他覆盖材料，如红壤+石膏+生石灰、石膏+生石灰、氯化铁改性高岭土、红壤，含有一定量的 Ca^{2+}、Fe^{3+} 等高价态金属离子，在一定条件下，这些金属离子与磷酸盐之间发生化学反应，形成难溶的磷酸盐沉淀。

2）原位化学处理技术

原位化学处理技术指通过投加含氧量高的化合物，补充沉积物中有机物分解所需要的氧，减少 H_2S、NH_3 等厌氧代谢产物的生成。原位化学处理技术具有能耗低和投资少的特点，但投加的化学物质会影响底栖生物的正常生长，并且原位化学处理技术只是短期效应，从长期来看，底泥重悬浮会导致污染物重新释放进入水体（叶恒朋等，2006）。

亢增军等（2014）将质量分别为 0、0.5g、1.0g、1.5g 和 2.5g 的 $Ca(NO_3)_2 \cdot Ca_2O$ 在厌氧条件下与新鲜底泥混合均匀。每隔一定的时间测定上覆水中 TP 浓度。试验结束后，倒掉上覆水，取出沉积物，离心得到间隙水，测定间隙水中 TP 的含量。上覆水中的 TP 浓度如图 8.10（a）所示，底泥间隙水中的 TP 浓度如图 8.10（b）所示。从上覆水中 TP 浓度的结果可以看出，投加硝酸钙可以明显抑制底泥 TP 的释放。从间隙水中的 TP 浓度可以看出，硝酸钙对抑制底泥磷的释放有一定的时效性，随着投加量的增加，时效性越长。

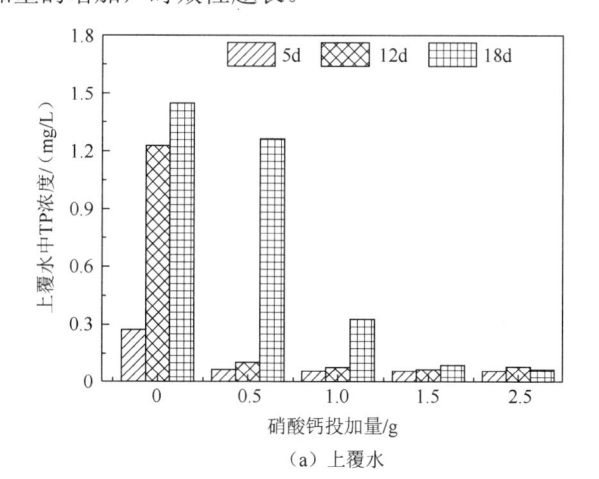

（a）上覆水

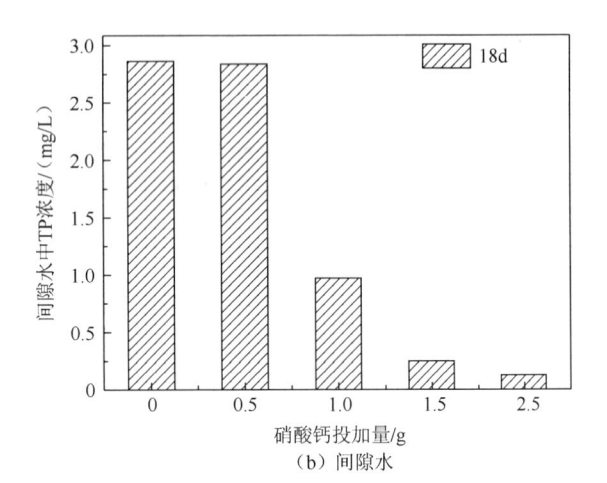

图 8.10 硝酸钙覆盖材料对底泥释放影响（亢增军等，2014）

3）原位生物修复作用

生物修复技术即利用生物（植物、微生物或原生动物）的生命代谢活动减少存在于底泥中有毒有害物质的浓度或使其完全无害化的过程（田栋芸等，2014）。主要包括以下两个内容。

（1）植物修复技术。植物修复技术是利用植物及其根系区微生物的代谢和吸收降低或消除污染物。植物对污染物的去除作用包括：植物直接吸收、植物根系释放的分泌物和酶去除、植物及其根系区微生物进行生物降解。

（2）微生物修复技术。天然或经驯化的微生物通过氧化、还原以及水解等作用将污染物分解或转化为无害物质。但到目前为止，这类技术的工程应用面临很多问题，主要因为影响微生物活性的因素有很多，如营养成分、温度和 pH 等。在现场治理中，这些因素较难控制。

2. 异位修复法

异位修复法主要指对污染底泥疏浚以及疏浚后再进行物理、化学、生物以及固化填埋处理。一般地，底泥疏浚深度需要进行多参数系统分析评估主要包括：池体水文特性、底泥地理分布状况及土工特性、基面标高、营养盐含量和垂直分布特性、释放系数、沉水植物种属类型等，疏浚深度误差≤10cm，疏浚底泥扩散距离≤0.5m，并能为后续生物技术介入创造必要的生态环境条件。另外，在确定疏浚深度时应考虑沉积底泥水土界面上的高营养含量的半悬浮物的清除。疏浚方式一般分为干湖疏浚和带水疏浚，干湖疏浚是将水抽干，然后使用排干疏浚设备，如推土机和刮泥机等。这种方法应用非常有限，大多数应用在小型湖泊中。带水疏浚应用比较广泛，方法也较多，要根据污染物的特性采取措施，尽量减少开挖时污染物在水中扩散所形成的二次污染。疏浚设备采用环保无扰动型挖泥船，尤其是疏浚头部设备，密闭和抽吸是关键。疏浚设备选择主要参数，底泥密度小于 1.8g/cm³ 采用环保绞吸式疏浚船，大于 1.8g/cm³ 为环保斗轮式疏浚船（陈华林等，2002）。

8.4.2　内源污染控制技术应用

1. 扬州古运河

江苏扬州古运河选取部分河段进行围隔，在现场以生物沸石薄层对底泥进行覆盖。考察生物沸石覆盖削减上覆水、底泥间隙水和底泥中不同形态磷的削减效果。结果表明，覆盖强度为 2kg/m² 的生物沸石覆盖（厚度约 2mm）对上覆水中 TP 的削减率为 57.41%，对上覆水中正磷酸盐的削减率为 60.03%；对底泥间隙水中正磷酸盐的削减率为 59.80%；对表层底泥（0～20 cm）中 TP 削减率为 11.28%，对无机磷削减率为 11.82%，对有机磷削减率为 11.11%。生物沸石覆盖能将底泥中不稳定的无机磷（可溶性磷、铁结合态磷和铝结合态磷）或少部分较稳定的无机磷（钙结合态磷）转化为稳定的无机磷（包裹磷）。由此说明生物沸石覆盖不仅能削减液相中磷负荷，而且能将固相中不稳定的无机磷转化为稳定的无机磷，此技术可以适当地扩大规模应用（周真明等，2016）。

2. 杭州西湖底泥疏浚工程

西湖沉积物中营养物含量非常高，有机质含量为 24.9%～68.7%，TN 含量为 0.933%～1.26%，TP 含量为 0.375%～0.416%，清除沉积物已成为控制西湖富营养化的重要途径之一。西湖疏浚工程分两期进行：一期工程实施时间为 1999 年 12 月～2000 年 9 月，历时 9 个月，采用海狸 750 型绞吸式挖泥船，疏浚范围为外湖的大部分湖区；二期工程实施时间为 2001 年 11 月～2003 年 4 月，历时 17 个月，用海狸 1200 型环保绞吸式挖泥船对其余湖区进行疏浚。工程主要清除表层约为 0.5m 的淤泥。通过对工程前后对西湖沉积物的营养物质含量、湖区水质及水生生物群落各主要类群的变化等方面的研究发现，西湖底泥疏浚工程有效地降低了表层沉积物的营养物质含量，减轻了西湖的内负荷；与此同时，疏浚后西湖水体与富营养化相关的主要指标均有不同程度的改善，水体营养状况指数好转；浮游植物现存量明显减少。西湖水域生态系统这三个重要环节的变化证明西湖底泥疏浚工程所产生的生态效应是明显的，对西湖水域生态环境的进一步改善以及生态修复具有非常积极的作用（吴芝瑛等，2008）。

8.5 城市景观水体水力及工程调控技术

8.5.1 水体水力及工程调控技术

藻类和水生植物受 DO、水动力条件、pH、光照和水温等环境因子的影响，适当调控水体的环境因子能够在一定程度上抑制藻类等浮游植物的过度生长，延缓水华的发生。水力调控技术控制景观水体富营养化作用机理主要在于两个方面：①抑制藻类生物的生长；②提高水体自净能力。

1. HTR 调节

补水水量对人工水体的水质影响很大。在水源充足的地区，通过加大补水水量，从而缩短停留时间是保障水体的可行措施。本书采用中试系统研究了 HRT 对 Chl-a 浓度的影响，如图 8.11 所示，HRT=5d 时 Chl-a 浓度的增长速度和最大值明显小于 HRT=20d 时。

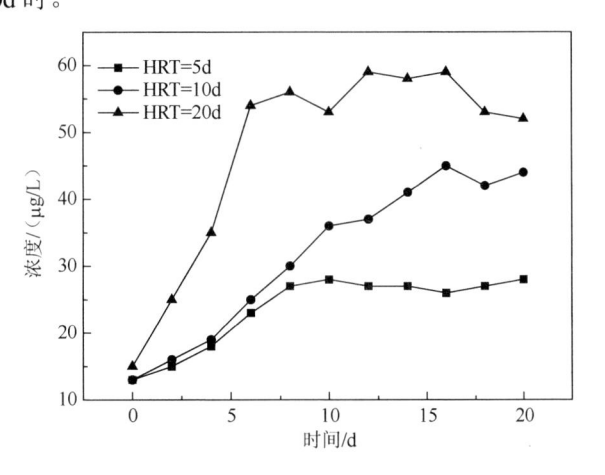

图 8.11 不同 HRT 下 Chl-a 浓度变化图

2. 流动速度调控

众多研究表明，水体扰动对藻类生长繁殖有较大的影响，因此通过加大死水区或缓流区的水流扰动可有效抑制藻类繁殖，达到水质稳定的目的。如图 8.12 所示，考察了 5 个不同水流速度对藻类生长的影响，结果表明，当流速>0.06m/s 后，随着流速增大，其对藻类生长的抑制作用也越来越明显。

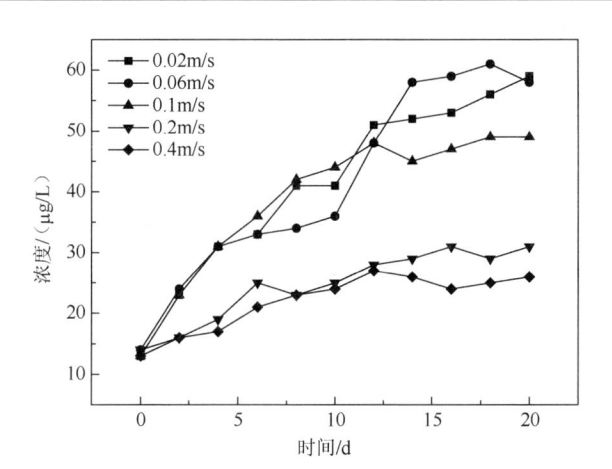

图 8.12　不同流速下 Chl-a 浓度变化图

如图 8.13 所示，宋洋等（2016）的研究表明，流速从 0～0.15m/s 左右时，藻类的比增长率随流速增加而增长，在 0.15m/s 时达到峰值；当流速超过 0.15m/s 时其对藻类生长表现出了明显的抑制作用。这说明流速在一定范围内对藻类生长有促进作用，而超过此临界值时则会抑制。在实际应用时，首先要根据具体的水体水质进行前期优化，选出既经济又有效的流速范围。

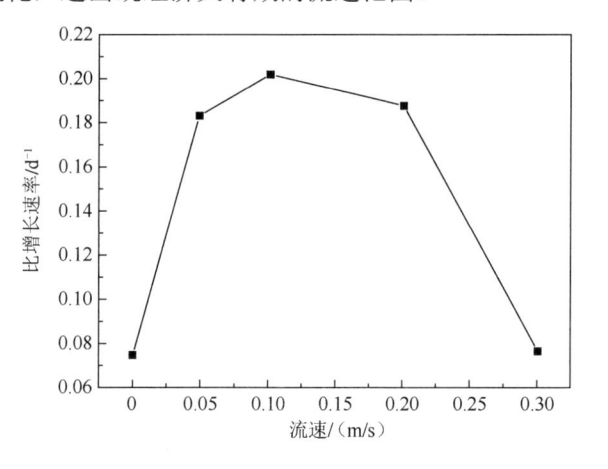

图 8.13　不同流速下藻类比增长率的变化曲线（宋洋等，2016）

3. 旁路循环净化

旁路净化系统近年来被广泛应用于污染河流、湖泊的水质净化中。其过程是将水体中的水抽入旁路净化处理设施，经过处理后的水再次排入水体中，通过循环处理从污染物削减和水力优化两个方面使得水体中的水质得到保障。处理设施的选择是旁路处理系统的核心，当前运用较多的设施有生物滤池和人工湿地等，在城市内湖污染日趋严重的情况下，旁路循环净化可以作为一种经济有效的处理措施。

8.5.2　水力及工程调控技术应用

1. 苏州市拙政园

拙政园的水体占整个园林面积的 3/5，水体处于滞流状态，自净能力差。园林水体分东、中、西三个池塘，其中东池塘相对独立，其水量约为 2500m³；中、西池塘相互连通，水量约为 4000m³。在园林内布置水力循环系统。水力循环的基本原则是利用原有池塘水面的形状，采用人工措施，使水体定向循环流动。根据拙政园中、西池塘相互连通，东池塘相对独立的实际状况，中、西池塘水系采用大循环，循环流量为 100m³/h，东池塘水系独立循环流量为 50m³/h。

在水力循环系统实施后，拙政园水体的水质得到明显改善。浊度平均降低了 4.5NTU，DO 含量平均提高了 39.1%，COD_{Mn} 平均下降了 25.0%。同时观察到鱼类、螺蛳的数量增多，说明水体复氧功能增强，促进了池塘生态系统的恢复（袁文麒，2007）。

2. 广西白石湖

白石湖，位于广西钦州市新建中心公园，水面面积 32.30hm²，中心区域水深 4m，蓄水量 100 万 m³。水体兼具景观、娱乐、调蓄和泄洪等多项水资源综合利用功能。由于设计和实际运行的问题，白石湖水质恶化，藻类大量生长，严重影响其景观娱乐功能。针对这些问题，采取了相应的工程措施，在内外源控制的基础上，针对湖体开展了工程治理。首先在湖体中种植水生植物，充分利用挺水、沉水、浮叶植物对水体中氮磷进行吸收；其次在湖体 3 个进出水口分别设置水闸，在水量充沛时开启水闸，使得湖水从进到出形成推流式流场；另外在湖体中心建设景观喷泉（100m×100m），除产生景观效果外，还可以促进水体 DO 含量上升以及污染物的降解。通过上述工程的实施，使得湖体整体上无明显死区。在工程实施后，主要污染物得到了有效削减，每年削减 NH_4-N、TN、TP 分别达到 15.6t、18.6t 和 2.1t。在工程实施后 2 个夏季的运行中湖水水质保持在《城市污水再生利用　景观环境用水水质》（GB/T18921—2002）娱乐性景观环境用水中的水景类标准（王春苗，2016）。

3. 北京市龙潭湖

龙潭湖水系包括东湖、中湖和西湖，总水域面积 194700m²，湖区补水水源主要为高碑店污水处理厂再生水和南护城河河水，其中西湖的再生水补给比例约

80%。由于湖水流动性差、湖区较为封闭，并且受补水水源与补水量的限制，湖水水质较差，富营养化严重。

2007 年，龙潭湖进行了大规模的水质改善工程，建设了生物接触氧化处理工艺。工艺运行 3 个月后的出水监测结果表明，该工艺对 COD、BOD$_5$、NH$_4$-N 和 TP 的平均去除率分别达 61.6%、71.2%、62.5%和 68.0%，主要水质指标达到（GB 3838—2002）中的Ⅳ类水质标准，对有机污染物和营养盐都有很好的削减作用（张瑞等，2016）。

8.6　城市景观水体水生态系统构建与自净能力提升技术

8.6.1　水生态系统构建及自净能力提升技术简介

如前所述，相比较于天然水体，城市景观水体自身的生态系统相对较为脆弱。因此从根本上解决水体的水环境、水生态以及水景观问题，恢复水体的自然属性，恢复水体健康，实现水资源的可持续性发展和可持续性利用显得尤为重要。

城市景观水体可以在其湖岸利用草坪、植被等建立起一条较长的一级、二级缓冲带，从而使得湖泊能够截留、净化陆域面源污染物，减少污染负荷的进入。此外还可以设置有一定面积的生态湿地，在其中栽种大量的睡莲、美人蕉、菖蒲、芦苇以及芦竹等挺水植物，通过这些水生植物去除氮磷等污染物，从而净化水体、改善水质。考虑到景观的需要以及保证水体的自净效果，在植物种植区也可以建设局部循环设施或者跌水，从而起到增氧作用，使水体中氧的溶解量增加。总之，景观水体中健康生态系统的构建可以不断强化水体在自然状态下的自我净化能力。

生态修复技术是 20 世纪 80 年代发展起来的一项环境友好、低投资、高效益的水环境污染治理技术，是按照生态学原理，利用特定的水生生物（植物、动物或微生物）吸收、转化、清除或降解水环境中的污染物，使水体生态系统受损伤的生物群体及结构得以修复和强化，或者重建健康的水生生态系统，实现水体生态系统整体协调、自我维持和自我演替，从而达到水环境净化、生态效应恢复。由于生态修复技术尊重河湖系统的自然规律，注重对自然生态、自然环境的恢复和保护，主要包括以下几类（黄勇等，2016）。

1. 水生植物修复技术

水生植物修复技术，即恢复水生态系统中水生植物群落，实现植物对营养盐、重金属和有机污染物的吸附、利用或转移。目前在富营养化修复方面，研究较多的水生植物有挺水植物、漂浮植物、浮叶植物和沉水植物等。挺水植物和浮叶植物不仅具有较高的氮磷吸收效果，同时具有较好的景观性，因而这些植物在富营养化水体修复的研究和应用方面均较广泛。沉水植物全部位于水中，氮磷等营养物质吸收效率高，因此沉水植物逐渐成为研究热点（王晓昌等，2016）。

2. 水生动物操纵技术

水生动物操纵法，即采用底栖动物、浮游动物、鱼类等人工操纵措施，利用水生动物间的捕食竞争关系，发挥作为消费者和生产者的水生动物与水生植物之间的相互依赖制约关系，构成完整生态食物链和食物网，控制水体富营养化。目前该技术中使用较多的水生动物有蚌类、螺类、食草鱼类和杂食鱼类等（王晓昌等，2016）。

3. 湿地生态技术

湿地对富营养化水体中氮磷等营养物质具有很强的去除能力。湿地生态工程治理富营养化水体具有能耗小、成本低、治理效果较好，且对环境污染小，有利于资源化和整体生态环境的改善，但占地面积大，在北方地区，净化能力易受季节限制。

4. 人工生物浮床/沉床技术

人工生物浮床技术是按照自然界规律，把高等水生植物或改良的陆生植物，以浮床作为载体，种植到富营养化水体的水面。人工生物浮床技术既可以达到净化水质的效果，同时又可营造水上景观。人工生物浮床/沉床能够增加水生植物的种植面积，增强水中多余氮磷等营养物质的去除量，同时增加水生动物和微生物的附着空间，提高污染物去除效率。但该技术中植物的选型和群落的最优化配置有待深入研究，同时，植物载体的抗腐蚀性和抗风浪性需进一步提高（王晓昌等，2016）。

5. 微生物修复技术

微生物修复技术是利用微生物建立微生态系统，加快水中物质循环和能量流动，强化微生物对水中污染物的高效吸收和降解作用，最终实现水体富营养化的控制。有效微生物菌群（effective microorganisms，EM）是较常用的富营养水体的微生物修复菌群，该菌群由光合细菌、乳酸菌、酵母菌、放线菌和发酵型丝状菌等复合培养而成。另外还有种属相对单一的微生物修复菌群，如诺卡氏菌、光合细菌和 Clear-Flo 系列菌等。

6. 有益藻类抑藻技术

有益藻类抑藻是利用人工可控制强的藻类，利用种间竞争原理，抑制有害藻类的泛滥，实现水华的控制。水网藻是一种大型的网片状及网袋状绿藻，肉眼可见，其繁殖能力强，在生长过程中能吸收大量的 NH_4-N、NO_3-N 及无机磷等，从而降低富营养化水体中的氮磷水平，使蓝绿藻由于失去赖以生存的高营养条件而无法在水体中大量繁殖，达到以藻治藻的目的。

8.6.2　水生态系统构建及自净能力提升技术应用

1. 武汉水果湖

武汉水果湖是武汉东湖的一个小湖，在水果湖南岸建成 4 个面积各为 $800m^2$ 的围隔，以钢管为骨架，聚氯乙烯防水彩布隔开内外水体，其底端包裹石龙插入底泥，用毛竹固定到骨架上，外加尼龙网和钢板网。在 3 个围隔内移栽苦草、狐尾藻和菹草等沉水植物。另外一个围隔内未栽水生植物，以此作为对照。通过一年的试验对比，得出水生植物在不同的营养级水平上存在维持水体清洁和自身优势稳定状态的机制，水生植物有过量吸收营养物质的特性，可降低水体营养水平，减少因为风和摄食底栖生物的鱼类所引起沉积物重悬浮，降低浊度，同时水生大型植物对藻类也存在化感作用，能抑制浮游植物的生长，从而降低藻类的现存量。水生植物可以显著提高富营养水体的水质，对有毒的有机污染也有明显的净化作用（吴文颖，2006）。

2. 广州市某池塘

本案例为广州市黄埔区一口富营养化浅水池塘。池塘面积约 $3600m^2$，蓄水量 $1200\sim1800m^3$，全年平均水深 $30\sim60cm$，淤泥深度 $50\sim70cm$，塘中没有高等水生植物生长。利用修正的 Carlson 营养状态指数计算方法，计算得池塘水体 TSI 值为 $68\sim86mg/m^3$，处于重富营养化状态。在 $2004\sim2006$ 年的研究中，共构建了 16 个围隔，和 1 个面积约 $1500m^2$ 的中试区域，以研究不同生物修复技术的控藻效果及对供试水体水质的影响，所采取的生物修复技术包括投加鲢鱼和奥尼罗非鱼等。试验结果表明，鱼类的放养对水体透明度有显著改善，并有效地降低了水体中总悬浮物和 Chl-a 浓度。鲢鱼以及奥尼罗非鱼的放养能够改变水体中浮游植物群落结构，使得浮游植物的优势种由蓝藻变为裸藻、绿藻或硅藻，从而有效控制蓝藻水华。因此，对此类小型的富营养化浅水池塘，可通过放养适量密度的鲢鱼来控制藻类水华暴发，并使部分水质指标得到改善（蔡建楠等，2008）。

3. 天津市外环河

外环河是天津市区的一条重要景观河道，河面宽度为 30m，水深 2～3m。受两岸生活污水及面源的影响，河道水质较差，为劣 V 类水，COD 及氮磷浓度很高，夏季经常暴发藻类和浮萍，水体透明度极低，水面以下水生维管束植物极难成活。研究者在示范区内建设了 50 个人工沉床，每个沉床为正方形，边长为 6m，种植植物有黑三棱、香蒲、水葱、芦苇和睡莲。在种植期间，观察植物的成活状况和水体水质的改善情况。示范工程长达 1 年的运行监测表明，在停留时间为 6d 时，植物生长期内人工沉床对 COD 的去除率可达 30%～50%，TN 去除率在 35%～40%，TP 的去除率在 30%～40%（李金中，2010）。

参 考 文 献

保金花, 2008. 景观水体感官质量评价方法研究[D]. 苏州: 苏州科技学院.

蔡建楠, 潘伟斌, 王建华, 等, 2008. 鲢和奥尼罗非鱼对池塘蓝藻水华及水质的影响[J]. 水生态学杂志, 1(5): 56-61.

陈华林, 陈英旭, 2002. 污染底泥修复技术进展[J]. 农业环境科学学报, 21(2):179-182.

丁琦, 2012. 小型景观水体环境黑臭产生的机制及其规律的研究[D]. 合肥: 安徽建筑工业学院.

方志珍, 陈勇, 刘兵, 2014. 城市景观水体水质分析及净化处理[J]. 工程与建设, 28(4): 511-512.

谷峰, 林秋, 2006. 城市景观湖泊水体富营养化防治初探[J]. 吉林水利, (287): 50-53.

郭红兵, 陈荣, 王晓昌, 2016. 基于感官指数的城市水体景观功能评价[J]. 环境工程学报, 10(11): 6229-6233.

胡世龙, 2016. 西安城市景观水体富营养化主成因分析及营养物基准研究[D]. 西安: 西安建筑科技大学.

黄勇, 董运常, 罗伟聪, 等, 2016. 景观水体生态修复治理技术的研究与分析[J]. 环境工程, 34(7):52-55.

金相灿, 刘鸿亮, 居清谈, 等, 1990. 中国湖泊富营养化[M]. 北京: 中国环境科学出版社.

亢增军, 袁林江, 孔海霞, 2014. 3 种覆盖材料对底泥磷释放的抑制及影响因素研究[J]. 安全与环境学报, 14(3): 202-205.

雷波, 刘朔孺, 张方辉, 等, 2017. 三峡水库上游长寿湖浮游藻类的季节变化特征及关键环境响因子[J]. 湖泊科学, 29(2): 369-377.

李金中, 2010. 工沉床改善水质技术研究[D]. 天津: 南开大学.

李小明, 2014. 城市景观水系水质修复及运行模式优化研[D]. 西安: 西安建筑科技大学.

李颖, 2013. 城市湖泊景观可持续营造研究[D]. 哈尔滨: 东北农业大学.

刘冠凤, 2012. 聊城市地表水环境问题及对策研究[D]. 武汉: 武汉理工大学.

刘广容, 叶春松, 贺靖皓, 等, 2008. 原位化学处理对东湖底泥中磷释放的影响[J]. 武汉理工大学(理学版), 54(4): 409-413.

刘国祥, 2009. 浅谈农村公路设计[J]. 青海科技, 16(6): 47-49.

刘毅, 2004. 中国磷代谢与水体富营养化控制政策研究[D]. 北京: 清华大学.

刘颖, 2009. 城市典型景观水体水质变化及调控研究[D]. 天津: 天津大学.

莫灼均, 2010. 城市景观水体富营养化污染及治理技术初探[J]. 广东化工, 37(7): 239-240, 244.

秦磊, 2016. 城市景观水体富营养化治理措施[J]. 绿色科技, (24): 59-60.

宋艳, 2011. 外置式 MBR 与浸没式 MBR 的运行比较[J]. 甘肃科技, 27(17):85-86.

宋洋, 张陵蕾, 陈旻, 等, 2016. 流速对水库水华优势种铜绿微囊藻生长的影响研究[J]. 四川大学学报(工程科学版), 48(s1): 25-32.

索联锋, 2016. 渗滤池–滞留塘系统在山地城市径流污染控制中的应用研究[D]. 重庆: 重庆大学.

汤小强, 杨莉, 曹群, 2008. 国内外景观用水现状调查及对策分析[J]. 环境科学, 27(6): 66- 68.

唐运平, 2008. 盐碱地区再生水景观河道水质改善与生态重建技术研究[D]. 天津: 天津大学.

田栋芸, 吴晓光, 2014. 浅议卫津河严重污染河段的生态治理工作[J]. 科技资讯, 12(8):128-129.

王春苗, 2016. 白石湖景观水体污染治理研究[J]. 北京水务, (1): 20-22.

王晓昌, 袁宏林, 陈荣, 2016. 小城镇水污染控制与治理技术[M]. 北京: 中国建筑工业出版社.

吴文颖, 2006. 三种沉水植物对湖泊沉积物磷的影响[D]. 武汉: 中国科学院研究生院（武汉植物园）.

吴芝瑶, 虞左明, 盛海燕, 等, 2008. 杭州西湖底泥疏浚工程的生态效应[J]. 湖泊科学, 20(3):277-284.

夏青, 1999. 中国地表水水质标准导引[J]. 给水排水, 25(11): 75-77.

徐晶, 朱民, 2010. 城市景观水体富营养化及其控制[J]. 环境科学与管理, 35(7): 150-152.

薛传东, 杨浩, 刘星, 2003. 天然矿物材料修复富营养化水体的实验研究册[J]. 岩石矿物学杂志, 22(4): 385-381.

杨冬辉, 2002. 因循自然的景观规划——从发达国家的水域空间规划看城市景观的新需求[J]. 中国园林, 18(2): 12-15.

杨力, 2011. 底泥覆盖对沉积物中磷翻译的抑制作用[D]. 武汉: 武汉理工大学.

叶恒朋, 陈繁忠, 盛彦清, 等, 2006. 覆盖法控制城市河涌底泥磷释放研究[J]. 环境科学学报, 26(2):262-268.

尹雷, 2015. 城市景观水体污染解析与水质控制研究——以昆明翠湖为例[D]. 西安: 西安建筑科技大学.

尹艳青, 2012. MBR工艺在北京动物园湖水质改善中的应用[J]. 北京水务, (4):32-35.

袁文麒, 2007. 园林不规则池塘人工水力循环与水质改善的研究[D]. 苏州: 苏州科技学院.

曾冠军, 马满英, 2016. 城市景观水体富营养化成因及治理的研究展望[J]. 绿色科技, (12): 98-100.

曾思育, 董欣, 2015. 城市降雨径流污染控制技术的发展与实践[J]. 给水排水, 41(10):1-3.

曾峥, 2007. 新建人工湖水质演变及影响因素研究——以重庆大学虎溪校区人工湖为例[D]. 重庆: 重庆大学.

张海建, 2011. 小区景观水体水质变化规律及循环处理技术研究[D]. 西安: 西安建筑科技大学.

张瑞, 刘操, 孙德智, 等, 2016. 北京地区再生水补给型河湖水质改善工程案例分析与问题诊断[J]. 环境科学研究, 29(12):1872-1881.

周真明, 黄廷林, 苑宝玲, 2016. 生物沸石薄层覆盖削减富营养化水体磷负荷[J]. 湖泊科学, 28(4):726-733.

BONA F, CECCONI G, MAFFIOTTI A, 2000. An integrated approach to assess the benthic quality after sediment capping in Venice lagoon[J]. Aquatic ecosystem health & management, 3(3): 379-386.

HYUN S, JAFVERT C T, LEE L S, et al., 2006. Laboratory studies to characterize the efficacy of sand capping a coal tar-contaminated sediment[J]. Chemosphere, 63(10):1621-1631.

第9章 典型案例介绍

本书选取 3 个景观水体建设和治理工程作为典型案例进行介绍,包括临港生态公园富营养化防治工程、杭州西湖龙泓涧水体氮磷削减工程和思源学院景观水体水质保障工程(表 9.1)。前两者均为"水体污染控制与治理"国家科技重大专项(水专项)"十二五"期间"城市内湖氮磷去除及富营养化控制技术研究"课题的示范工程,其中,临港生态公园富营养化防治工程位于天津市临港工业园区内,属于新建城市景观水体,水域面积达到 17 公顷,补水水源为城市污水厂尾水;杭州西湖龙泓涧水体氮磷削减工程位于杭州西湖上游,该水系是西湖重要水源,水域面积约为 5hm²,来水主要为山涧溪流。思源学院景观水体水质保障工程为水专项"十一五"期间"缺水城市雨污水再生处理和不同途径用水的关键技术研究与工程示范"课题的示范工程,该工程位于西安市西安思源学院校园内,景观水体面积为 5000m²,补水水源为西安思源学院自建污水厂生产的再生水。

表 9.1 典型案例概况

序号	工程名称	位置	工程来源	水域面积/m²	补水水源
1	临港生态公园富营养化防治工程	天津市临港工业区	水专项"十二五"示范工程	170000	污水厂尾水
2	杭州西湖龙泓涧水体氮磷削减工程	浙江省杭州市	水专项"十二五"示范工程	50000	地表水
3	思源学院景观水体水质保障工程	陕西省西安市	水专项"十一五"示范工程	5000	再生水

9.1 临港生态公园水体富营养化防治工程

9.1.1 工程背景

天津临港生态公园位于天津市临港工业区内,临港工业区规划面积 200km²,是滨海新区、天津市未来发展的战略空间。该工业园区始建于 2003 年 6 月,位于海河入海口南侧滩涂浅海区,大沽沙河道南侧,处于滨海新区核心区,东依渤海湾、北靠海河口、西连海滨大道、南接津晋高速,距天津市中心 46km,距塘沽中心城区 15km。临港生态公园位置如图 9.1 所示。

图 9.1　天津市临港生态公园位置图

如图 9.2 所示，该生态公园总占地面积约 63 万 m²，其中水系总面积约为 17 公顷，分为调节塘、组合湿地区、主湖区三大部分。水体总容积为 20 万 m³，针对这一水体容量，如果按照 20d 的换水周期计算，公园水体的补水需求量为 1 万 m³/d。与此相对应，公园地处盐碱和严重缺水地区，周边 5km 以内没有可利用的天然水源，仅仅依靠少量降雨的补充远不能满足公园水体补水量的基本需求。

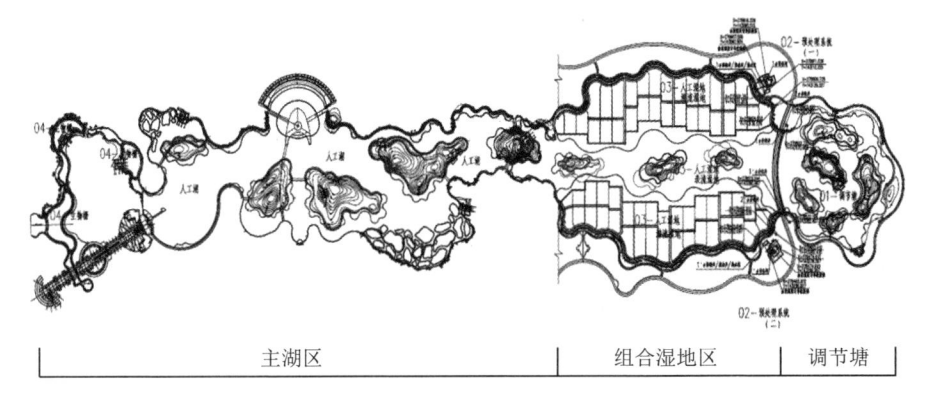

图 9.2　临港生态公园平面设计

经过调查，位于公园 4km 左右距离的某城市污水处理厂出水是可利用的唯一水源，能够满足公园补水的水量需求。因此，生态公园拟利用再生水作为补水水源。污水处理厂出水水质按照《城镇污水处理厂污染物排放标准》（GB 18918—

2002）中的一级 B 标准设计。该污水处理厂一期设计处理能力 2 万 m³/d，一部分出水通过约 3.2km 长的管道向公园人工景观湖补水，每天输水水量约 5000m³，其余部分则排入天津市大沽化排污河。表 9.2 列出了污水厂出水中的关键理化指标值，同时，与污水一级 B 标准和《城市污水再生利用 景观环境用水水质》（GB/T 18921—2002）以及《地表水环境质量标准》（GB 3838—2002）中的 V 类水水质标准相比较。可以看出，污水厂出水达到了一级 B 标准，也基本满足景观用水标准。但是，水源中 TN 和 NH_4-N 远高于地表水 V 类标准，TP 浓度也处于藻类繁殖的适宜范围。因此，以该水源作为临港生态公园水体补水，发生藻类过度生长从而引发富营养化的潜在风险很高。

表 9.2　污水处理厂出水水质与相关标准对比

项目	再生水水质	一级 B 标准	景观用水标准	地表水 V 类标准
CODcr 浓度/（mg/L）	43～58	60	—	40
DO 浓度/（mg/L）	5.24～5.98	—	1.5	2
TN 浓度/（mg/L）	12.46～16.9	20	15	2.0
NH_4-N 浓度/（mg/L）	3.97～8.14	8	5	2.0
TP 浓度/（mg/L）	0.34～0.41	1	0.5	0.4（湖、库 0.2）
pH	6.87～7.49	6～9	6～9	6～9

9.1.2　工程设计

在景观水体系统的设计中，遵循生态方法优先的原则，并注重处理设施与周边景观效果的有机结合。如彩图 9.3 所示，沿着水流方向，将水质净化过程划分为三个典型过程。

（1）首先，局部旁路循环净化设施位于公园水体的最始端。该设施内填料的净化作用是水质改善的主要环节。为了实现该设施与周边景观的配合效果，将该处理设施与后段的人工湿地合建，并在填料表层种植与湿地相同的水生植物。调节塘的水通过预埋管道与循环生态净化设施连通。这一做法使得该处理设施与周边树木及花卉形成了整体景观效果。

（2）其次，人工湿地区位于调节塘的下游，湿地分布于水体的对称两翼。上游来水通过两翼湿地最外侧的均匀配水渠道，依次进入潜流人工湿地、表流人工湿地，最后进入中心水体。中心水体水深极浅，湿地处理后的出水透明度高，在中心水体形成了清澈见底的景观效果。

（3）最后，水流进入水域面积最大的生态湖区。与调节塘和湿地区相比，生态湖区水深较大，为了达到水质稳定的目的，结合水体廊、桥的建设，在相应部位设置了不同样式的跌水墙和跌水堰，在实施曝气增氧功能的同时，营造了局部水涌和水花的景观效果。

1. 水体局部旁路循环处理设施

如图 9.4 所示，来自污水厂的尾水在调节塘的一端注入，调节塘既是污水厂

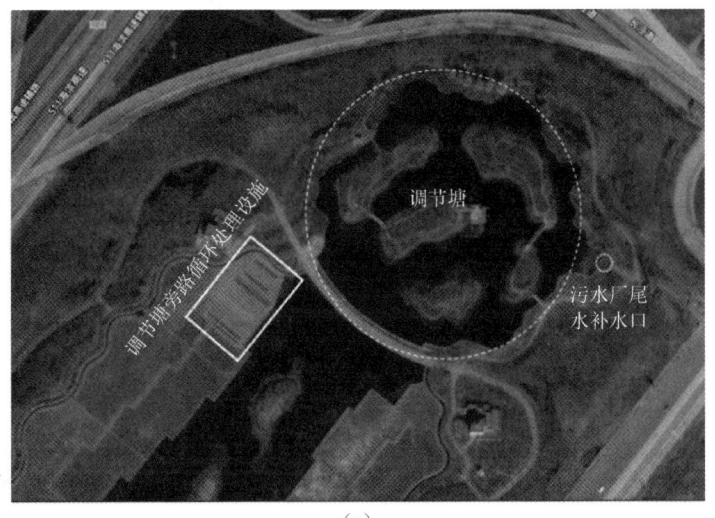

（a）

（b）

图 9.4　调节塘水体旁路循环处理系统

来水的注入位置，也是公园的第一个主题景观水体，水面面积 1.2 万 m^2，水深为 1.5～2m，蓄水量为 2.1 万 m。为了降低水体的氮磷营养物、尤其是氮负荷，针对调节塘，设计了水体旁路循环净化处理设施。湖水通过提升泵站从调节塘下游的一个取水口经管道过滤器预处理后抽送至旁路循环处理设施。处理后水由出水管自流到排水渠，由排水渠汇集到吸水井，然后由潜流泵抽回至调节塘上游处，经多个布水点流回调节塘内，从而实现调节塘中湖水的循环流动，使该区域的氮磷营养物得到大幅度削减，为后续水体的水质稳定奠定基础。

旁路循环处理设施采用具有自主知识产权的横流式生物滤池技术。如彩图 9.5 所示，横流式生物滤池采用两端对称结构，可调节进出水堰高度实现两端交替进水和出水，从而实现滤池的正反向交替运行。在正向进水条件下，反应器前段为好氧段，后段为缺氧段，在这个过程中，前段的载体表面逐渐形成生物膜，积累生物量。一段时间后，更换进水方向，原来的好氧段变成了缺氧段，积累的生物量为反硝化进行提供了碳源。设施的设计进水量为 2000m^3，占地面积为 1670m^2，滤床深度为 1m，其中，下部为 0.2m 厚的粗砾石，粒径为 60～90mm，上部为 0.8m 厚的火山岩，粒径为 20～50mm。

横流式生物滤池实现了对水中过量的悬浮物、有机物和营养物的去除，对 TN 的去除效果尤为明显。通过处理，降低了污水厂来水中过高氮磷营养物负荷对下一级人工湿地处理的冲击。经过计算，该设施的建设将调节塘的 HRT 缩短为 1.5d。

2. 组合式人工湿地处理设施

如图 9.6 所示，人工湿地采用潜流湿地和表流湿地相结合的形式，用于水体水质的进一步净化。来自调节塘的水流通过配水渠首先配送给潜流人工湿地，出水再进入表流人工湿地。潜流湿地占地 4.68 万 m^2，分为 36 组，对称分布于湿地区水域两翼的最外侧，表流湿地占地 0.95 万 m^2，位于潜流湿地的内测，紧接中心水面。

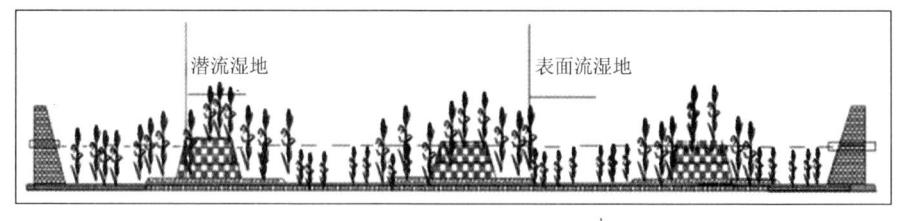

图 9.6　组合式人工湿地示意图

在组合人工湿地前、后 1.5m 距离处均铺设砾石层，分别作为潜流湿地的配水过滤区和表流湿地的集水过滤区。砾石层分 2 层铺设，下层为 0.6m 厚的粗砾石，直径为 60～90mm，上层为 0.4m 厚的中、小砾石，直径为 20～50mm。组合湿地的底坡度为 0.5%，填料也是砾石，总厚度为 1m。湿地植物主要包括芦苇、香蒲、水葱和菖蒲等。经过检测，水流经过人工湿地处理设施，COD、TN 和 TP 分别降低 30%、60% 和 60%。图 9.7 所示为组合式人工湿地的配水管路布置图。

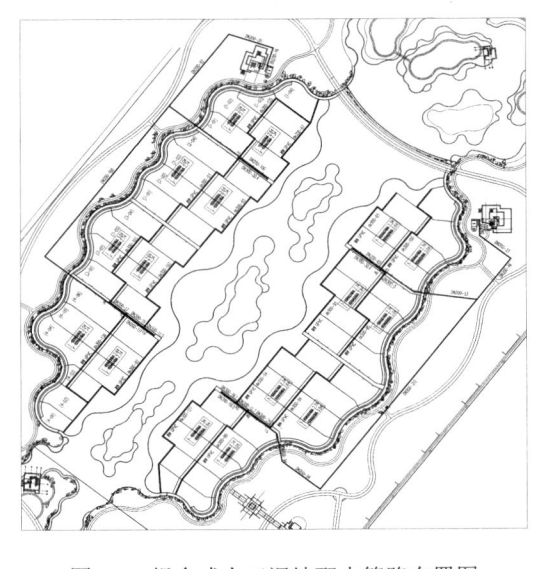

图 9.7　组合式人工湿地配水管路布置图

3. 主湖区水质生态保障系统

水流进入主湖区后，水质生态保障单元重点以水景观为主，在这个单元中，通过结合景观功能的流态优化（彩图 9.8）、曝气增氧和生态驳岸措施（彩图 9.9），达到水体自净能力强化和水质稳定的目的。

9.1.3　工程建设

临港生态公园于 2009 年 5 月完成施工图设计和工程招标。7 月完成调节塘、湿地区水域和景观建设工程，完成局部循环净化设施和组合式人工湿地处理设施的填料铺装工程（彩图 9.10 和彩图 9.11）。2010 年 8 月完成局部循环净化设施和组合式人工湿地处理设施的植物栽种，开始两级处理设施的运行调试。2011 年 7 月完成生态湖区工程建设（彩图 9.12）。8 月完成所有工程，系统正式运行。9 月公园正式对外开放。

9.1.4　实施效果

2011 年 9 月公园正式对外开放以来，运行情况一直良好。从公园水域的角度来看，一方面，污水厂来水满足了水体正常运转所需的基本水量需求，经过计算，调节塘、湿地区和主湖区的 HRT 分别为 1.5d、3.5d 和 8d；另一方面，污水厂来水经局部旁路循环净化和人工湿地处理后，水中营养物和感官性状指标得到很大改善，结合后续的水质生态保障措施，在整个水域范围内，营造了良好的水景效果。从公园绿化的角度来看，湖水直接供应周边绿化用水，园区内所有花、草、树种均生长良好，创造了丰富的生物多样性景观。

以富营养化防治为目标，公园重点监测了调节塘、湿地区和主湖区3个主题景观区水体中的营养物指标（包括TN、溶解性总氮（dissolved total Nitrogen，DTN）、TP以及溶解性总磷（dissolved total phosphorus，DTP））和感官性状指标（包括浊度和色度）的变化情况。从图9.13可以看出，局部循环净化设施和人工湿地处理设施对营养物指标有很好的去除效果。两级处理后，TN、DTN、TP和DTP的去除率均达到60%以上，湿地区水体中的浓度分别降至2.46mg/L、1.01mg/L、0.5mg/L和0.12mg/L。从图9.14可以看出，以浊度和色度为代表的感官性状指标值也有较大改善。湿地区水体呈现清澈见底的效果。在生态湖区，相比于湿地区，水中的色度还有一定程度的下降，保障了景观生态效果。浊度值在生态湖区有升高，主要是由于生态湖区水域面积大，大气降尘在一定程度上导致了水中悬浮态物质的增加，即使如此，水中浊度值仍然小于20NTU，并没有影响到水的感官效果。

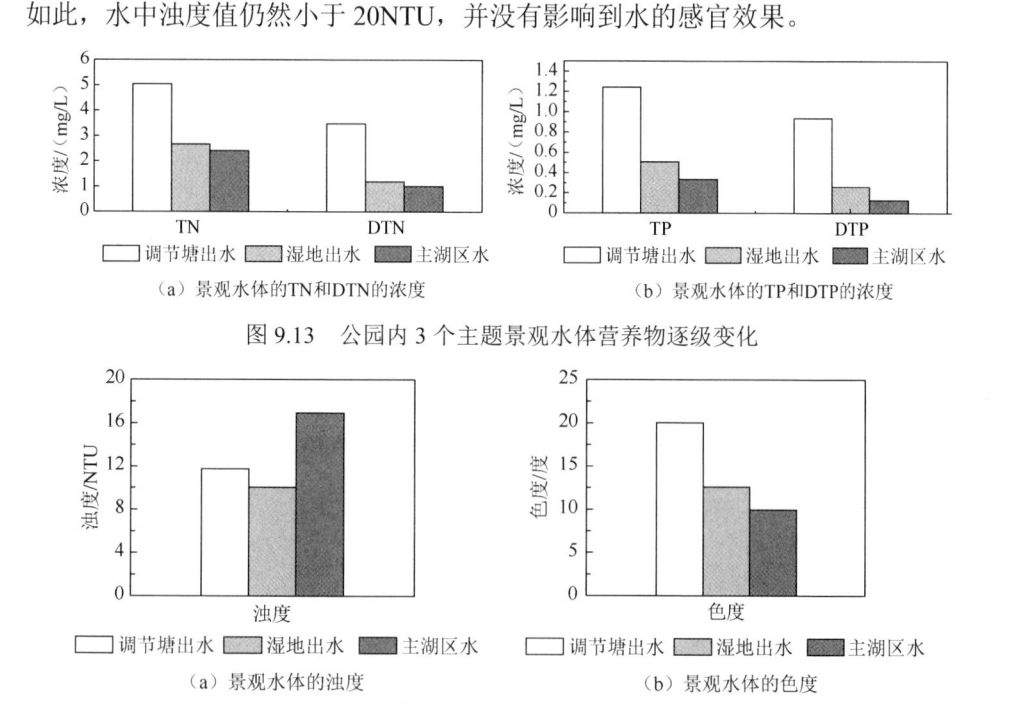

（a）景观水体的TN和DTN的浓度　　　　　（b）景观水体的TP和DTP的浓度

图9.13　公园内3个主题景观水体营养物逐级变化

（a）景观水体的浊度　　　　　（b）景观水体的色度

图9.14　公园内3个主题景观区感官性状指标变化

本项目以污水厂出水作为水体补水水源，通过两级生态净化处理和后续生态水质保障，大幅降低了水中营养物浓度，控制了藻类的过度生长。良好的水质营造了水域的良好感官效果。与此同时，从湖水中取水用于周边的绿化，保障了整个公园一年四季所需的正常绿化需水量。

临港生态公园原址是一片盐碱滩地，公园建成后，成为了工业园区内的核心生态景观，也创造了丰富的生物多样性，提升了滨海工业区域内的环境品味。并且，污水厂出水的重复利用，大量削减了排入近岸海域的污染负荷，有利于缓解海河入海口的污染问题。

本案例在水资源极度缺乏地区，成功利用污水厂出水作为水体补水水源，通过水处理设施与公园生态景观的融合，在改善水质的同时，实现了高标准园林景观的营造，提升了所在工业园区的景观品味，改善了区域生态环境。

9.2　杭州西湖龙泓涧水体氮磷削减工程

9.2.1　工程背景

龙泓涧又名玉钩涧，位于西湖西南片山区，是西湖上游重要溪流，也是我国著名的"龙井茶"产地。如彩图 9.15 所示，龙泓涧主流源起风篁岭东龙井泉，沿龙井路蜿蜒至茅家埠汇入西湖，约 2.8km。该流域内主要分布三个自然村：龙井村、双峰村和茅家埠村，住户约为 1012 户，总人口约 1912 人，流域内农地均种植龙井茶，茶园面积约为 1488.4 亩（1 亩 $\approx$ 666.67m^2）。

在工程实施前，龙泓涧流域内的点源污染已得到有效控制，但茶园耕作和休闲旅游导致的面源污染给水体带来了大量的氮磷营养物。根据西湖水域管理处对其水质进行定期测量数据显示（表 9.3），龙泓涧及其支流的 TN 浓度高于地表水 Ⅴ 类水标准限制（2.0mg/L），远高于西湖水体的现状 TN 浓度水平，其中氮营养物以 NO_3-N 为主要形态。根据水质监测结果，龙泓涧水质呈现"低碳、低磷、高氮"的特征。因此，以保护西湖水环境质量为目标，龙泓涧流域的 TN 浓度控制是富营养化防治的主要任务。

表 9.3　龙泓涧水质基本概况

年份	TP 浓度/（mg/L）	TN 浓度/（mg/L）	NO_3-N 浓度/（mg/L）	NH_4-N 浓度/（mg/L）
2010	0.054	4.13	3.03	0.399
2011	0.044	3.14	2.60	0.363
2012	0.040	3.71	3.44	0.165

9.2.2　工程设计

在工程设计中，采用了具有自主知识产权的水体局部净化场和多级廊道式生物脱氮两项关键技术。图 9.16 所示为流域内的局部净化场和多级廊道交错布置图。

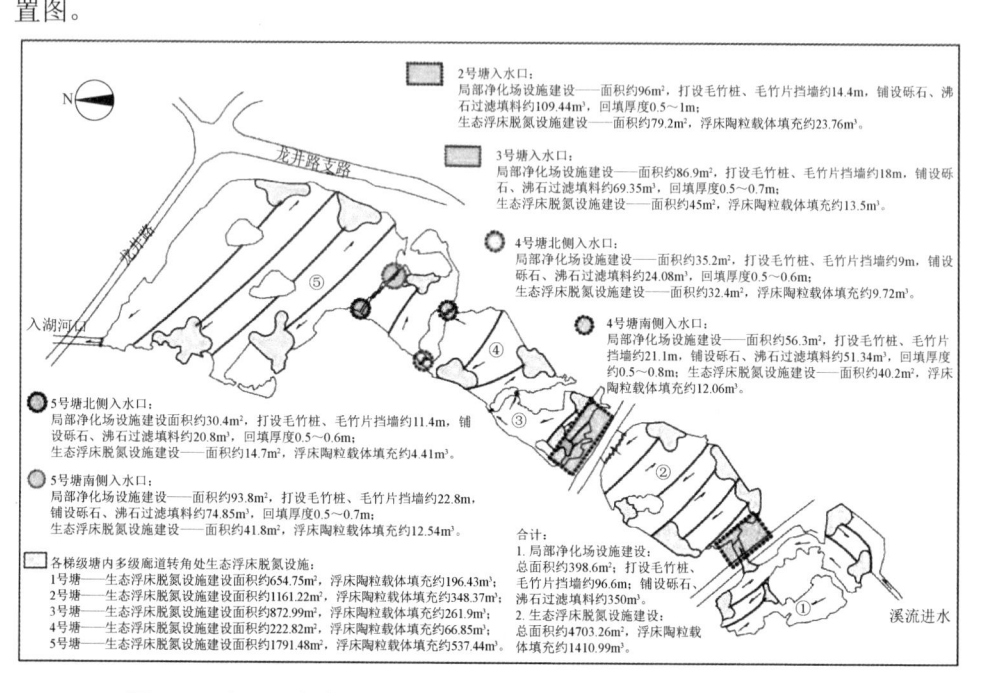

图 9.16　龙泓涧流域局部净化场设施与多级廊道脱氮设施建设总平面图

1. 水体局部净化场系统

局部净化场设置在塘的多个入水口处，分别位于 2 号塘入水口、3 号塘入水口、4 号塘北侧和南侧入水口、5 号塘北侧和南侧入水口，总面积约为 398.6m²。局部净化场基于自然沉淀和生物强化相结合的技术原理，在入流区域内设置沉淀区及底泥收集与排出系统，用于拦截水源水中的悬浮颗粒，减少底泥在水体中的大范围淤积。与此同时，在场内设置人工生物介质区，利用人工介质及附着生物，实现人工强化生物处理，降低水体的入流负荷。局部净化场设施建设立面效果如图 9.17 所示。

2. 多级廊道式生物脱氮系统

多级廊道系统的关键要素在于两个方面，一是通过填料的布置，最大可能的截留微生物，减少功能微生物的流失；二是通过设置多级廊道，优化水流状态，延长 HRT，实现水流与填料的完全接触。通过多级廊道设置，形成了有利于硝化反硝化交替进行的脱氮反应条件。

其中，填料的布置与植物种植相结合，形成了生态浮床设施。生态浮床设施分别建设于前文所述的 6 个局部净化场设施后段。通过浮床包括上、中、下三层，如图 9.18 所示，下层悬挂立体弹性填料，中层采用陶粒，上层铺设土壤并种植与周边环境相协调、适应的水生植物。

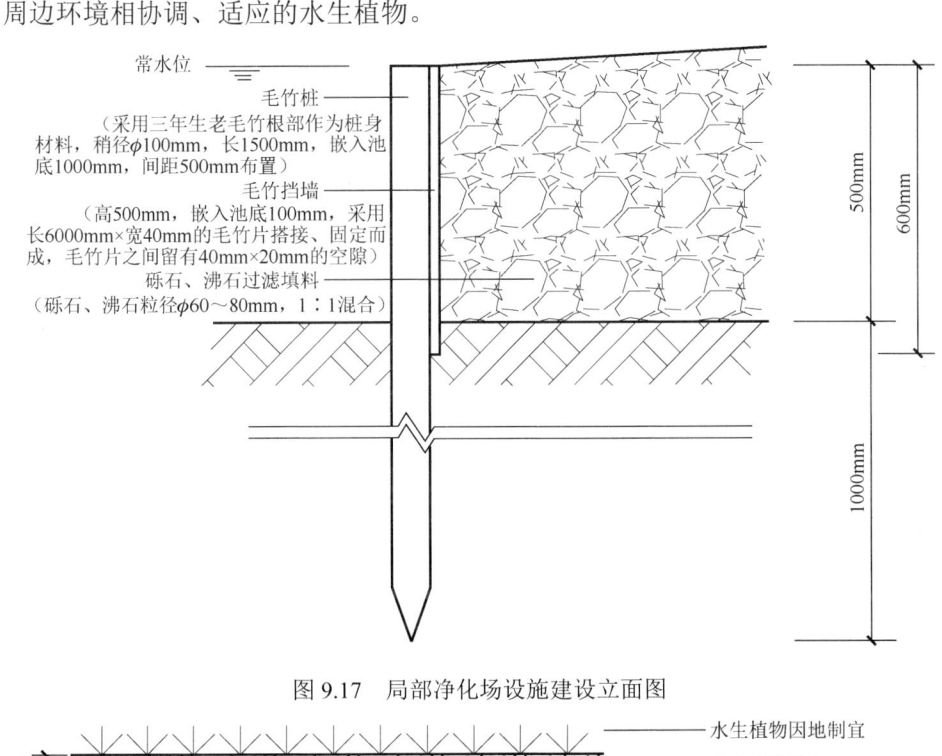

常水位

毛竹桩
（采用三年生老毛竹根部作为桩身材料，稍径φ100mm，长1500mm，嵌入池底1000mm，间距500mm布置）

毛竹挡墙
（高500mm，嵌入池底100mm，采用长6000mm×宽40mm的毛竹片搭接、固定而成，毛竹片之间留有40mm×20mm的空隙）

砾石、沸石过滤填料
（砾石、沸石粒径φ60～80mm，1∶1混合）

500mm

600mm

1000mm

图 9.17　局部净化场设施建设立面图

水生植物因地制宜

改良后种植土

陶粒
（陶粒粒径φ30～40mm，枣形，微孔结构；由陶粒制作而成的浮床载体以毛竹片为骨架，制作成形式各异的几何体，陶粒外层用渔网缝合。）

立体弹性填料
（直径φ120mm，81支/m²，间隔150mm固定于刚竹上，并穿插悬挂于浮床载体下方。宽度过长的，中间部位用刚竹、麻绳再次固定。相邻刚竹间隔150mm）

100

350～400

400～500

图 9.18　生态浮床立面图

9.2.3　工程建设

　　工程于 2013 年完成建设方案制定和准备工作，2014 年完成工程建设并投入试运行，2015 年 6 月 30 日正式投入运行。表 9.4 所示为局部净化场的主要工程建设内容。彩图 9.19 为局部净化场设施的施工过程。

表 9.4　水体局部净化场系统建设概况

位置	面积/m²	毛竹桩（片）挡墙/m	砾石（沸石）填料铺设/m²	回填厚度/m
2 号塘入水口	96	14.4	109	0.5～1
3 号塘入水口	86.9	18	69.4	0.5～0.7
4 号塘北侧入水口	56.3	21.1	51.3	0.5～0.8
5 号塘北侧入水口	30.4	11.4	20.8	0.5～0.6
5 号塘南侧入水口	93.8	22.8	74.9	0.5～0.7
合计	363	87.7	325.4	—

多级廊道内生态浮床设施建设的总面积约 253.3m²，具体为：2 号塘面积约 79.2m²；3 号塘面积约 45m²；4 号塘北侧入水口面积约 32.4m²；4 号塘南侧入水口面积约 40.2m²；5 号塘北侧入口面积约 14.7m²；5 号塘南侧入口面积约 41.8m²。水流状态的优化主要通过设置松木桩导流墙实现，共打设松木桩墙总长约 950m，松木桩长度 3～4.2m 不等。

彩图 9.20 所示为生态浮床的施工过程，彩图 9.21 所示为工程建成后的多级廊道布置效果。

9.2.4　实施效果

2015 年 5 月至 2016 年 4 月，连续监测了示范工程不同点位的主要水质指标变化情况。如彩图 9.22 所示，共设置 7 个采样点，其中 S1 和 S2 点是两个补水点，S3、S4、S5 和 S6 取样点分别设置在沿水流的不同位置，兼顾到各级塘，S7 取样点设置在最终出水口处。

监测结果如图 9.23 所示，龙泓涧的 TN 浓度、TP 浓度分别沿各级塘总体呈递减趋势。将出水点 S7 与两个补水点 S1 和 S2 相比较发现，TN 去除率分别为 58.7%

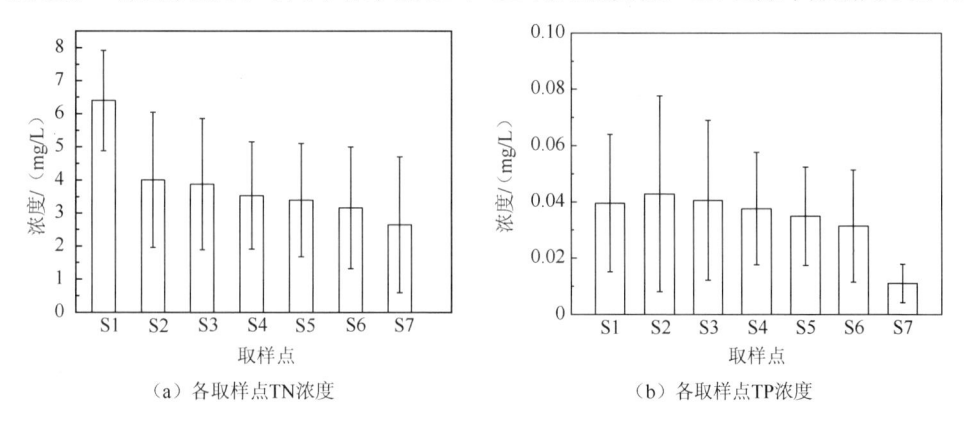

（a）各取样点TN浓度　　　　　　　　（b）各取样点TP浓度

图 9.23　龙泓涧各采样点 TN 和 TP 浓度的变化图

和 33.9%，TP 去除率分别为 72% 和 74.1%。龙泓涧最终出水的 TN 和 TP 的浓度分别为 2.64mg/L 和 0.01mg/L，与表 9.3 所示的工程实施前数值相比，氮磷营养物得到了大幅度削减。

9.3　思源学院景观水体水质保障工程

9.3.1　工程背景

西安思源学院创建于 1999 年，依托西安地区雄厚的高教资源，办学规模不断扩大，在读学生为 25000 人左右。如彩图 9.24 所示，西安思源学院位于西安市绕城高速外，校园距离中心城区约 13km，平均海拔高度比周边区域高出 200m，由于距离中心城区远、地势高，地处城市自来水供水管网未覆盖区域，校园的生活用水依赖于位于 5 口自备水源井，最大供水能力为 3000m³/d。同时，由于校园与城市排水管网也没有连接，建校之初，学院就建设了处理能力为 1500m³/d 的污水处理厂，出水全部用于校园及周边的环境绿化。随着学校办学规模逐渐扩大，自备水源井的供水能力已难以满足校园各种用水需求，原有污水处理设施的能力和处理水质也难以达到回用要求，因此需要对校园污水收集、处理设施以及处理水再生利用系统进行改造和扩建。

为了优化校园用水系统，最大限度地提高可获得水资源的利用效率，构建了如图 9.25 所示的水量平衡。最大供水能力为 3000m³/d 的地下水提供饮用供水，使用后 75%~80% 的水量，即 2250~2400m³/d 进入污水收集系统，成为再生水的最初来源。

污水处理站对收集的污水进行处理和分质再生：①优质再生水供应校园室内冲厕和人工湖补水，其中冲厕水又回到污水收集系统；②一般再生水用于室外绿地灌溉、道路浇撒等。冲厕水循环量为 1200m³/d，从而进入污水处理站的总水量为 3450~3600m³/d，取中值 3500m³/d，这是再生水的原污水总量。污水处理和再生将有 10% 的损失，从而再生水的产水量为 3150m³/d，其中 1800m³/d 为优质再生水，1350m³/d 为一般再生水。在所有再生水的用水中，冲厕、人工湖补水、绿化和道路浇撒的总需水量为 3075m³/d，低于再生水产水量，从而供需平衡关系能够满足，即通过污水再生回用，校园内 3000m³/d 的地下水供水能力可以保障总量约为 6000m³/d 的校园供水，水资源利用率为 200%。

9.3.2　工程设计

思源学院水环境系统的特点在于，在有限供水水源的约束条件下，以新鲜水供应最小化、污水对外排放最小化为原则，将校园饮用供水、污水收集、处理再生、循环利用、水量调节以及水环境建设融为一体，充分利用校园内水系的水环境容量，形成具有与自然水循环体系相近特点的独立水环境系统。该系统的特点主要体现在三个方面。

（1）系统集成：突破供水、排水、回用水、水景观各系统分别设计的传统做法，以各种用水的量和质的保障为目标，进行系统的优化配置。

（2）分质供水：将有限的新鲜水仅用于校园的饮用供水，污水作为可用的水资源，提供校园的全部非饮用供水，并根据用水目的分质处理再生。

（3）"环境湖"的导入：校园内通过污水再生利用建设的水景在整个系统中发挥"环境湖"的重要作用，既作为再生水的受纳水体，又作为再生水水质调节池，利用环境湖的水环境容量，在美化环境的同时发挥水体的自然净化作用。

基于以上理念，工程建设主要包括两部分内容，分别是污水分质再生处理设施和再生水景观利用与水质保障设施。

1. 污水分质再生处理工艺流程

根据相关的污水再生利用水质标准要求（表 9.5），如果以最严格的水质标准为参考，即仅考虑再生水满足人工湖用水水质标准，主要污染物 BOD_5、NH_4-N 和 TP 的去除率分别要满足 97.0%、93.7% 和 93.4%。如果以最低的水质标准为例，即仅考虑再生水满足绿化和道路浇洒水质标准，主要污染物 BOD_5 和 NH_4-N 的去除率分别满足 90.0% 和 83.8%。因此，为了达到较高的污染物去除效果，获得优质的再生水，需要采用较高标准和保障率的再生处理技术；为了达到一般情况下的污染物去除效果，获得一般水质的再生水，可采用传统的污水再生处理技术。

表 9.5　再生水主要利用途径污染物主要控制指标

控制指标	再生水回用途径		
	冲厕用水	人工湖用水	绿化和道路浇洒用水
BOD_5 浓度/（mg/L）	10	6	20
TN 浓度/（mg/L）	—	15	—
NH_4-N 浓度/（mg/L）	10	5	20
TP 浓度/（mg/L）	—	0.5	—
SS 浓度/（mg/L）	5	5	10
色度/度	30	30	30

因此，西安思源学院污水处理采用了分别处理、分水质供水的双系列处理工艺流程。如彩图 9.26 所示，处理系统分成 2 个系列，系列 1 为传统污水处理+深度处理工艺，出水满足绿化和道路浇洒用水水质标准，再生水生产能力为 1500m³/d。系列 2 为 AAO-MBR 高效、短流程再生处理工艺，出水满足景观水体补水和室内冲厕用水水质标准，再生水生产能力为 2000m³/d。

2. 再生水景观利用与水质保障系统

AAO-MBR 处理系统生产的优质再生水成为校园内景观水体的补水来源。通过设计，形成了如彩图 9.27 所示的景观水体连接系统。

选择校园内的最大人工湖——思源湖（面积 3100m², 平均水深 0.6m）作为中心水体，另外 3 个观赏性水景小品"时光流水"、"点石成金"和"开卷有益"均与思源湖有管道连通，形成了景观水体多级串接再生水利用系统。另外，在思源湖内，通过改变再生水注入点、增加水力溶氧措施（喷泉、假山瀑布、跌水等）、移动取水用于周边绿化、定点取水用于附近建筑物室内冲厕等方式，建设以人工湖为中心的再生水连续补水、多级回用和水质保障系统。

9.3.3 工程建设

1. 污水分质再生处理系统

根据污水厂原有的处理设施状况，以满足绿化和道路浇洒用水需求、提高污水常规处理效率为目标，对原有的处理系统进行了升级改造，建设内容包括扩容构筑物、更换设备、调整管路系统、降低进水负荷等。升级改造完成后的处理系统如彩图 9.28 所示，处理能力为 1500m³/d，出水水质达到一般杂用水水质标准。

根据设计，新建处理设施的再生水将用于校园内人工湖补水和建筑物内的冲厕用水，出水水质按照最为严格的人工湖用水水质要求，因此，新建处理设施采用厌氧-缺氧-好氧法（anaerobic-anoxic-oxic，AAO）和 MBR 相结合的处理工艺流程。由于处理系统中很高的污泥浓度和较长的污泥停留时间，新建处理设施对有机物、N 和 P 的去除效果要大大优于传统的 AAO 工艺系统，同时通过生物除磷和化学除磷作用的结合，更有效的控制了再生水中的营养物含量，出水水质能够稳定达到景观环境回用水质标准。新建 AAO-MBR 系统的膜处理车间如彩图 9.29 所示。

2. 思源湖景观水体水质保障系统

如彩图 9.30 所示，思源湖建成后由相互连通的 3 个小湖（Ⅰ湖、Ⅱ湖和Ⅲ湖）组成。优质再生水被分别送入Ⅰ湖和Ⅱ湖的最高位置。在Ⅰ湖、Ⅱ湖和Ⅲ湖中的不同位置分别建设了喷泉、假山瀑布和跌水等水力措施，用于提高增氧能力。同时在湖岸和湖心种植了一定数量的挺水植物和沉水植物，用于强化水体的自净功能。在Ⅰ湖旁建设了泵房，从湖中抽水用于周边绿化带的浇灌和道路冲洗，校园管理部门还经常用移动水泵从湖的不同位置抽水进行周边绿化和浇洒。Ⅲ湖位于最低位置，是湖水的最终汇聚点，在最低点敷设管道将湖水送往冲厕泵房，经加压后送入学生宿舍和教学楼的再生水冲厕管网。

9.3.4　实施效果

　　思源湖是校园内的核心水景观,示范工程重点监测了其水质状况。根据水量平衡计算,思源湖的换水周期控制在 3d 以内,同时在湖内有效的水力溶氧措施和湖水的多途径利用方式的共同作用下,思源湖呈现出健康的水环境状态和良好的水体水质。

　　如图 9.31～图 9.33 所示,湖水中的常规污染物指标 COD、NH$_4$-N 以及 TP 与进水中的指标相比基本没有变化,而且在部分时间段内,NH$_4$-N 和 TP 的指标值优于进水水质指标。图 9.34 显示,湖水中 DO 浓度的平均值都在 5.0mg/L 以上,体现了水中良好的水生生态环境。

　　该工程结合绿色校园的水环境景观建设,将总面积约为 5000m^2 的人工湖和其他水景收水池作为再生水的调蓄设施,通过分散式供水设备将湖水供给到周边绿地喷灌、室内冲厕等用水点,实现了景观和其他用水间的再生水多级利用。冲厕水等可收集污水再进入污水系统,实现了可再生水源的有效扩大。利用人工湖和其他景观中喷水、跌水的曝气作用,以及水生植物的生态功能,实现了再生水利用过程中水质自净作用的强化,有效保障了再生水供水水质。

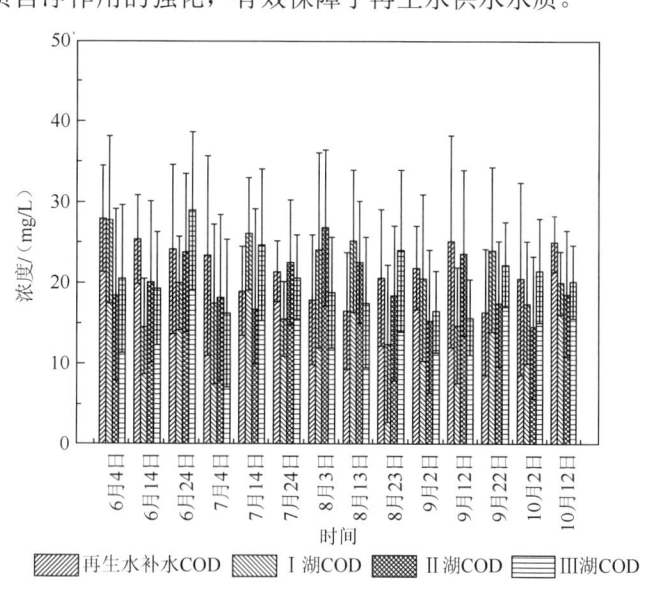

图 9.31　思源湖不同位置 COD 浓度变化情况

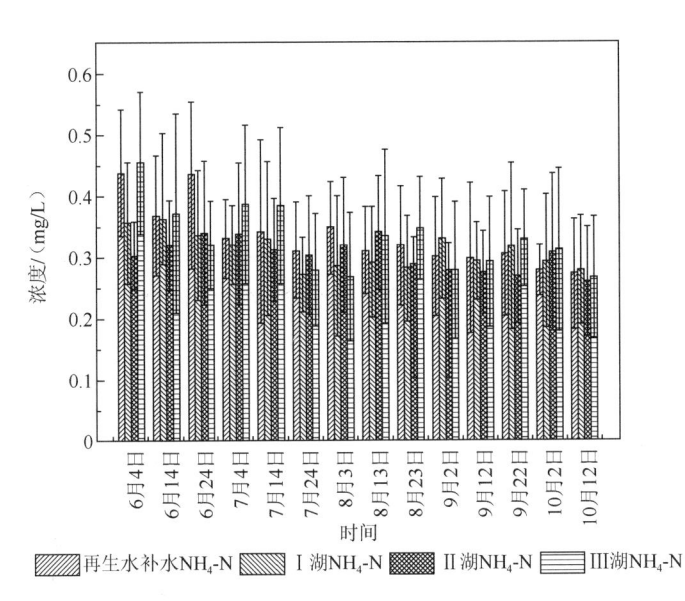

图 9.32 思源湖不同位置 NH$_4$-N 浓度变化情况

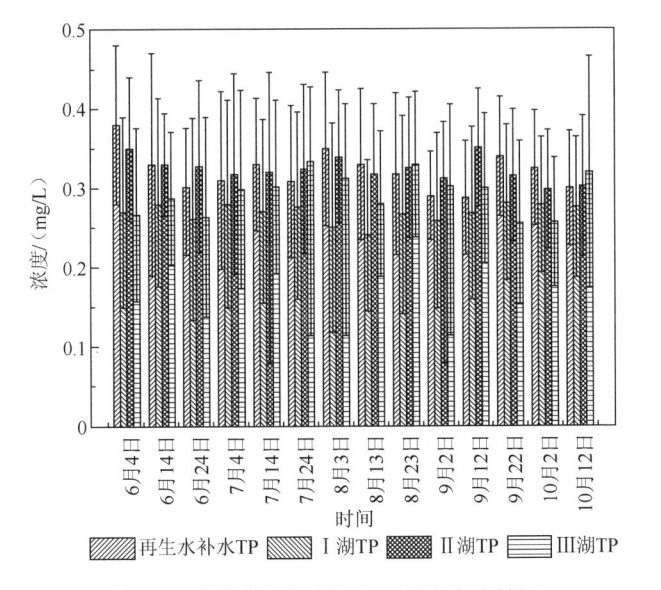

图 9.33 思源湖不同位置 TP 浓度变化情况

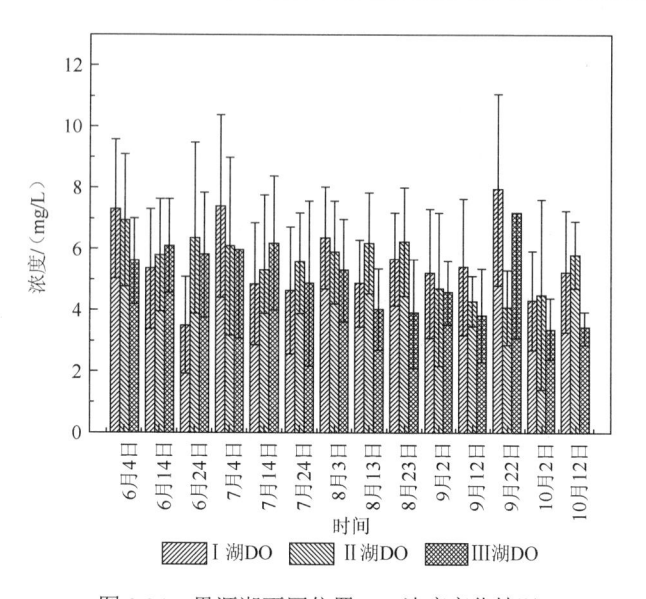

图 9.34　思源湖不同位置 DO 浓度变化情况

　　工程投入运行后，校园自备地下水仅用于校园饮用水供水，实际供水 2000～2500m³/d，低于地下水最大开采能力。校园收集污水量接近 3000m³/d，再生水用于景观、绿化、道路浇撒、冲厕等所有非饮用供水，实现了污水零排放和 100%以上的高回用比水资源再生利用。景观水体水质得到有效保障，营造了环境优美的绿色校园。

彩　图

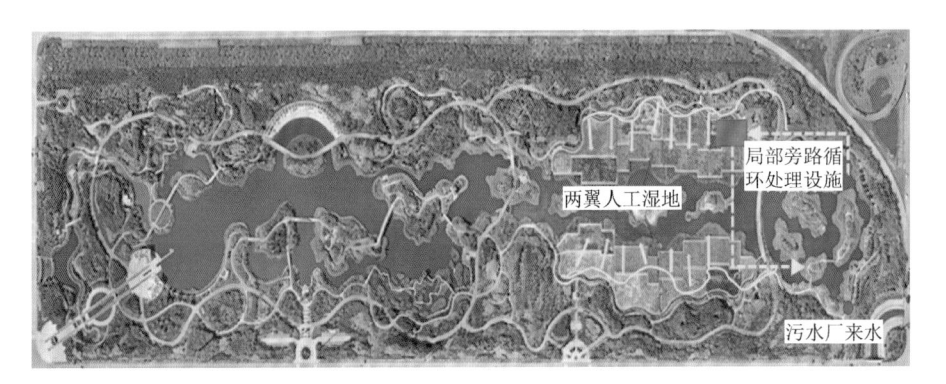

图 9.3　临港生态公园水体逐级净化概要图

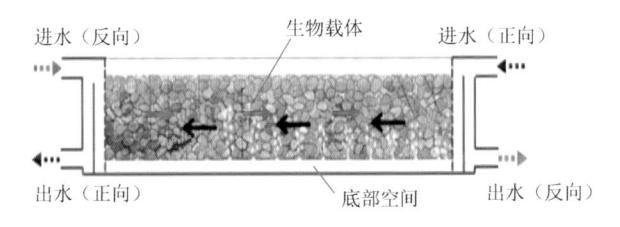

图 9.5　横流式生物滤池工艺流程图

图 9.8　主湖区水流优化

（a）主湖区曝气增氧景观

（b）主湖区生态驳岸景观

图 9.9　主湖区曝气增氧景观和生态驳岸景观

图 9.10　调节塘旁路循环净化处理设施建设过程

图 9.11　组合式人工湿地建设过程

图 9.12　主湖区景观建设过程

图 9.15　龙泓涧主流支流整体示意图

图 9.19　局部净化场施工过程

图 9.20　生态浮床施工过程

图 9.21　多级廊道内的生态浮床

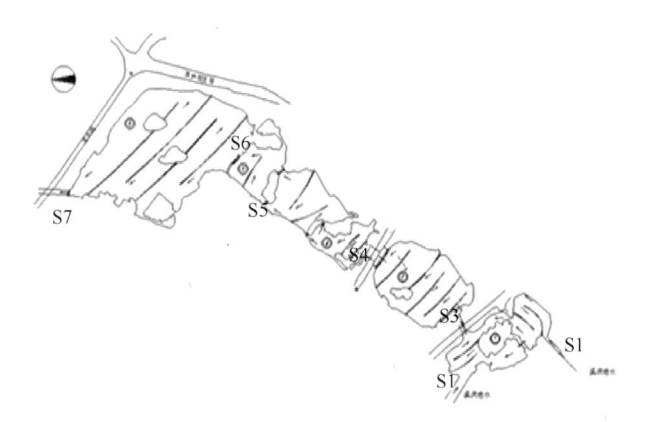

图 9.22　龙泓涧流域采样点分布图

图 9.24　西安思源学院位置图

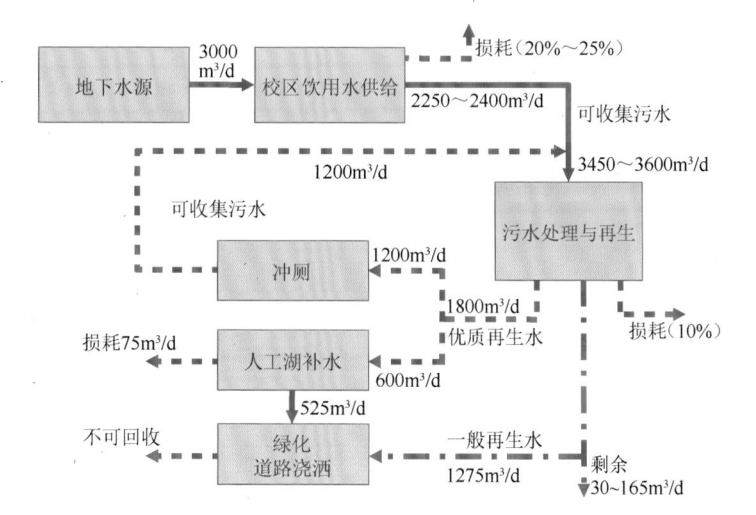

图 9.25 思源学院供、排、回用水系统水量优化

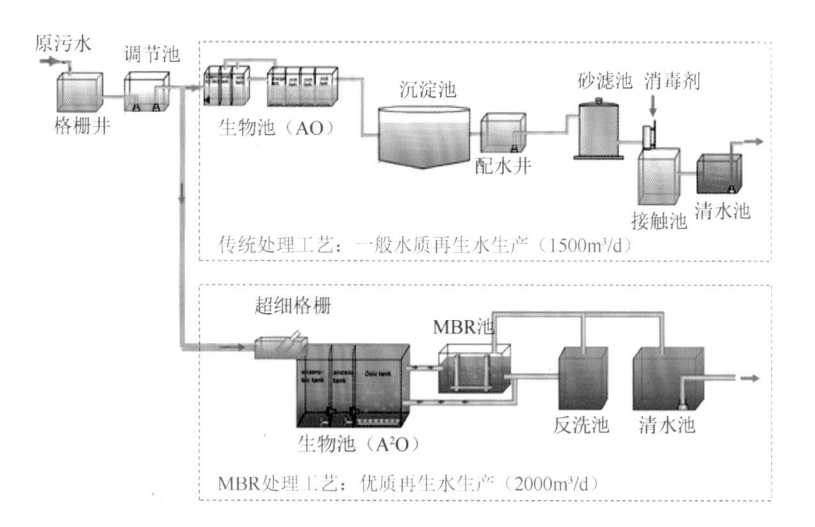

图 9.26 污水分质再生处理工艺流程图

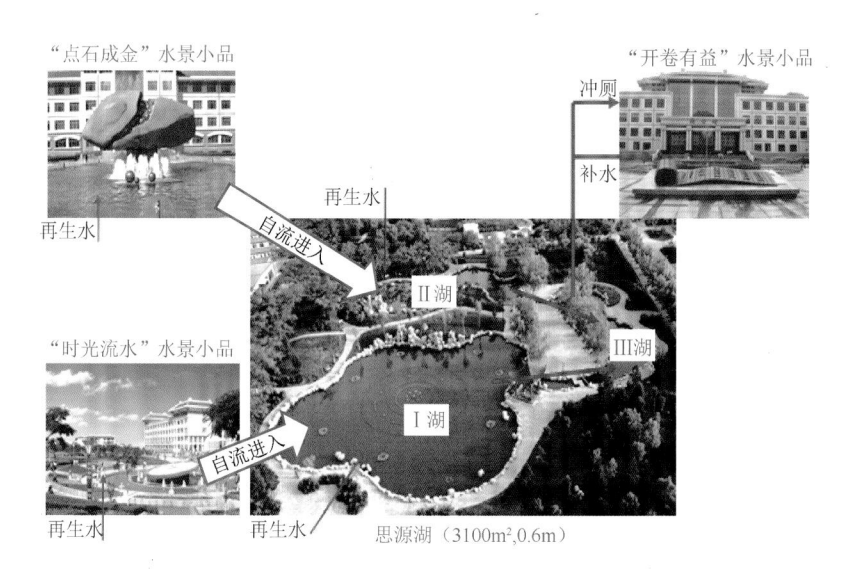

图 9.27　再生水景观水体多级利用系统

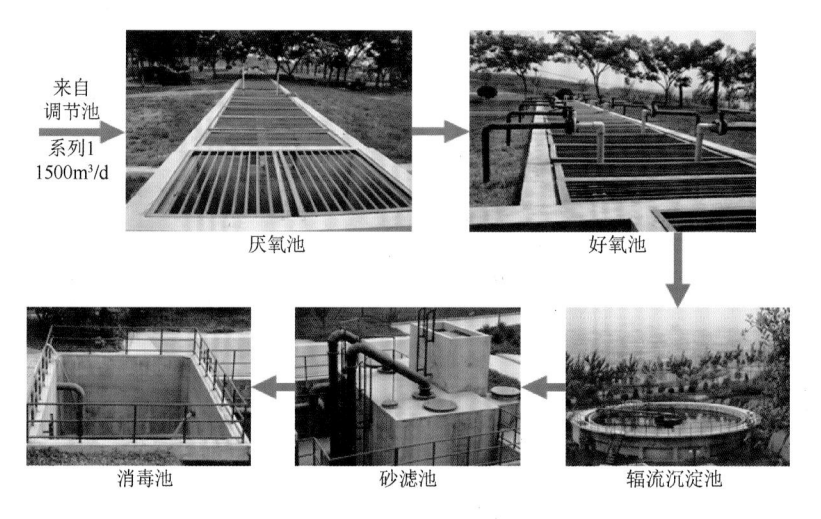

图 9.28　一般杂用再生水处理设施

图 9.29   AAO-MBR 处理系统膜车间建设过程

图 9.30   思源湖再生水景观水体水质保障系统